"十四五"职业教育国家规划教材

食品质量管理

第二版

The Second Edition

杨国伟 夏 红 主编

化学工业出版社

·北京·

《食品质量管理》（第二版）是"十四五"职业教育国家规划教材，采用思政小课堂引导的形式，设计了食品质量管理概述、质量管理的基础工作、食品质量检验、食品质量保持、质量管理七种工具、食品现场质量管理、危害分析及关键控制点、ISO 9000 标准质量体系、食品安全质量管理和食品质量管理的发展趋势 10 个项目，所选内容突出专业性、职业性、实用性和针对性。编写过程中还配套建设了丰富的立体化教学资源，可从 www.cipedu.com.cn 免费下载。全面贯彻党的教育方针，落实立德树人根本任务，在教材中有机融入党的二十大精神。

本教材适合食品类相关专业的师生作为教材使用，也可供相关行业生产技术人员和管理人员参考。

图书在版编目（CIP）数据

食品质量管理/杨国伟，夏红主编. —2 版 .—北京：
化学工业出版社，2019.7（2025.6 重印）
"十二五"职业教育国家规划教材
ISBN 978-7-122-34273-7

Ⅰ. ①食…　Ⅱ. ①杨…②夏…　Ⅲ. ①食品-质量
管理-职业教育-教材　Ⅳ. ①TS207.7

中国版本图书馆 CIP 数据核字（2019）第 064988 号

责任编辑：迟　蕾　李植峰　张春娥　　　　　装帧设计：王晓宇
责任校对：宋　玮

出版发行：化学工业出版社（北京市东城区青年湖南街 13 号　邮政编码 100011）
印　　装：北京云浩印刷有限责任公司
787mm×1092mm　1/16　印张 18½　字数 473 千字　　2025 年 6 月北京第 2 版第 8 次印刷

购书咨询：010-64518888　　售后服务：010-64518899
网　　址：http://www.cip.com.cn
凡购买本书，如有缺损质量问题，本社销售中心负责调换。

定　　价：54.00 元

《食品质量管理》（第二版）编写人员

主　　编　杨国伟　夏　红

副 主 编　徐安书　李文一

参编人员　（按姓名汉语拼音排列）

池永红（包头轻工职业技术学院）

李文一（辽宁农业职业技术学院）

鲁　绯（北京市营养源研究所）

马长路（北京农业职业学院）

彭　坚（北京市经济管理学校）

宋金慧（北京电子科技职业学院）

夏　红（苏州农业职业技术学院）

徐安书（重庆工贸职业技术学院）

杨国伟（北京电子科技职业学院）

杨文雄（北京农业职业学院）

叶丽珠（厦门海洋职业技术学院）

主　　审　王德良（中国发酵工业研究院有限公司）

前言

食品质量管理是食品工业生产中的一个重要内容，它涉及食品的原料、生产、检测、包装等多个环节，是一个全面的质量管理过程。随着食品工业的发展，人们对食品安全越来越重视，因此，加强食品质量管理、培养食品质量高技能型人才，对于食品工业企业有着非常重要的意义。目前，全国高等职业院校的大多数食品相关专业都开设有食品质量管理方面的课程。2008年，由国家示范性高等职业院校牵头，经高职高专院校从事食品质量管理课程的一线教师共同研讨，根据教学需求实际，编写了《食品质量管理》教材，该教材已列选为"普通高等教育'十一五'国家级规划教材"；2013年，经全国职业教育教材审定委员会审定，"十二五"职业教育国家规划教材立项，本次根据行业发展现状和国家法律法规的变化，对该教材进行了全面修订；2023年，该教材入选"十四五"职业教育国家规划教材。

修订工作紧紧围绕"实用性、科学性、先进性"以及"必需、够用"的指导原则，体现职业教育的特点和培养目标，符合职业教育的教学要求及食品企业岗位资格要求。教材采用案例引导的形式，设计了食品质量管理概述、质量管理的基础工作、食品质量检验、食品质量保持、质量管理七种工具、食品现场质量管理、危害分析及关键控制点、ISO 9000标准质量体系、食品安全质量管理和食品质量管理的发展趋势10个项目，所选内容突出专业性、职业性、实用性和针对性。编写过程中还配套建设了丰富的立体化教学资源，可从www.cipedu.com.cn免费下载。教材的【思政小课堂】以案说法，培养学生守法、执法意识，践行党的二十大提出的法治精神和依法治国理念，运用食品质量管理知识，健全职业操守，加强公共安全管理。

本书在编写过程中，得到了各参编单位的大力支持，在此致以诚挚的感谢。此外，在编写过程中也参考了相关的书籍和资料，在此向作者和相关人员表示衷心感谢！

由于编者的知识和能力有限，教材中难免存在一些疏漏和不足之处，敬请同行专家及广大读者批评指正。

编者

目 录
CONTENTS

项目三　食品质量检验 / 59

项目五　质量管理七种工具 / 120

项目六　食品现场质量管理 / 147

项目七 危害分析及关键控制点（HACCP） / 182

项目九　食品安全质量管理 / 264

项目十 食品质量管理的发展趋势 / 277

参考文献 / 282

项目一
食品质量管理概述

 【学习目标】

掌握食品质量、食品质量管理、质量体系、目标管理的有关基本概念及全面质量管理的基本要求。

 【思政小课堂】

质量管理是为了实现质量目标而进行的所有管理性质的活动，通常包括质量方针、质量目标、质量策划以及质量控制。

2008年9月，媒体报道：许多婴幼儿患肾结石且多数食用过某品牌奶粉，9月11日，该品牌生产集团承认其2008年8月6日前出厂的婴幼儿奶粉受到污染，并决定召回受污染奶粉。问题奶粉事件由此开端。2008年9月16日，22家婴幼儿奶粉厂家69批次的产品被检出含有三聚氰胺，许多知名企业都涉及其中，至9月19日，全国下架退市的问题奶粉已达三千多吨，该"奶粉事件"波及整个乳制品行业。

此次"问题奶粉事件"共造成全国29.4万余患儿致病，有6643名重患婴幼儿。该品牌厂家因此破产，其所造成的经济损失巨大，行业遭受的经济损失和信誉损失难以估量。受此"问题奶粉事件"影响，中国2008年10月份乳制品出口量锐减。

针对上述事件，对企业质量管理进行了如下分析。

一是乳制品行业过度扩张且由此带来的激烈竞争，没有控制好奶源，导致企业奶源短缺、质量过低。2007～2008年奶源出现短缺，有些企业为了保证生产就降低了对原料乳的质量要求，不法分子趁机在牛乳中加入三聚氰胺，而在经过检验时，就可以虚增蛋白质含量，由此最终导致乳制品出现质量安全事故。

二是企业的质量安全意识需要加强，对已经出现的问题没有及时处理和重视，使"问题奶粉"继续销售并造成巨大伤害。其实，在2007年12月，以上所述某品牌厂家就接到消费者投诉，反映有部分婴幼儿食用其生产的奶粉后尿液中出现红色沉淀物等症状，一直到2008年4月底投诉仍在不断增加，在这种情况下，该集团仍然没有从产品质量找原因，直到2008年5月17日才成立质量小组，经检查发现其婴幼儿奶粉中"非乳蛋白态氮"含量竟然是国内外同类产品的1.5～6倍。

三是企业各环节管理存在严重问题，事件中的问题奶粉生产集团原料乳检验环节管理松散，缺乏对原料乳的质量把控，且缺乏对全过程的质量管理，没有对产品进行从源头到出厂的全过程检验，从而引发产品出现严重的安全事故，造成了严重的社会危害。

通过以上案例分析，重视企业产品质量管理的重要性不言而喻，只有做好了产品质量管理这一基本工作，才能保证企业持续、稳定、健康发展。

【必备知识】

知识一　食品质量管理基本概念

一、质量和食品质量

（一）质量

质量是随着商品生产的出现而出现的。商品生产的目的是进行商品交换，而商品之所以能实现交换，是因为它具有使用价值。商品的使用价值是它能满足人们某种或某些需要的特性。通俗而言，质量是指商品（产品）的优劣程度，如果某种商品的使用价值能够很好地满足人们的需要，无疑其质量就较高。因此从某种意义上说，商品的使用价值对人们需要的满足程度就构成了商品质量的高低。当然，不同的学者专家从不同的角度出发、在不同的领域描述质量时，其表述可能不尽相同。但就其所含的本质意义而言，质量可以简洁地定义为产品满足用户需要的优劣程度。

在国际标准中，质量定义为"反映实体满足明确和隐含需要的能力的特性之总和"，其中"实体"可以是产品、活动和过程，也可以是组织、体系或人，还可以是上述各项的组合；所说的"产品"可以是有形的也可以是无形的，它包括有形的"硬件"及半成品、无形的"软件"即信息知识及"服务"。"需要"既可以指顾客的需要，也可以指社会的需要或第三方的需要，如政府主管部门、质量监督部门、消费者协会等。"明确需要"包括以合同契约形式规定的顾客对实体提出的明确要求及标准化、环保和安全卫生等相关法规规定的明确要求。"隐含需要"是指顾客或社会对实体的期望，虽然没有通过一定的形式给以明确的要求，但却是人们普遍认同的、无须事先申明的需要。

（二）质量特性

产品的质量是其使用价值的体现，不同的产品满足不同的需要，因而具有不同的质量特性。质量特性是指产品所具有的满足用户特定需要的（明确的和隐含的）、能体现产品使用价值的、有助于区分和识别产品的、可以描述或可以度量的基本属性。

根据产品的种类不同，质量特性可以分为有形产品质量特性、服务质量特性、过程质量特性和工作质量特性。

1. 有形产品的质量特性

有形产品即"硬件"，是具有特定形状、可分离的产品。因此有形产品的质量特性包括功能性、可信性、安全性、适应性、经济性和时间性等 6 个方面，其综合水平可以反映有形产品的内在质量特性，体现产品的使用价值。

（1）功能性　是指产品满足使用要求所具有的功能。包括外观性功能和使用功能。就食品而言，外观性功能的要求很高，其形状、色泽等外观美学往往是消费者选择时的首要决定因素；使用功能包括包装物的保藏功能、食品的营养功能、感官功能、保健功能等。

（2）可信性　指产品的可用性、可靠性、可维修性等，也就是产品在规定的时间内具备规定功能的能力。对食品而言应具有足够长的保质期，在正常情况下，保质期内的食品具备规定的功能。有良好品牌的产品一般有较高的可信度。

（3）安全性　是指产品在制造、储存、流通和使用过程中能保证对人身和环境的伤害或损害控制在一个可接受的水平。例如在使用食品添加剂时按照规定的使用范围和用量，就可以保证食品的安全性。又如对啤酒的包装物进行定时检查，可以保证其安全性。同样，产品对环境也应是安全的，企业在生产产品时应考虑到产品及其包装物对环境造成危害的风险。

（4）适应性 是指产品适应外界环境的能力。外界环境包括自然环境和社会环境。企业在产品开发时应使产品能在较大范围的海拔、温度、湿度下使用。同样也应了解使用地的社会特点，如政治、宗教、风俗、习惯等因素，尊重当地人民的宗教文化，切忌触犯当地的习俗，引起不满和纠纷。

（5）经济性 指产品对企业和顾客来说经济上都是合算的。对企业来说，产品的开发、生产、流通费用应低；对顾客来说，产品的购买价格和使用费用应低。经济性是产品具有市场竞争力的关键因素。经济性差的产品，即使其他质量特性再好也很难出售。

（6）时间性 是指在数量上、时间上满足顾客的能力。顾客对产品的需要有明确的时间要求。许多食品的生命周期很短，只有敏锐捕捉顾客的需要、及时投入批量生产和占领市场的企业才能在市场上立足。对许多食品来说，时间就是经济效益，比如早春上市的新茶、鲜活的海鲜等。

2. 服务质量的特性

服务质量是指服务满足明确需要和隐含需要的能力的总和。其中的服务既包括服务行业（交通运输、邮电通信、商业、金融保险、饮食餐馆、医疗卫生、文化娱乐、仓储、咨询、法律）提供的服务，也包括有形产品在售前、售中和售后的服务，以及企业内部上道工序对下道工序的服务。在后一种情况下，无形产品伴生在有形产品的载体上。

服务质量的特性有功能性、经济性、安全性、时间性、舒适性和文明性6个方面。

（1）功能性 指服务的产生和作用，如航空餐饮的功能就是使旅客在运输途中得到便利安全的食品。

（2）经济性 指为了得到服务顾客支付费用的合理程度。

（3）安全性 指供方在提供服务时保证顾客人身不受伤害、财产不受损失的程度。

（4）时间性 指提供准时、省时服务的能力。如餐饮外卖时准时送达是非常重要的服务质量指标。

（5）舒适性 指服务对象在接受服务过程中感受到的舒适程度。舒适程度应与服务等级相适应，顾客应享受到他所要求等级的尽可能舒适的规范服务。

（6）文明性 指顾客在接受服务过程中精神满足的程度。服务人员应礼貌待客，使顾客有宾至如归的感觉。

3. 过程质量的特性

质量的形成过程包括开发设计、制造、使用、服务4个子过程，因此过程质量是指这4个子过程满足明确需要和隐含需要的能力的总和。保证每一个子过程的质量是保证全过程质量的前提。

（1）开发设计过程质量 开发设计过程是指从市场调研、产品构思、试验研制到完成设计的全过程。开发设计过程的质量是指所研制产品的质量符合市场需求的程度。因此开发部门首先必须进行深入的市场调研，提出市场、质量、价格都合理的产品构思，并通过研制形成具体的产品固有的质量。

（2）制造过程质量 指对产品实体质量符合设计质量的程度进行衡量。

（3）使用过程质量 指产品在使用过程中充分发挥其使用价值的程度。

（4）服务过程质量 指用户对供方提供的技术服务的满意程度。

4. 工作质量的特性

工作质量是指部门、班组、个人对有形产品质量、服务质量、过程质量的保证程度。良好的工作质量取决于正确的经营、合理的组织、科学的管理、严格可行的制度和规范、操作人员的质量意识和知识技能等因素。

（三）食品质量

食品是具有一定营养价值的、经过一定加工制作、可供食用的、对人体无害的食物。由于食品的使用价值主要体现在食用性上，因此，食品质量可定义为食品在食用性方面满足用户需要的特性。

1. 食品与其他产品的差异

食品作为一种产品，具有其他产品所具有的一些共同特性，但由于食品是供食用的特殊产品，因此在许多方面都表现出与其他产品的一些差异。

① 其他产品的使用价值都体现在能满足用户需要的某种使用性上，而食品的使用性表现为食用性。

② 其他产品的使用性往往可以多次重复地体现出来，而食品的食用性只能体现一次。

③ 其他产品相对来说在生产、运输、销售过程中对卫生条件的要求不是很严格，但食品由于关系到用户身体健康，在整个生产、运输和销售过程中都要重视卫生问题，以保证食品的安全性。

2. 食品的质量特性

食品作为有形产品，其质量特性也包括功能性、可信性、安全性、适应性、经济性和时间性等，前述已有所列举。而作为特殊的产品，食品的质量特性主要体现在以下方面。

(1) 在食品的有形产品质量特性中安全性放在首位 安全性是食品的质量特性中始终需放在首要考虑的属性。食品产品的安全性如果不过关，那么即使其他质量特性再好，也丧失了作为产品和商品存在的价值。我国在基本解决食物量的安全（food security）以后，对食物质的安全（food safety）越来越关注。1996 年世界卫生组织在《加强国家级食品安全性指南》中明确规定，食品安全性是对食品按其用途进行制作或食用时不会使消费者受害的一种担保。食品的安全性应保证食品不含有可能损害或威胁人体健康的有毒有害化学物质或生物（细菌、病毒、寄生虫等），避免导致消费者患食源性疾病的危险。2000 年在日内瓦召开的第 53 届世界卫生大会首次通过了有关加强食品安全的决议，将食品安全列为世界卫生组织的工作重点和最优先解决的领域。

食源性疾病包括感染性和中毒性两类。感染性食源性疾病是指致病微生物（细菌、病毒）和寄生虫污染食品所引起的传染病和人畜共患病等。中毒性食源性疾病是指有毒有害化学物质污染食品所致急慢性中毒，对消费者甚至其后代产生危害。在工业化国家，患食源性疾病人数占所有患病人数的 1/3 左右。美国每年有 7600 万人次患食源性疾病，有 32.5 万人因此住院，有 5000 人死亡，每年因医药开支和劳动力丧失耗资 3500 亿美元。食源性疾病的安全问题还会造成企业倒闭、社会恐慌。如 1988 年上海毛蚶引起甲型肝炎暴发流行事件造成一定的社会影响。1996 年以来的英国疯牛病和 1999 年比利时的二噁英事件对英国的养牛业和比利时的养鸡业产生巨大的打击，分别损失 52 亿美元和 13 亿美元。我国蜂制品抗生素超标和茶叶中农药超标对出口形成障碍。2002 年日本雪印牌低脂牛奶大规模中毒事件对该企业来说是致命一击。

即使是正常的食品成分和营养成分在不当使用时也会产生安全性问题。例如食品添加剂超范围和超标使用、营养强化剂维生素 A 和矿物质的超标使用等也会引起极严重的后果。

除了预防食源性疾病以外，食品的安全性还包括排除物理性危害的可能性。食品中不应夹杂有石子、金属、玻璃、毛发等非食品成分。食品包装物应坚固耐撞击，不致爆炸伤人。果冻等食品的体积应适宜，不致卡在儿童的喉管中导致窒息死亡。灌肠中不应有骨碎片，以免伤及消费者等。

（2）食品的产品功能性和适用性有特殊性　食品的功能性除了内在性能、外在性能以外，还有潜在的文化性能。内在性能包括营养性能、风味嗜好性能和生理调节性能。外在性能包括食品的造型、款式、色彩、光泽等。文化性能包括民族、宗教、文化、历史、习俗等特性（如清真食品）。

消费者对一种食品的热情不会维持很久，对食品口味的要求经常发生变化。许多食品适应于一般人群，但也有部分食品仅仅针对一部分特殊人群，如婴幼儿食品、孕妇食品、老年人食品、运动食品等。

（3）食品的综合质量　食品是与人类健康密切相关的有形产品，它又是食品工业的产物。现代化的食品产业是关系到国计民生的产业。食品质量除了有形产品的质量之外，还包括过程质量、服务质量、工作质量等内容。在食品生产中，原材料、生产方法、生产环境等因素对食品质量有很大的影响。许多地方名特优食品如果换用其他地方的原料或改变生产工艺，都可能难以生产出同样质量的产品。此外，由于食品是消耗性产品，其服务质量不体现在售后服务方面，而体现在消费者购买和食用的方便性上。

如果产品质量有问题，给用户带来经济损失是不可避免的，但如果食品质量有问题，那么用户除了经济损失之外，还可能会造成生命危险。随着社会经济的发展、生活节奏的加快，人们用于购买即食食品的比例会逐渐增加，因此食品质量的保证和提高显得越来越重要。

二、食品质量管理

（一）产品质量的形成规律

质量随商品交换的出现而出现。产品的质量是产品生产全过程管理的产物。产品生产的管理过程由原始到现代，体现了社会的进步和发展。在科学管理的现代社会，质量科学工作者把影响产品质量的主要环节挑选出来，研究它们对质量形成的影响途径和程度，提出了各种质量形成规律的理论。美国质量管理专家朱兰（J. M. Juran）提出了以下观点。

① 产品质量形成的全过程包括 13 个环节：市场研究、产品计划、设计、制订产品规格、制订工艺、采购、仪器仪表配置、生产、工序控制、检验、测试、销售、售后服务。这 13 个环节按逻辑顺序串联，构成一个系统（图1-1）。系统运转的质量取决于每个环节运作的质量和环节之间的协调程度。

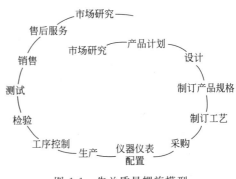

图 1-1　朱兰质量螺旋模型

② 产品质量的提高和发展的过程是一个循环往复的过程。这 13 个环节构成一轮循环，每经过一轮循环往复，产品质量就提高一步。这种螺旋上升的过程叫作"朱兰质量螺旋"。

③ 产品质量的形成过程中人是最重要、最具能动性的因素。人的质量以及对人的管理是过程质量和工作质量的基本保证。因此质量管理不是以物为主体的管理，而是以人为主体的管理。

④ 质量系统是一个与外部环境保持密切联系的开放系统，质量系统在市场研究、原材料采购、销售、售后服务等环节与社会保持着紧密的联系。因此质量管理是一项社会系统工程，企业内部的质量管理都受到社会各方面的积极和消极的影响。

朱兰质量螺旋模型可进一步概括为 3 个管理环节，即质量计划、质量控制和质量改进。通常把这 3 个管理环节称为"朱兰三部曲"。

① 质量计划是在前期工作的基础上制订目标、中长远规划、年度计划、新产品开发和研制计划、质量保证计划、资源的组织和资金筹措等。

② 质量控制是根据质量计划制定有计划、有组织、可操作性的质量控制标准、技术手段、方法，保证产品和服务符合质量要求。

③ 质量改进是不断了解市场需求，发现问题及其成因，克服不良因素，提高产品质量的过程。质量的改进使组织和顾客都得到更多收益。质量改进依赖于体系整体素质和管理水平的不断提高。

美国质量管理专家 W. E. Deming（1958）把与产品质量相关的活动分为调查、设计、制造、销售 4 个环节，4 个环节构成 1 个圆环，无始无终，称为"戴明圆环"（图 1-2）。把品质第一和品质责任感的观念不断贯彻其中，以此改善工艺和装备，提高产品品质，促进企业的进步和发展。

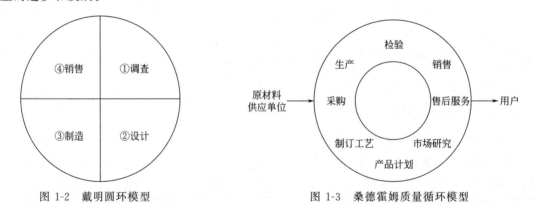

图 1-2　戴明圆环模型　　　　图 1-3　桑德霍姆质量循环模型

瑞典质量管理学家桑德霍姆用另一种表述方式阐述产品质量的形成规律，提出质量循环图模式（图 1-3）。由图 1-3 中可以看出，与朱兰质量螺旋相比，两者的基本组成要件极为相近，但桑德霍姆模型更强调企业内部的质量管理体系与外部环境的联系，特别是和原材料供应单位及用户的联系。食品质量管理与原材料供应单位和用户（如超市）的质量管理关系极大，因此一些从事食品质量管理的工作人员比较倾向于应用桑德霍姆质量循环模型来解释食品质量的形成规律。

（二）质量管理的概念

技术和管理是国民经济中两个相互独立又相互依存的组成部分。"三分技术、七分管理"充分说明了管理的重要性。质量管理是管理科学中的重要分支，并逐渐发展成一门独立的管理科学——质量管理工程。

关于质量管理的基本概念，不同的观点其侧重点有所差异。戴明认为，质量管理是为了最经济地生产十分有价值、在市场上畅销的产品，要在生产的所有阶段使用统计方法，强调了统计方法的使用。而美国的费根堡姆（A. V. Feigenbaum）认为，质量管理是为了最经济地生产能完全满足用户要求的产品，公司内各部门要合力保持与改善产品质量。这是从实践出发，强调企业内的组织与协调活动。日本工业标准兼收上述两种观点，对质量管理做了如下定义：所谓质量管理，就是为了经济地制造出质量符合用户要求的产品的手段系统。近代的质量管理，由于采用统计方法，也叫统计质量管理。

中国质量管理协会考虑到质量管理实践的需要与这门学科的发展，拟定了如下质量管理的定义：为保证和提高产品质量或工程质量所进行的调查、计划、组织、协调、控制、检查、处理及信息反馈等各项活动的总和称为质量管理。

ISO 8402：1994 对质量管理（quality management）的定义是"确定质量方针、目标和职责并在质量体系中通过诸如质量策划、质量控制、质量保证和质量改进使其实施的全部管理职能的所有活动"。质量管理涵盖了质量方针、质量体系、质量控制和质量保证等内容。其中质量方针是管理层对所有质量职能和活动进行管理的指南和准则，而质量体系是质量管理的核心，对组织、程序、资源都进行系统化、标准化和规范化的管理和控制。质量控制和质量保证是在质量体系的范围和控制下，在组织内采取的实施手段。质量保证对内取得管理层的信任，为内部质量保证；对外取信于需方，则为外部质量保证。

上述质量管理概念的表述虽然不尽相同，但质量管理的根本目的都有其相同性。质量管理是一系列活动的综合，其目的是为了生产出质量符合标准的产品。因此质量管理的过程与产品质量形成的过程密切相关，质量管理的发展历史也体现出人们对产品质量形成过程认识的逐步提高。

（三）质量管理的发展历程

管理是随着生产力的发展而发展的生产关系，质量管理的发展历程同样说明了这一点。在人类生产关系发展的历史上，质量管理依据人们对产品质量形成过程的认识不同，由单一到全面、由感性到科学地提高，形成了以下 5 个阶段的历程。

1. 操作者的质量管理

在生产较不发达时，产品的生产方式以手工操作为主，产品质量的形成直接依赖于操作者的技艺和经验，因此通过操作者自身作业过程的控制也形成产品的质量，以高超的手艺保证产品的质量。此阶段称为操作者的质量管理。我国至今仍有许多以操作者命名的老字号，说明操作者技艺和经验确保了产品具有值得信赖的质量，说明这种质量管理方式对于小规模、手工作坊方式生产的简单产品来说仍然有生命力。

2. 工长和领班的质量管理

19 世纪初，随着生产规模的扩大和生产工序的复杂化，操作者的质量管理就越来越不能适应了，因此建立起工长（或领班）的质量管理，由各工序的工长（或领班）负责质量检验和把关。

上述两个阶段的质量管理都属于传统的质量管理。

3. 检验员的质量管理

第一次世界大战期间，工业化大生产出现，工厂变得很复杂，工长指定专人负责产品检验，最后发展到把检验从生产中独立出来，形成制定标准、实施标准（生产）、按标准检验的三权分立。我国官窑专设握有重权的检验人员，确保皇家使用的瓷器具有绝对高的质量，稍有瑕疵，一律毁坏。这种质量管理方式属于事后把关，检查发现残次品，对生产者来说已经造成了无可挽回的损失。全数检验也增加了质量成本。

4. 统计质量管理阶段

统计质量管理形成于 20 世纪 20 年代，完善于 20 世纪 40 年代第二次世界大战时，以 1924 年美国贝尔实验室的休哈特（W. A. Shewart）研制第一张质量控制图为标志。1950 年美国专家 W. E. Deming 到日本推广品质管理，使统计质量管理趋于完善。其主要特点是：事先控制，预防为主，防检结合。把数理统计方法应用于质量管理，建立抽样检验法，改变全数检验为抽样检验。制定公差标准，保证批量产品在质量上的一致性和互换性。统计质量管理促进了工业，特别是军事工业的发展，保证了规模工业生产产品的质量。统计质量管理对制造业的发展起了巨大的推动作用，做出了历史性的贡献。但它只关注生产过程和产品的质量控制，没有考虑影响质量的全部因素。

5. 全面质量管理阶段

20 世纪 60 年代以后生产力迅速发展，科学技术迅猛发展，高新技术不断涌现，市场对品种、质量、服务的要求越来越高，促使了全面质量管理理论的形成与发展。

20 世纪 60 年代美国军工企业在生产导弹时提出"零缺陷质量管理"，即所有生产过程都以零缺陷为质量标准。每个操作者都要通过不懈的努力做到第一次做就完全做对。随着制造设备越来越精良和市场竞争的加剧，各行各业对产品都提出了"超严质量要求"，制造业用 6σ 控制原则替代 3σ 控制原则，使稳态不合格品率大幅度下降。因此接近零不合格品质控制是建立在科学方法和先进技术基础上的一种管理执行标准、一种工作态度，即对不符合质量的行为进行不屈不挠斗争的精神。零缺陷质量管理已经发展形成了一整套先进的控制图评价标准和统计判别原则，成为质量管理学科的新分支。对于大众食品的生产不可能采用零缺陷质量管理模式，但对航天食品必须要采用这种管理模式。

日本在 20 世纪 90 年代实行全公司质量管理（CWQC）和全集团质量管理，认为必须结合全公司或全集团每一个部门的每一个员工通力合作，构成涵盖配套企业、中心企业、销售企业的庞大的体系，形成共识，对每一环节实行有效管理。

质量管理的不同阶段是一定时期生产力发展的体现，全面质量管理是人们对产品质量形成规律认识不断深入的体现。

（四）食品质量管理的特性

食品质量管理是质量管理的理论、技术和方法在食品加工和储藏工程中的应用，是为保证和提高食品生产的产品质量或过程质量所进行的调查、计划、组织、协调、控制、检查、处理及信息反馈等各项活动的总称，它是食品工业企业管理的中心环节。由于食品产品的特殊性，食品质量管理也有其特殊性。

1. 食品质量管理在空间和时间上具有广泛性

食品质量管理在空间上包括田间、原料运输车辆、原料储存车间、生产车间、成品储存库房、运载车辆、超市或商店、冰箱、再加工、餐桌等环节的各种环境。从田间到餐桌的任何一环的疏忽都可使食品丧失食用价值。在时间上食品质量管理包括 3 个主要的时间段：原料生产阶段、加工阶段、消费阶段，其中原料生产阶段时间特别长。任何一个时间段的疏忽都可使食品丧失食用价值。食用变质的食品，非但对人的健康没有任何好处，还会产生极其严重的后果。对食品加工企业而言，对加工期间的原料、在制品和产品的质量管理和控制较强，而对原料生产阶段和消费阶段的管理和控制往往鞭长莫及。

2. 食品质量管理的对象具有复杂性

食品原料包括植物、动物、微生物等。许多原料在采收以后必须立即进行预处理、储存和加工，稍有延误就会变质或丧失加工价值和食用价值。而且原料大多为具有生命机能的生物体，必须控制在适当的温度、气体分压、酸碱度等环境条件下，才能保持其鲜活的状态和可利用的状态。食品原料还受产地、品种、季节、采收期、生产条件、环境条件的影响，这些因子都会在很大程度上改变原料的化学组成、风味、质地、结构，进而改变原料的质量和利用程度，最后影响到产品的质量。因此，食品质量管理对象的复杂性增加了食品质量管理的难度，需要随原料的变化不断调整工艺参数，才能保证产品质量的一致性。也就是说，在产品质量形成的桑德霍姆质量循环模型中原料供应单位和采购环节的作用就显得更为突出。

3. 安全性控制的重要性

前已述及，在食品的有形质量特性中，安全性是首要的。食品安全性的重要性决定了食品质量管理中安全质量管理的重要地位。食品的安全性受到全社会和政府的高度重视。有人把食品安全管理比作仅次于核电站的安全管理一点也不为过。因此可以说食品质量管理以食品安全质量管理为核心，食品法规以安全卫生法规为核心，食品质量标准以食品卫生标准为核心。

4. 食品质量监测控制难度大

质量检测控制常采用物理、化学和生物学测量方法。在电子、机械、医药、化工等行业，质量检测的方法和指标都比较成熟。食品的质量检测则包括化学成分、风味成分、质地、卫生等方面的检测。一般来说，常量成分的检测较为容易，微量成分的检测难度大，而活性成分的检测在方法上尚未成熟。感官指标和物性指标的检测往往要借用评审小组或专门仪器来完成。食品卫生的常规检验一般采用细菌总数、大肠菌群、致病菌作为指标，而细菌总数检验技术较落后，耗时长；大肠菌群检验既烦琐又不科学，致病菌的检验准确性欠佳。对于转基因食品的检验更需要专用的实验室和经过专门训练的操作人员。

5. 食品质量管理需关注食品的特殊质量特性

食品的功能性除了内在性能、外在性能以外，还有潜在的文化性能。因此在食品质量管理上要严格尊重和遵循有关法律、道德规范、风俗习惯的规定，不得擅自更改。例如清真食品在加工时有一些特殊的程序和规定，也应列入相应的食品质量管理的范围。

食品质量管理还必须不断进行市场调查，及时调整工艺参数，提高产品的适应性，满足消费者口味的变化。

针对适用于特殊人群的食品，如婴儿食品、老年食品、保健食品等，政府及主管部门制定了相应的法规和政策，建立了审核、检查、管理、监督制度和标准，因此特殊食品质量管理一般都比普通食品有更严格的要求和更高的监管水平。

6. 食品质量管理的水平有待提高

食品加工和储藏是古老的传统产业，基础较为薄弱，大部分大中型食品企业的技术设备先进，管理水平较高，但也有一些食品企业产品老化，设备陈旧，科技含量低，从业人员素质参差不齐，管理落后等。行政管理部门在以下方面也需要加强和提高，如法规健全方面、执行和监督力度方面、设置准入门槛方面等。因此食品行业的质量管理总体水平与医药、电子、机械等行业相比还有一定的差距，食品行业应向其他行业学习，不断提高管理水平。

(五) 食品质量管理的研究内容

食品质量管理的主要研究内容包括 4 个方面：质量管理的基本理论和基本方法；食品质量管理的法规与标准；食品卫生与安全的质量控制；食品质量检验的制度和方法。

1. 质量管理的基本理论和基本方法

食品质量管理是质量管理在食品工程中的应用，因此质量管理学科在理论和方法上的突破必将深刻影响到食品质量管理的发展方向；食品质量管理在理论和方法上的进展也会促进质量管理学科的发展，因为食品工业是制造业中占据重要份额且发展最快的行业之一。

质量管理基本理论和基本方法主要研究质量管理的普遍规律、基本任务和基本性质，如质量战略、质量意识、质量文化、质量形成规律、企业质量管理的职能和方法、数学方法和工具、质量成本管理的规律和方法等。质量战略和质量意识研究的任务是探索适应经济全球化和知识时代的现代质量管理理念，推动质量管理上一个新台阶。企业质量管理重点研究的是综合世界各国先进的管理模式，提出适合各主要行业的行之有效的规范化管理模式。数学方法和工具的研究正集中于超严质量管理控制图的设计方面。质量成本管理研究的发展趋势是把顾客满意度理论和质量成本管理结合起来，推行综合的质量经济管理新概念。

2. 食品质量法规与标准

食品质量法规与标准的研究在 21 世纪受到特别重视。世界各国政府已经认识到，在经济全球化时代，食品质量管理必须走标准化、法制化、规范化管理的道路。国际组织和各国政府制定了各种法规和标准，旨在保障消费者的安全和合法利益，规范企业的生产行为，防止出现疯牛病、二噁英等恶性事件，促进企业的有序公平竞争，推动世界各国的正常贸易，避免不合理的贸易壁垒。因此食品质量法规和标准是保障人民健康的生命线，是各行各业生产和贸易的生命线，是企业行为的依据和准绳。对于我国政府、企业和人民来说食品质量法规与标准的研究更有着重要的现实意义。我国社会主义市场经济正处于建立、逐步完善和发展阶段，法制建设也处于完善发展阶段，企业在完成原始积累以后正朝着现代企业目标前进，生活水平得到提高的广大人民群众十分强烈地关注食品质量问题，因此我国管理部门、学术机构和企业都应关注和研究食品质量法规与标准。

食品质量法规与标准从世界范围看有国际组织的、世界各国的和我国的 3 个主要部分。

国际组织和发达国家的食品质量法规与标准是我国法律工作者在制定我国法规与标准时的重要参考和学习对象，食品出口企业在组织生产时也应严格遵照出口对象国的法规与标准进行目标管理，即使内销企业也可等同采用国际标准，提高企业的管理水平和国际竞争力。中国在加入 WTO 以后正在全力组织研究国际食品法典委员会（CAC）、世界贸易组织、国际乳品联合会（IDF）、国际葡萄与葡萄酒局（IWO）等国际组织以及美国、加拿大、日本、欧盟、澳大利亚等国（地区）的食品法规与标准。为适应市场经济和国际贸易的新形势，我国正在大幅度地制定新的法规标准和修改原有的法规标准，这就要求企业和学术界紧跟形势，重新学习，深入研究。

在学习研究法规和标准时，除了掌握具体内容以外，还应了解法规产生的背景、依据、指导思想、体系、主要侧重点、存在问题等，洞悉法规和标准形成和发展的趋势。企业应根据国际国内的法规标准，结合企业实际，建立企业自身的各项制度和标准体系，并将其落到实处。

3. 食品卫生与安全的质量控制

食品卫生与安全问题是全球性的问题，发达国家存在着严重的食品卫生和安全问题，如英国的疯牛病、日本的大肠杆菌 O157 事件、比利时的二噁英事件等。发展中国家问题可能更加严重。食品卫生与安全质量控制无疑是食品质量管理的核心和工作重点。WHO 认为食品安全是该组织的工作重点和优先解决的领域。各国政府为了保障人民健康和保持经济稳定增长，制定了相应的法规和体系。根据 WTO 的规定，为防止欺骗行为和保护人类健康安全，各国有权采取贸易技术壁垒，实施与国际标准、导则或建议不尽一致的技术法规、标准和合格评定程序。此规定使问题变得更加复杂，即一部分国家以食品卫生与安全为借口进行贸易保护。

《良好操作规范》（GMP）、危害分析与关键控制点（HACCP）系统和 ISO 9000 标准系列都是行之有效的食品卫生与安全质量控制的保证制度和保证体系。GMP 是食品企业自主性的质量保证制度，是构筑 HACCP 系统和 ISO 9000 标准系列的基础。HACCP 系统是在严格执行 GMP 的基础上通过危害风险分析，在关键点实行严格控制，从而避免生物的、化学的和物理的危害因素对食品的污染。ISO 9000 标准系列是更高一级的管理阶段，包含了 GMP 和 HACCP 的主要内容，体现了系统性和法规性，已成为国际通用的标准和进入欧美市场的通行证。

这些保证制度和体系已被实践证明对确保食品卫生与安全是行之有效的。但"放之四海而皆准"的往往是一些普遍原则，必然缺乏针对性，在执行过程中需要较长时期的"磨合"过程。GMP、HACCP、ISO 9000 标准三者在内容上重复之处颇多，因此学术界认为应推行一种针对性强、易于操作的规范制度。

食品企业在构建食品卫生与安全保证体系时，首先要根据自身的规范、生产需要和管理水平确定适合的保证制度，然后结合生产实际把保证体系的内容细化和具体化，这是一个艰难的试验研究的过程。

4. 食品质量检验

食品质量检验是食品质量控制的必要的基础工作和重要的组成部分，是保证食品卫生与安全和营养风味品质的重要手段，也是食品生产过程质量控制的重要手段。食品质量检验主要研究确定必要的质量检验机构和制度，根据法规标准建立必需的检验项目，选择规范化的、切合实际需要的采样和检验方法，根据检验结果提出科学合理的判定。

食品质量检验的主要热点问题包括以下方面。

① 根据实际需要和科学发展，提出新的检验项目和方法。食品质量检验项目和方法经常发生变动，例如基因工程的出现就要求对转基因食品进行检验。随着人们对食品卫生与安全问题的关注和担心，食品进口国对农药残留和兽药残留的限制越来越严格，因此要求检验手段和方法进一步提高，替代原有的仪器和方法。

② 研究新的简便快速方法。传统的或法定的检验方法往往比较繁复和费时，在实际生产中很难及时指导生产，因此需要寻找在精度和检出限上相当而又快速简便的方法。

③ 在线检验（online QC）和无损伤检验。现代质量管理要求及时获取信息并反馈到生产线上进行检控，因此希望质量检验部门能开展在线检验。无损伤检验，如红外线检测等手段已经在生产中得到应用。

知识二　食品质量管理体系与方法

一、质量体系及相关概念

质量管理（quality management）是"确定质量方针、目标和职责并在质量体系中通过诸如质量策划、质量控制、质量保证和质量改进使其实施的全部管理职能的所有活动"。因此质量体系与质量方针、质量目标、质量策划、质量控制相互联系而统为一体。

1. 质量方针

质量方针（quality policy）是指"由组织的最高管理层正式发布的该组织总的质量宗旨和质量方向"。对企业而言，质量方针是企业的质量政策，是较长期的有关质量的指导原则和行动指南，是各职能部门全体人员质量活动的根本准则，具有严肃性和相对稳定性。质量方针也反映出企业领导的质量意识和质量决策。

质量目标是根据质量方针制订的明确可行的具体指标。组织内各部门各成员都应明确自己的职责和质量目标，并为实现该目标而努力。

2. 质量体系

质量体系（quality system）是"为实施质量管理所需的组织结构、程序、过程和资源"。其中的组织结构（organization structure）是指"组织行为使其职能按某种方式建立的职责、权限及其相互关系"，包括各级领导的职责权限、质量机构的建立与分工、各部门的职责权限及其相互关系框架、质量工作的网络架构、质量信息的传递架构等。其中的程序

（procedure）是指"为进行某项活动所规定的途径"。

　　质量体系是质量管理的核心和载体，是组织的管理能力和资源能力的集合。质量体系有两种形式：质量管理体系和质量保证体系。质量管理体系是组织（例如某个企业）根据或参照 ISO 9004 标准提供的指南所构建的、用于内部质量管理的质量体系。而质量保证体系则是供方为履行合同或贯彻法令向需方或第三方提供的证明材料。质量保证体系的基础是质量管理体系，质量保证体系是质量管理体系的延伸与发展，质量管理体系与质量保证体系无实质性的差别，只是质量管理体系侧重于企业内部的质量管理工作，而质量保证体系在此基础上进一步强调对用户使用产品的质量保证。

　　质量体系是一个组织的管理系统。组织在构建管理系统时也必然和必须积累形成该体系的文件系统。质量体系文件通常包括质量手册、程序性文件、质量计划和质量记录等。

3. 质量策划

　　质量策划（quality planning）是指"确定质量目标以及采用质量体系要素的活动"。质量策划包括收集、比较顾客的质量要求；向管理层提出有关质量方针和质量目标的建议；从质量和成本两方面评审产品设计，制定质量标准，确定质量控制的组织机构、程序、制度和方法；制定审核原料供应商质量的制度和程序；开展宣传教育和人员培训活动等工作内容。

　　最高管理者应对实现质量方针、目标和要求所需的各项活动和资源进行质量策划，质量策划的输出应该文件化。质量策划是质量管理中的筹划活动，是组织中的领导和管理部门的职责。企业要在市场竞争中处于优胜地位，就必须根据市场信息、用户反馈意见、国内外发展动向等因素，对老产品改进和新产品开发进行筹划，就研制什么样的产品、产品应具有的性能、达到水平等进行确定，提出明确的目标和要求，并进一步为如何达到此目标及实现相关要求从技术、组织等方面进行策划。

4. 质量控制

　　质量控制（quality control）是"为达到质量要求所采取的作业技术和活动"。其中的"作业技术"包括专业技术和管理技术，是质量控制的主要手段和方法的总称。"活动"是运用作业技术开展的有计划有组织的质量职能活动。

　　质量控制的目的在于监视过程并排除质量环节所有阶段中导致不满意的原因，以取得经济效益。质量控制一般采取以下程序：

　　① 确定质量控制的计划和标准；

　　② 实施质量控制计划和标准；

　　③ 监视过程和评价结果，发现存在的质量问题及其成因；

　　④ 排除不良或危害因素，恢复至正常状态。

5. 质量改进

　　质量改进（quality improvement）是指"为向本组织及其顾客提供更多的效益，在整个组织所采取的旨在提高活动和过程的效益和效率的各种措施"。

　　质量改进是通过改进形成产品或服务的过程来实现的。因为纠正过程输出的不良结果只能消除已经发生的质量缺陷，所以只有改进过程才能从根本上消除产生缺陷的原因，从而可以提高过程的效率和效益。质量改进不仅要纠正偶发性事故，而且要改进长期存在的问题。为了有效地实施质量改进，必须对质量改进活动进行组织、策划和度量，并对所有的改进活动进行评审。通常质量改进活动由以下环节构成：组织质量改进小组、确定改进项目、调查可能的原因、确定因果关系、采取预防或纠正措施、确认改进效果、保持改进成果、持续改进。

6. 质量保证

质量保证（quality assurance）是指"为了提供足够的信任表明有实体能够满足质量要求，而在质量体系中实施并根据需要进行证实的全部有计划和有系统的活动"。也就是说，组织应建立有效的质量保证体系，实施全部有计划有系统的活动，能够提供必要的证据（实物质量测定证据和管理证据），从而得到本组织的管理层、用户、第三方（政府主管部门、质量监督部门、消费者协会等）的足够的信任。质量保证分为内部质量保证（internal quality assurance）和外部质量保证（external quality assurance）两种类型。

二、企业质量管理的相关工作

开展企业质量管理必须有长远的规划、统一的领导、健全的组织、强有力的资源和技术支撑。对企业而言，质量管理是在生产全过程中对质量职能和活动所进行的管理，质量体系是这些管理的核心和载体，因此了解企业质量管理的有关工作，有助于认识企业质量体系的内容。企业质量管理的相关工作包括质量管理的基础工作以及论证和决策阶段的质量管理、产品开发设计阶段的质量管理、生产制造阶段的质量管理、产品销售和售后服务阶段的质量管理等整个过程的质量管理。

1. 企业质量管理的基础工作

质量管理基础工作包括建立质量责任制以及开展标准化工作、质量培训工作、计量管理工作、质量信息管理工作等。

（1）建立质量责任制　企业质量责任制明确规定各部门或个人在质量管理中的质量职能及承担的任务、责任和权力。首先，企业最高行政管理将质量体系各要素所包含的质量活动分配到各部门，各部门制定各自的质量职责并对相关部门提出质量要求，经协调后明确部门的质量职能。然后，部门将质量任务、责任分配到每个员工，做到人人有明确的任务和职责，事事有人负责。建立质量责任制要体现责、权、利三者统一，与经济利益挂钩；责任制要科学、合理、定量化、具体化，便于考核和追究责任。部门和个人在本能上都是趋利避责的，因此要公平公正地处理各部门和个人的关系，责权对等，特别要明确部门之间接合部的职能关系，避免互相推诿。建立企业质量责任制是一项长期艰苦的工作，经过一定时间的磨合，才能形成覆盖全面、层次分明、脉络清楚、职责分明的健全的责任制。

（2）开展标准化工作　企业的标准化工作是以提高企业经济效益为中心，以生产、技术、经营、管理的全过程为内容，以制定和贯彻标准为手段的活动。企业标准必须具有科学性、权威性、广泛性、明确性，并以文件形式固定下来。有国际先进标准或国家标准时，企业应尽量采用或部分采用先进标准。企业组织制定企业标准时，应在反复试验的基础上，按标准化的原理、程序和方法，用标准的形式把原材料、设备、工具、工艺、方法等重复性事物统一起来，作为指导企业活动的依据。企业应将企业标准报质量管理部门审查。一经报备，此标准即为该企业质量管理的最高准则，应在企业生产经营活动的各个环节中严格执行。

（3）开展质量培训工作　质量培训工作是对全体职工进行加强质量意识的教育、质量管理基本知识的教育以及专门技术和技能的教育。企业应设置分管教育培训的机构，应有专职师资队伍或委托高等院校教师进行此项工作。应制订企业教育培训计划，定期或不定期地开展教育工作；应建立员工的教育培训档案，制定必要的管理制度和工作程序。

（4）开展计量管理工作　计量工作是保证量值统一准确的一项重要的技术工作。在质量管理的每个环节都离不开计量工作。没有计量工作，定量分析和质量考核验证就没有依据。

企业计量工作的任务是贯彻国家的计量法规、监督核查执行情况。企业应设置与生产规模相适应的专职机构，配置计量管理、检定技术人员，建立计量人员岗位责任制，完善计量器具鉴定和管理制度。计量器具应妥善保管使用，定期检定。计量单位应采用统一的国际单位制（SI）。

（5）开展质量信息管理工作 质量信息管理是企业质量管理的重要组成部分，主要工作是对质量信息进行收集、整理、分析、反馈、存储。企业应建立与其生产规模相适应的专职机构，配备专职人员，配备数字化信息管理设备，建立企业的质量信息系统（quality information system，QIS）。QIS 是收集、整理、分析、报告、存储信息的组织体系，把有关质量决策、指令、执行情况及时、正确地传递到一定等级的部门，为质量决策、企业内部质量考核、企业外部质量保证提供依据。质量信息主要包括：质量体系文件、设计质量信息、采购质量信息、工序质量信息、产品验证信息、市场质量信息等。

2. 产品质量形成过程的质量管理

按照朱兰的质量螺旋模型，产品质量形成过程包括市场研究、产品计划、设计、制订产品规格、制订工艺、采购、仪器仪表配置、生产、工序控制、检验、测试、销售、售后服务等质量职能，因此可归纳为以下四个阶段：可行性论证和决策阶段、产品开发设计阶段、生产制造阶段、产品销售和使用阶段。必须明确每个阶段质量控制的基本任务和主要环节。

（1）可行性论证和决策阶段的质量管理 在新产品开发以前，产品开发部门必须做好市场调研工作，广泛收集市场信息（需求信息、同类产品信息、市场竞争信息、市场环境信息、国际市场信息等），深入进行市场调查，认真分析国家和地方的产业政策、产品技术、产品质量、产品价格等因素及其相互关系，形成产品开发建议书，包括开发目的、市场调查、市场预测、技术分析、产品构思、预计规模、销售对象、经济效益分析等，供决策机构决策，开发部门提供的信息应全面、系统、客观、有远见、有事实依据和旁证材料，有评价和分析。高层决策机构应召集有关技术、管理、营销人员对产品开发建议书进行讨论，按科学程序作出决策，提出意见。决策部门确定了开发意向以后，可责令开发部门补充完整，形成可行性论证报告。可行性论证报告包括概述、项目计划目标、技术先进性分析、产品市场调查、竞争能力预测、资金预算、资金筹措、风险评估、经济效益分析、支撑条件分析、编制说明等内容。决策机构在广泛征求企业内部意见的基础上，还可邀请高等院校、科研院所、政府、商界、金融界专家对可行性论证报告进行讨论，使之更加完善、科学和符合实际，以利于作出正确果断的决策。接着决策机构向产品开发部门下达产品开发设计任务。

可行性论证和决策阶段质量管理的任务是：通过市场研究，明确顾客对质量的需求，并将其转化为产品构思，形成产品的"概念质量"，确定产品的功能参数。此阶段质量管理的主要环节如下。

① 市场研究：收集市场信息、分析市场形势、明确顾客质量要求。

② 产品构思：将顾客的质量要求与社会、经济和技术的发展趋势有机地结合起来，求得质量、成本、价格水平上的统一。

③ 决策：综合考虑市场、质量、技术、经济 4 个因素，做出科学且具有前瞻性的决策。

（2）产品开发设计阶段的质量管理 产品设计开发的全过程包括设计阶段（初步设计、技术设计、工作图设计）、试制阶段（产品试制、试制产品鉴定）、改进设计阶段、小批试制阶段（小批生产试验、小批样鉴定、试销售）、批量生产阶段（产品定型、批量生产）、使用阶段（销售和用户服务）。

开发部门应根据新产品开发任务书制订开发设计质量计划，明确开发设计的质量目标，严格按工作程序开展工作和管理，明确质量工作环节，严格进行设计评审，及时发现问题和改正设计中存在的缺陷。同时应加强开发设计过程的质量信息管理，积累基础性资料。企业领导应在开发设计的适当的关键阶段（如初步设计、技术设计、试制、小批试制、批量生产）组织有关职能部门的代表对开发设计进行评审。开发设计评审是控制开发设计质量的作业活动，是重要的早期报警措施。评审内容包括设计是否满足质量要求，是否贯彻执行有关法规标准，并与同类产品的质量进行比较。

产品开发设计阶段质量管理的任务是要把产品的"概念质量"转化为"规范质量"，即通过设计、试制、小批试制、批量生产、使用，把设计中形成技术文件的功能参数定型为规范质量。

此阶段质量管理的主要环节概括如下。

① 产品设计：主要管理产品质量计划，明确开发设计的质量目标，规定质量活动的内容和职责。

② 试制和小批试制：主要验证工艺和产品质量的稳定性。

③ 设计评审：主要验证技术先进性和产品适用性之间的一致程度，使产品既符合用户需要和国家的法规，又符合生产的工艺性（如自动化、连续化、可检验检测）。

（3）生产制造阶段的质量管理　生产制造阶段是指从原材料进厂到形成最终产品的整个过程，生产制造阶段包括工艺准备和加工制造两个内容，是质量形成的核心和关键。工艺准备是根据产品开发设计成果和预期的生产规模确定生产工艺路线、流程、方法、设备、仪器、辅助设备、工具，培训操作人员和检验人员，初步核算工时定额和材料消耗定额、能源消耗定额，建立质量记录表格、质量控制文件与质量检验规范。加工制造涉及职能部门、参与人员最多，其质量管理工作更复杂。加工制造过程中生产部门必须贯彻和完善质量控制计划，确定关键工序、部位和环节，严肃工艺纪律，执行"三自一控"（自检、自分、自做标记，控制自检正确率）；做好物资供应和设备保障；设置工序质量控制点，建立工序质量文件，加强质量信息管理，落实检验制度，加强考核评比。

生产制造阶段质量管理的任务是实现设计质量向产品实物质量的转化，具体质量职能是严格执行制造质量计划，严格贯彻设计意图和执行技术标准，使产品达到质量标准；实施各个环节的质量保证，保证工序质量处于受控状态，确保工序质量水平；建立稳定生产的加工制造系统，控制生产节拍，保证均衡生产和文明生产；及时处理质量问题，分析质量波动原因，控制不合格品率；进行制造过程的质量经济分析。

此阶段质量管理的主要环节如下。

① 制订生产制造质量控制计划：工艺部门必须在研究产品制造工艺性的基础上确定生产制造过程质量控制方案，使产品制造质量稳定地符合设计要求和控制标准。

② 工序能力验证：在工序处于受控状态时，在样本容量足够大时检测工序的实际加工能力，确定工序的质量保证能力。

③ 采购质量控制：采购部门应根据部门提供的采购文件、技术资料，选择合格的供货方，签订质量保证协议、验证方法协议、进货检验程序和争议解决方案，确保供货方的资质和原材料的质量。

（4）产品销售和售后服务阶段的质量管理　产品销售过程包括实施和监控产品包装、储运、防护；确定营销策略，建立营销渠道和销售网点；实施广告策划宣传，提高产品的知名度和信誉度，培训营销人员；建立营销质量文件；建立质量信息反馈系统等工作。售后服务过程包括访问用户、履行产品质量责任（包修、包退、包换、赔偿）、组织维修、供应配件及收集、整理、分析利用质量信息等工作。

产品销售和售后服务阶段质量管理的任务是完成生产后职能，保证产品在到达用户手中时具有原有的质量水平；根据营销策略，完善质量保证，实现质量承诺，树立市场信誉，增加产品的市场竞争力；建立质量信息反馈系统，收集质量信息，改进产品质量和服务质量。

此阶段质量管理的主要环节如下。

① 产品包装和储运：严格执行产品包装和储运管理制度，确保产品安全、清洁、准确、及时到达用户手中。

② 产品销售：帮助用户正确选择适用产品，答复用户对技术、质量的询问，提供质量保证文件，履行产品质量承诺。

③ 售后服务：征询用户意见，开展用户满意度调查，及时整理分析，改进产品质量。用户满意度是用户实际感受值与用户期望值之比值，当用户满意度为1时，表明用户实际感受与期望值相一致；用户满意度小于1，说明用户的期望值没有完全实现；用户满意度大于1时，说明超过用户的期望值。一些国家建立了计量经济模型，以用户满意度指数来评价用户对产品质量和服务质量的满意程度。

三、企业质量管理的方法

1. PDCA 循环

PDCA 循环由 Deming 提出，以计划—执行—检查—处理的工作循环模式来推动企业的质量管理工作。它反映了质量管理活动的规律。

PDCA 循环是提高产品质量、改善企业经营管理的重要方法，是质量保证体系运转的基本方式。自觉推行 PDCA 循环，有助于提高企业的质量管理水平，不断发现和克服影响产品质量的因素，提高产品质量和服务质量，提高企业的经济效益。

PDCA 表明了质量管理活动的 4 个阶段，每个阶段又分为若干步骤。

(1) 计划阶段 (plan，P) 通过市场调查和用户访问等，摸清用户对产品质量的要求，分析产品和服务中存在的主要质量问题，发现与国内外同类产品的质量差距，分析质量问题和差距的形成因素，发现诸因素中的主要影响因素，制订质量政策、目标、计划，确定措施和办法。一般包括现状调查、原因分析、确定要因和制订计划四个步骤。

(2) 执行阶段 (do，D) 实施上一阶段规定的内容，如实施质量目标、计划，根据产品质量标准进行产品设计、试制、试验，努力实现设计质量。其中包括计划执行前的人员培训。这一阶段的步骤就是执行计划。

(3) 检查阶段 (check，C) 主要是在计划执行过程中或执行之后检查验收计划执行情况和效果。此阶段的步骤就是效果检查。

(4) 处理阶段 (action，A) 在检查验收的基础上，根据检查结果，采取相应措施，巩固成绩，把有效的措施以文件形式固定到原有的操作标准和规范中去。对尚未解决的问题，用新一轮的 PDCA 循环法解决。此阶段包括两个步骤：巩固措施和下一步的打算。

PDCA 管理法的核心是通过持续不断的改进，使企业的各项事务在有效控制的状态下向预定的目标发展。PDCA 循环是行之有效的质量管理方法。

2. 质量管理小组活动

质量管理小组（即 QC 小组）是指在生产或工作岗位上从事各种劳动的职工，围绕企业的方针目标和现场存在的问题，以改进质量、降低消耗、提高经济效益和人的素质为目的而组织起来，运用质量管理的理论和方法开展质量管理活动的群众组织，是企业推进质量管理的基础和支柱之一。

QC 小组活动最早起源于日本，现在在世界上发展十分迅速，已遍及五大洲的 40 多个国家。通过这种组织形式可以提高企业员工的素质，提高企业的管理水平，提高产品质量，提高企业的经济效益。

为便于活动，QC小组的成员不宜过多，一般为3～10人较合适。小组成员要牢固树立"质量第一"的思想，努力学习全面质量管理的基本知识和方法，熟悉本岗位的技术标准和工艺规程，具有一定的专业知识和技术水平，并能积极参加活动。组长是小组的带头人，一般由全体组员选举产生，也可以在成员小组同意的前提下，由行政领导提名。对于自愿结合的班组QC小组而言，组长通常由小组发起人担任。QC小组组长应是全面质量管理热心人，事业心强，技术水平较高，思维能力较强，有一定的组织能力，善于团结周围群众，发挥集体智慧。

根据工作性质和内容的不同，QC小组大致可以分为以下几种类型。

① 现场型：主要以班组、工序、服务现场职工为主组成，以稳定工序、改进产品质量、降低物质消耗、提高服务质量为目的。

② 攻关型：一般由干部、工程技术人员和工人三结合组成，以解决有一定难度的质量关键问题为目的。

③ 管理型：以管理人员为主组成，以提高工作质量、改善与解决管理中的问题、提高管理水平为目的。

④ 服务型：由从事服务性工作的职工组成，以提高服务质量，推动服务工作标准化、程序化、科学化，提高经济效益和社会效益为目的。

QC小组成立后，应填写"QC小组活动登记表"，经小组所在单位报企业QC小组主管部门进行登记注册编号，以利于企业对小组活动的日常管理和指导。

QC小组组建以后，从选择课题开始开展活动。活动的具体程序如下。

（1）选题　QC小组活动课题的选择，一般应根据企业质量方针、目标和中心工作、现场存在的薄弱环节以及用户（包括下道工序）的需要而定。从广义的质量概念出发，QC小组的选题范围涉及企业的各方面工作。因此，选题的范围是广泛的，根据我国的情况QC小组的选题可以概括为十大方面：提高质量；降低成本；设备管理；提高出勤率、工时利用率和劳动生产率，加强定额管理；开发新品，开设新的服务项目；安全生产；治理"三废"，改善环境；提高顾客（用户）的满意率；加强企业内部管理；加强思想政治工作，提高职工素养。

（2）确定目标值　课题选定后，应确定合理的目标值。目标值的确定要注重量化，使小组成员都有一个明确的努力方向，便于检查，便于评价活动成果；要注重实现目标值的可能性，既要防止目标值定得太低，小组活动缺乏意义，又要防止目标值定得太高，久攻不克，影响小组成员的工作信心。

（3）调查现状　为了解课题的目前状况，必须认真做好现状调查工作。在进行现状调查时，应根据实际情况，应用不同的QC工具，如调查表、排列图、折线图、柱状图、直方图、管理图、饼图等，进行数据的收集整理。

（4）分析原因　对调查后掌握的现状，要发动全体组员认真分析、想办法，依靠掌握的数据，通过讨论，集思广益，选用合适的QC工具进行分析，找出问题的原因。

（5）找出主要原因　经过原因分析以后，将多种原因根据关键少数和次要多数的原理进行排列，从中找出主要原因。在寻找主要原因时，可根据实际需要应用不同的分析方法。

（6）制订措施　主要原因确定后，制订相应的措施计划，明确各项问题的具体措施、要达到的目的、实施人、完成时间、检查人员等。

（7）实施措施　按措施计划分工实施。组长要组织成员定期或不定期地研究实施情况，随时了解课题进展，发现新问题要及时研究、调查措施计划，以达到目标。

（8）检查效果 措施实施后，应进行效果检查。效果检查是把措施实施前后的情况进行对比，看其实施后的效果，是否达到了预定的目标。如果达到了预定目标，小组就可以进入下一步工作；如果没有达到预定目标，就应对计划的执行情况及其可行性进行分析，找出原因，在第二次循环中加以改进。

（9）制订巩固措施 达到了预定目标值，说明该课题已经完成。但为了保证成果得到巩固，小组必须将行之有效的措施或方法纳入工作标准、工艺规程或管理标准，经有关部门审定后纳入企业的有关标准或文件。如果课题的内容只涉及本班组，也可以通过班组守则、岗位责任制等形式加以巩固。

（10）分析遗留问题 小组通过活动取得了一定的成果，也就是经过了一个 PDCA 循环。此时，应对遗留问题进行分析，并将其作为下一次活动的课题，进入新的 PDCA 循环。

（11）总结成果资料 小组将活动的成果进行总结，是自我提高的重要环节，也是成果发表的必要准备，同时也是总结经验、找出问题、进行下一次循环的开始。

以上步骤是 QC 小组活动的全过程，体现了一个完整的 PDCA 循环。由于 QC 小组每次取得成果后，能够将遗留问题作为小组下一个循环的课题，因此就使 QC 小组活动能够持久。当然如果一次循环后没有遗留问题，则可提出新的打算，保持活动深入持久地开展。

3. 目标管理

在现代西方行为控制理论中，为了使组织及其成员工作更有成效，必须进行目标设置和目标协调工作。因为要控制和引导人们的行为，必须为之创造一定的环境和条件，以目标为刺激，引发需要，激发动机，使其自觉地去完成预期的目标。因此，目标作为外来刺激必须同需要、动机挂钩，它既是鼓舞人心的奋斗方向，又是满足人们需要的目标物。质量目标管理是企业管理者和员工共同努力、自我管理的形式，为实现由管理者和员工共同参与制定的质量总目标的一种管理制度。

开展质量目标管理有利于提高企业包括管理者在内的各类人员的主人翁意识和自我管理、自我约束的积极性，提高企业的质量管理水平和人员的总体素质，提高企业的经济效益。

开展质量目标管理的程序一般如下。

（1）制定企业质量总目标 企业管理者和员工在学习国际国内同类产品质量先进水平的基础上，制定一年或若干年的质量工作目标，此目标必须有先进性、科学性、可行性，同时必须具体化、数量化。

（2）分解企业质量总目标 根据企业质量总目标制定部门、班组、人员的目标，明确它们的责任和指标，最后以文字形式固定在质量责任制、业绩考核制、经济责任制中。任务和指标必须数量化、具体化，具有可操作性和可考核性。

（3）实施企业质量总目标 建立质量目标管理体系，运用质量管理的方法，有计划、有组织地实施质量总目标和分目标。

（4）评价考核企业质量总目标 通过定期检查、考核、奖惩等方法对企业、部门和个人实施质量目标的情况进行评价。

知识三　全面质量管理

一、全面质量管理的基本概念

20 世纪 60 年代以后，生产力和科学技术迅猛发展，高新技术不断涌现，产品品种、质量、服务的要求越来越高，促使了全面质量管理理论的形成与发展。全面质量管理最先起源于美国，1961 年美国通用电气公司质量管理部部长费根堡姆首先提出了"全面质量管理"的概念，并在一些工业发达国家开始推行。全面质量管理就是企业全体人员参加的质量管理，全过程实行控制的质量管理。也就是企业全体职工及有关部门同心协力，把专业技术、经营管理、数理统计和思想教育有机地结合，建立起产品的研究设计、生产制造、售后服务等全过程的质量保证体系，为确保产品质量，满足用户需要，多快好省地进行研制、生产、销售和服务等一整套质量管理工作。ISO 8402：1994 中定义全面质量管理（total quality control，TQC）为："一个组织以质量为中心，以全员参与为基础，目的在于通过让顾客满意和本组织所有成员及社会受益而达到长期成功的管理途径。"我国质量管理协会也给以相近的定义："企业全体职工及有关部门同心协力，综合运用管理技术、专业技术和科学方法，经济地开发、研制、生产和销售用户满意产品的管理活动。"

全面质量管理有以下基本特点。

① 全面质量管理是研究质量、维持质量和改进质量的有效体系和管理途径，是在新的经营哲学指导下以质量为核心的管理科学，不是单纯的专业的管理方法或技术。

② 全面质量管理是市场经济的产物，以质量第一和用户第一原则为指导思想，以顾客满意作为经营者对产品和服务质量的最终要求，以对市场和用户的适用性标准取代传统的符合性标准。

③ 全面质量管理以全员参与为基础。质量管理涉及 5 大因素：人（操作者）、机（机器设备）、料（原料、材料）、法（工艺和方法）和环（生产环境）。各因素相互作用、相互依赖，但"人"处于中心地位，起着关键作用。人的工作质量是一切过程质量的保证，因此一个企业必须有一个高素质的管理核心和一支高素质的职工队伍，通过系统的质量教育和培训，树立质量第一和用户第一的质量意识，同心协力，开展各项质量活动。

④ 全面质量管理强调在最经济的水平上为用户提供满足其需要的产品和服务，在使顾客受益的同时本组织成员及社会方面的利益也得到照顾。全面质量管理的经济性就体现在兼顾用户、本组织成员及社会三方面的利益，任何以损害其他方利益为代价的单方利益（通常是企业方）获利行为都是与全面质量管理的经营观念背道而驰的。

⑤ 全面质量管理学说只是提出了一般的理论，各国在实施全面质量管理时应根据本国的实际情况，考虑本民族的文化特色，提出实用的具有可操作性的具体方法，逐步推广实施。

二、全面质量管理的基本要求

1. 全员参与

全面质量管理是要求企业全体人员参加的质量管理。产品质量是企业各个生产环节、各部门所有工作的综合反映。企业中任何一个环节、任何一个人的工作质量都会不同程度地、直接或间接地影响产品的质量。所以，推行全面质量管理，必须把企业所有人员的积极性和创造性充分调动起来，全员参与质量管理。要实现全员质量管理，首先必须做好全员的质量教育工作，加强员工的质量意识，牢固树立"质量第一"的思想，促进员工自觉参加质量管理的各项活动；要不断提高员工的技术素质、管理素质。其次要把质量目标落实到每一个工作岗位。同时还要开展各种形式的群众性质量管理活动，尤其要重视 QC 小组活动，充分发挥广大员工的聪明才智。

2. 全过程的质量管理

产品质量是生产全过程活动的结果。全过程的质量管理包括从市场调查、产品设计、产品生产、销售直到售后服务等过程的质量管理。产品质量有一个产生、形成、实现的过程。要保证产品的质量，不仅要实现生产制造过程的质量管理，还要实现设计过程和使用过程的质量管理。因此，全面质量管理的范围是产品质量产生、形成和实现的全过程。实行产品质量形成全过程的质量管理，做到以防为主、防检结合、重在提高。

(1) 全面质量管理要求体现以预防为主不断改进的思想 把管理工作的重点从"事后把关"转移到"事先预防"，从"管结果"变为"管因素"。实行"预防为主"的方针，做到"防患于未然"。在生产过程中要采取各种措施，控制由工艺、设备、原辅料和不规范生产等因素对产品质量的影响，形成能够稳定生产优质产品的生产体系。同时加强质量检验，以预防为主不仅不排斥质量检验，甚至要求更加严格。质量检验是企业全面质量管理工作必不可少的基本内容之一，必须健全机构、充实力量、更新手段，严格执行规章制度，做好质量检验工作，防止不合格品出厂。

(2) 全面质量管理还要求体现为用户服务的思想 实行全过程的质量管理，要求企业所有工作环节都必须树立"为用户服务"的思想。"为用户服务"一是为企业外的产品消费者服务，通过调查研究，收集消费者对产品的意见，了解消费者对产品的新要求，并迅速反映到新设计的产品上，确保产品质量的不断提高；二是在企业内部上道工序为下道工序服务，上一生产环节为下一生产环节服务，即为各自的工作对象服务，这样，企业才能目标一致、协调地生产出优质产品。

3. 全企业的质量管理

从质量职能上看，产品质量的职能分散在企业的各有关部门，因此要求企业有关部门都要参加质量管理工作。由于有关部门在企业中的职责和作用不尽相同，因此其质量管理的内容也不一样，为了有效地进行质量管理，就必须加强各部门之间的协调，齐心协力保证产品质量。从组织管理角度看，全企业的质量管理就是要求企业各管理层次都有明确的质量管理内容。上层管理以质量决策为重，统一组织、协调各部门各环节各类人员的质量管理活动，保证实现企业的质量目标和管理目标；中层管理则要实施领导层的质量决策，执行各自的质量职能，进行具体的业务管理；基层管理则要求员工严格按标准、按规范生产，完成具体的工作任务。

4. 多样化的管理方法

全面质量管理是现代化科学技术和现代化大规模生产发展的产物，因此要求把现代科学技术的新成就和科学管理方法应用到质量管理工作中。所以全面质量管理的方法客观上要求是多样化的，它不仅与事后检验的管理方法不同，与质量统计管理也不相同，它要求多种方法的有机结合和综合运用。随着科学技术的发展和社会的进步，影响产品质量的因素越来越复杂，既有物的因素，也有人的因素；既有生产技术的因素，也有组织管理的因素；既有自然因素，也有人的心理、生理、环境等社会因素；既有企业内部的因素，又有企业外部的因素等。要把这诸多因素系统地加以控制，必须根据不同的情况区别不同的影响因素，灵活运用各种现代化管理方法进行综合管理，管理过程中，要注意尊重客观事实，用数据说话；注意遵循企业质量管理的工作程序；注意及时运用科学技术的新成果，以实现企业的全面质量管理工作。

综上所述，只有做到树立和贯彻"质量第一"的方针，不断培养和强化质量意识、问题意识和改善意识，树立为用户服务的观点、预防为主的观点、一切用数据讲话的观点、一切按科学程序办事（PDCA循环）的观点，才能有效地实行全面质量管理。

【目标检测】

1. 什么是质量？
2. 食品质量有何特殊性？
3. 试分析说明质量管理的发展历程。
4. 试述食品质量管理的主要内容。
5. 企业质量管理的方法有哪些？请简要说明。
6. 目标管理应注意什么问题？
7. 全面质量管理的基本要求是什么？
8. 试分析产品质量的形成规律与全面质量管理之间的关系。

PPT　　　　　习题　　　　　思维导图

项目二
质量管理的基础工作

【学习目标】

1. 了解质量教育工作的意义和主要内容。
2. 掌握质量责任制的概念和作用。
3. 掌握标准的概念和分类。
4. 掌握计量工作的基本要求和对质量信息的基本要求。

【思政小课堂】

计量工作是企业全面质量管理的一项重要基础工作，是生产现代化和管理科学化的技术基础，与产品质量的优劣密切相关。在企业生产活动中，质量是关键，标准是依据，计量是基础，只有不断提高企业经营者和生产者对计量的认识，企业的生产水平和产品质量的提高才有保证。

某食品企业主要生产蛋糕、面包、月饼等产品，生产人员 120 人左右，日产 5t 左右，产品销售以市场、专卖店和代加工为主。

2006 年某月某日，该公司夜班生产的面包在最后醒发过程中出现大量醒发过度的现象，部分出炉的产品出现坍塌等质量问题。但由于该问题没有得到及时解决，耽误了生产，在客户规定的期限内没有完成订单，导致索赔，由此给企业造成了一定的经济损失。

经事后调查，发现操作规程、酵母及其他配料的添加量合理，打面过程和醒发等环节的操作也正常。使用手持温度计对醒发室的温度进行测量，发现手持温度计与醒发室控制表盘的温度竟然相差 6℃ 左右，湿度偏低 2 个百分点。因此，初步确定，出现问题的原因是醒发室温度过高，而该公司没有针对计量器具进行管理的要求。而在重新调整醒发室的温度，将温度偏差一并考虑后，所有的产品醒发状态基本恢复正常。

【必备知识】

质量管理的基础工作是指工业、企业开展全面质量管理必须具备的一些基本条件、基本手段和基本制度。质量教育工作、质量责任制、标准化工作、计量工作以及质量信息工作共同形成全面质量管理的基础工作体系，这些工作以产品质量为中心，互相联系、互相制约、互相促进。

知识一　质量教育工作

一、质量教育工作的意义

质量教育是企业开展全面质量管理的一项重要的基础工作。其目的就是提高企业全体人员的思想素质、业务素质和技术素质，从而提高整个企业的素质，使企业获得更好的经济效益和社会效益。质量教育工作具有如下意义。

1. 质量教育是提高产品质量和提高民族素质的重要结合点

"一个国家产品质量的好坏，从一个侧面反映了全民族的素质。"这句话精辟地概括了产品质量的重要性，深刻地揭示了产品质量和民族素质的关系。我国的经济发展迫切需要提高产品质量，增加社会经济效益，同时提高质量也是深化改革和对外开放的需要。质量差、消耗大会危及改革的成功；而扩大出口，增加创汇，在很大程度上取决于出口商品的质量。要提高产品的质量，就要从提高民族素质抓起，而提高民族素质的根本出路是抓教育。"百年大计，教育为本"，质量教育是国民教育中的一个重要组成部分。从质量教育固有的职能及其内容来看，它是直接为产品质量服务的，同时又有助于企业职工素质的提高。因此，开展质量教育是提高产品质量和提高民族素质的重要结合点。也就是说，抓好质量教育是一件既有利于提高产品质量，又有利于提高民族素质的大事。

2. 质量教育是企业竞争的实力所在

当今世界质量竞争十分激烈，我国随着改革开放和商品经济的逐步发展，也出现了激烈竞争的势头。众所周知，企业之间竞争的焦点在于质量，而质量竞争也是企业技术水平和管理水平的竞争，技术水平和管理水平的高低，归根结底取决于职工的素质。实践证明，如果企业领导、技术人员和管理人员不能掌握应有的业务知识和管理技能、质量意识淡薄以及缺乏科学的质量管理知识，即使有了先进的设备和技术，也不能生产出好产品；同样，如果企业的工人没有掌握应有的操作技术和质量管理的基本知识，缺乏必要的基本功训练，即使更新了设备，采用了新技术，也会由于掌握不了新技术而难以生产出优良产品。由此可见，企业之间的质量竞争，实质上是职工素质的竞争、人才的竞争。然而人才的培养，只有通过培训和教育，"无培训即无质量"这句话是有深刻含义的。

3. 开展质量教育是推行全面质量管理的基础和先决条件

质量管理是一门管理学科，因此，必须"学而知之"。全面质量管理作为现代的质量管理，要认真推行就必须教育先行，可以说质量教育是全面质量管理的"第一道工序"。开展质量教育之所以是推行全面质量管理的基础和先决条件，是因为通过教育才能提高企业职工的质量意识，使他们牢固地树立起"质量第一"的思想，加强各类人员对全面质量管理的认识，从而提高推行的自觉性；其次是因为只有掌握并运用好全面质量管理的科学思想、原理、技术和方法，才能不断提高企业职工的工作质量和管理水平；再次是因为要使全面质量管理真正取得成效，就要在推行中不断深化教育。因此，人们常说全面质量管理要"始于教育，终于教育"。

二、质量教育工作的主要内容

质量教育工作包括三个方面的内容：质量意识教育、质量管理知识教育与专业技术教育。

(一) 质量意识教育

1. 质量意识

质量意识是人们对质量这个客观事物在头脑中的反映，是人们在经济活动中对质量的重视程度。由于人们所处的社会地位、洞察能力、思维方法和对事物认识的基准不同，人们的质量意识会有差别。质量意识是质量管理的前提，它的强弱直接关系到质量管理的成败。因此质量意识教育被视为质量教育的首要内容，在我国开展的质量教育中，始终十分重视质量意识教育，如果说推行全面质量管理必须教育先行，那么质量教育必须要以加强质量意识先行。

2. 强化质量意识的途径

强化质量意识就是增强人们关心质量和改善质量的自觉性和紧迫感，主要通过以下途径：通过多种形式的教育，进行反复诱导和启迪，明确提高质量的重大意义，牢固树立"质量第一"和为用户服务的思想，自觉地在生产与管理活动中重视质量工作，正确处理质量与数量的关系、生产与用户的关系；建立竞争机制，作为企业增强质量意识的内在动力，激发企业以质量求生存的自觉性；依靠政府制定的有关质量政策、法规，引导和激励企业以及职工增强质量意识，对全体职工加强质量教育，企业应有一整套严格的质量管理制度，以鼓励职工努力提高技术水平和业务水平，在思想教育的同时，要把产品质量和个人切身利益联系起来并形成规章制度认真执行；通过社会舆论，敦促和推动企业及全体职工增强质量意识；通过质量工作的实践，使质量意识从观念转化为行动，并进一步得到增强和巩固。

质量意识并不只是抽象的、观念性的，它更是具体的、实际的，可以从人们的行动来评价和衡量。一个企业的质量意识如何，是由该企业全体职工质量意识的强弱程度决定的。它首先取决于企业领导的质量意识，因为企业领导在企业中起着关键性的作用，其质量意识对每个职工都有决定性的影响；企业领导的质量意识决定了企业的生命力，决定了企业跻身于世界市场的能力。企业领导的质量意识增强了，就会千方百计地通过各种方式强化全体职工的质量意识，并带领职工为提高质量、增加效益而努力。

（二）质量管理知识教育

质量管理知识的教育是质量教育的主体，应本着"因人而异、分层施教"的原则，针对不同人员进行不同内容的教育。随着全面质量管理的不断深化和质量管理学科的不断发展，质量管理知识的教育内容也必须适时地进行调整与补充。根据企业人员的结构，质量管理知识教育通常分为以下三个层次。

1. 领导干部的教育内容

① 全面质量管理概论内容：质量的地位、质量的概念、全面质量管理概述、全面质量管理中人的作用、全面质量管理的组织和推行、企业领导在质量管理中的职责。

② 质量职能内容：质量职能的概念、企业中各主要质量职能活动内容、质量职能的管理。

③ 质量保证与质量保证体系内容：质量保证的概念、质量保证体系及质量体系要素概述、质量保证体系的内容及构成、建立质量保证体系的程序、质量保证体系图、质量保证体系的运转与审核、质量手册。

④ 方针目标管理内容：方针目标管理概述、企业经营策略和中长期质量规划、企业方针目标管理构成与管理过程、方针目标的制定与展开、方针目标的实施检查与诊断、方针目标管理效果的评价。

⑤ 群众性质量管理活动内容：群众性质量管理活动的作用与形式、质量管理小组活动特点、质量管理小组的建立与管理、质量管理小组活动方法、质量管理小组活动的成果与评价。

⑥ 全面质量管理的基础工作内容：质量教育、标准化工作、质量信息、计量工作、质量责任制。

⑦ 质量审核内容：质量审核的概念、产品质量审核、工序质量审核、质量保证体系审核。

⑧ 质量改进内容：质量改进的概念、步骤、计划与组织、实施与效果评价。

⑨ 质量成本管理内容：质量成本的基本概念、质量成本管理、质量效益分析。

⑩ 质量管理统计及分析方法内容：统计方法概述、数据整理方法、寻找质量问题及原因的方法、质量控制的方法、启发思维的方法、科学实验的方法、产品设计的方法、质量经济分析的方法。

2. 工程技术人员的教育内容

① 全面质量管理概论内容：全面质量管理的概念、质量职能、质量保证体系、方针目标管理等相关内容。

② 质量管理常用方法：质量数据的收集、分层法、排列图法、因果图法、直方图法、关系图法、系统图法、矩阵图法、矩阵数据分析法、PDPC 法（process decision program chart，过程决策程序图法）。

③ 概率分布及统计推断内容：概率、随机变量与概率分布、随机变量的期望和方差、样本及其统计量的分布、参数估计、假设检验。

④ 工序质量控制内容：工序质量及其"主导因素概念"、工序能力的评价和调查、控制图、工序的诊断与调节。

⑤ 抽样检验内容：计数抽样检验原理、计数标准型一次抽检、计数挑选型抽样检验、计数序贯抽样检验、计数调整型抽样检验、计量抽样检验。

⑥ 感官检验内容：感官检验的概念和方法。

⑦ 方差分析和正交试验设计内容：方差分析、正交试验的直观分析和方差分析。

⑧ 相关与回归分析内容：相关分析、一元线性回归、多元线性回归、正交设计的回归分析。

⑨ 参数设计和容差设计内容：三次设计的概念、参数设计、容差设计。

⑩ 可靠性基础内容：可靠性的概念及主要指标、寿命分布基本类型、系统可靠度的计算与分配、寿命试验与可靠性抽样验收。

⑪ 质量改进内容：质量改进的概念、步骤、计划与组织、实施与效果评价。

⑫ 质量审核与质量咨询内容：质量审核与质量咨询的概念、产品质量审核、工序质量审核、质量保证体系审核、咨询诊断的一般方法和程序。

⑬ 质量的经济效益内容：质量经济效益的概念、质量成本、质量设计的经济分析、制造过程中的经济分析。

3. 一线工人的教育内容

① 提高产品质量的意义内容：质量大堤的概念、质量与人民生活的关系、质量是企业的生命、质量是国民经济的基础。

② 质量的概念内容：产品质量的概念、工作质量、质量职能的概念。

③ 全面质量管理概论内容：全面质量管理的基本概念和基本要求、推行全面质量管理的要点。

④ 质量保证体系内容：质量保证和质量管理的概念、全面质量管理的基本要求、推行全面质量管理的要点。

⑤ 全面质量管理的基础工作内容：质量教育工作、质量责任制、标准化工作、计量工作、质量信息工作。

⑥ 质量数据内容：产品质量波动的概念、数理统计方法在质量管理中的应用、数据与统计推断的关系、数据的分类、质量数据的搜集方法、数据的特征数值。

⑦ "老七种工具"的应用：排列图、因果图、散布图、直方图、控制图、分层法及统计

调查表的概念、作图方法、步骤、分析和判断方法。

⑧ 现场质量管理内容：现场质量管理的目标和任务、具体内容。

⑨ 工序质量内容：工序与工序能力的概念、工序质量分析与控制、工序能力指数的计算与评定。

⑩ 质量改进内容：质量改进的基本概念、程序和方法。

⑪ 质量控制点内容：质量控制点的概念、设置原则、落实和实施质量控制点的步骤、操作工人和检验员在质量控制点中的职责。

⑫ 质量检验内容：质量检验的概念及其重要性、种类和方法、质量检验工作的职能、专职检验人员的配备及考核、质量检验部门的任务和要求。

⑬ 质量管理小组内容：质量管理小组概述、怎样建立质量管理小组、如何开展活动。

（三）专业技术教育

专业技术教育是指为了保证和提高产品质量对职工进行的必备的专业技术和操作技能的教育，它是质量教育中不可忽视的重要组成部分。专业技术教育主要包括两方面的内容：技术培训和业务学习；质量管理知识的普及教育。

1. 加强职工队伍的技术培训和业务学习

技术工作是由人来做的，产品是职工经过设计、制造等共同劳动创造的。产品质量的好坏，归根到底还是取决于职工队伍的技术水平，取决于各方面管理工作的水平。专业技术教育内容门类繁多，十分广博，各行各业千差万别，因此教育内容不可能一致，不同的行业和岗位需要的专业技术知识和操作技能也不同。对于工程技术人员，主要进行知识的更新和补充，以适应不断发展的科学技术的要求；对于生产工人，要加强基础技术训练，使其掌握和了解产品性能、用途、生产工艺流程等，并不断进行提高操作技能的培训和开展岗位技术训练，掌握有关的新技术、新设备的使用。

实践证明，技术工人即使有了提高质量的强烈愿望，并且熟练地掌握了全面质量管理的技术和手段，但是如果缺乏应有的专业知识和操作技能，仍然无法达到保证和提高产品质量的目的。同样，如果企业领导干部、管理人员不能熟练地掌握本职工作及其有关的业务、管理知识和技能，缺乏必要的基本功训练和组织能力，那么，即使有了新材料、新设备、新技术等，也仍然生产不出优质产品来。所以搞好质量管理，要处理好人、物、技术等各项因素之间的关系，把人的因素放在首要地位。要在加强思想工作的基础上，组织好职工队伍的技术和业务培训，提高职工的技术水平和管理水平。

2. 质量管理知识的普及教育

施行全面质量管理教育的目的，在于更好地贯彻"质量第一"的方针，培养全体职工树立浓厚的质量意识、质量观念。全面质量管理涉及企业各部门，贯穿于生产经营活动的全过程。对于领导干部，需要及时掌握以本企业为主的较为广博的专业知识，做到熟悉生产、精通业务，始终保持自己作为一个内行领导的水平；对于各类专业管理人员，要结合本职工作，进行专业管理知识的补充与提高，并要有计划地学习本行业的专业技术知识，注意提高业务水平和技能，不断改进本职工作，提高工作质量。为了全面推动和不断提高企业的质量管理工作，企业全体人员都必须接受全面质量管理的教育和训练，要普及全面质量管理的基本知识和管理方法，企业应编制职工培训规划，领导干部、工程技术人员、工人以及一般工作人员的培训计划，编写符合本企业特点的全面质量管理教材，按不同工作岗位区别不同对象，提出不同要求，使全面质量管理的基本知识以及管理工具和方法能够在职工中得到了解、掌握和运用，培训出一批既能系统地掌握 TQC（total quality control，全面质量管理）知识、具备施教能力，又具有专业知识的管理人员，使他们能够了解全面质量管理，关心全面质量管理，掌握全面质量管理，参加全面质量管理。

教育的方式采用不同形式的培训：正规培训、专业培训、企业培训等。正规培训是把全面质量管理理论纳入各类院校的教材，使职工在进入企业前就具备了一定的全面质量管理的知识；专业培训是以学习班的形式将从事质量管理的专业人员和其他有关人员集中起来，按其专业特点，分期分批进行培训；企业培训是根据质量管理出现的问题及实际工作情况的需要，有针对性地对各类有关人员进行教育，以及时解决问题为目的进行的培训。

三、质量教育工作的根本要求

1. 采取行政干预，是组织实施质量教育的有力措施

把全面质量管理列入职工应知应会的教育内容；在对企业领导进行的考核中应包含全面质量管理的内容；企业创新奖励、产品评优活动中都明确规定包括了质量教育在内的对推行全面质量管理的具体要求。这些行政干预手段对于推动质量教育工作的开展是很有利的。

2. 质量教育职能的落实是搞好质量教育的关键

首先，企业领导要把开展质量教育作为对职工的一项重要智力投资，要为质量教育创造必要的条件，如及时解决经费、场地、时间等问题；领导要带头学习，才能领导和保证企业顺利地推行全面质量管理。其次，要充分发挥企业教育部门的作用，要使企业的教育部门把质量教育当作一项主要职责，融入它的日常工作中。因此，完善管理体制、理顺质量教育与企业教育组织机构的关系，是开展质量教育的重要条件。

3. 制定质量教育规划

质量教育规划是企业职工教育总体规划中的一个重要组成部分。为了使它能够切合企业实际，一定要使制定规划的依据充分；要体现质量教育的全员性、经常性和反复性；要区别不同的对象，体现分层施教的原则，教育内容要有针对性、适用性，并考虑到知识的系统性和完整性，由浅入深，循序渐进。

质量管理部门主要是从师资力量、办学方式、教育形式、教学方法等方面给以配合和协助。培养和造就一支质量教育的师资力量，是开展质量教育的重要保证。组织对质量管理懂理论、有实践的专家、学者编写师资培训教材，请他们亲自授课并在教学实践中不断完善；加强对质量教育教师的管理，如建立师资档案、制订师资培训计划、开展质量教育师资认证工作等。采取多种办学方式和灵活多样的教育形式是开展质量教育的关键，利用院校力量、广播电视等社会力量使全面质量管理知识得到较快传播；企业是开展质量教育的基层单位，质量教育是职工教育的重要组成部分，对职工的质量教育主要依靠企业本身来进行，创造灵活多样、生动活泼的教育形式，激发职工学习质量管理的积极性，搞好质量教育，使企业的质量教育工作得到改善和强化。实行科学的教学方法，健全考核制度，实行分层施教、因人制宜、逐步深化的教学方法。

4. 健全管理制度，明确考核评价办法

对质量教育要有较为健全的考核制度，不仅要考核教育面和教育学时，而且对职工受教育的质量也要有明确的考核办法和统一的标准。如在职工教育卡和教育档案中记录质量教育内容，试行分级取证制度，把全面质量管理教育内容分为若干等级，要求职工逐级取证，同时，把质量教育纳入经济责任制的考核中去，与其他工作同步考核，确保质量教育工作的顺利开展。企业质量教育的改善与强化有许多工作要做，先进企业采取的措施是：领导重视是关键，制度措施要落实，奖惩分明要兑现，专职管理建卡片，教材适用是基础，师资培训走在前，因人施教分层办，学用结合见效快。

知识二　质量责任制

一、质量责任制的定义和作用

1. 质量责任制的定义

质量责任制是指经济主管部门和企业内部与生产有关的各个部门和个人，在产品质量产生、形成和使用过程中所承担的一定的质量职能。这种职能用法律、条例、办法、规定、制度等形式明确和固定下来，就是产品的质量责任制。之所以建立质量责任制，就是对企业各级领导、各个部门、每位职工都明确规定在质量工作中的具体任务、责任、权限和利益，做到质量工作"事事有人管、人人有专责、办事有程序、检查有标准"。这样不仅使质量问题具有可追踪性，而且能够做到职责明确、功过分明、奖惩有法，从而把改进和提高产品质量的工作与调动全体职工积极性的工作结合起来，最终使企业形成一个严密、高效的质量管理职责系统。

2. 质量责任制的作用

质量责任制是组织、保证生产正常进行，确保产品质量和工作质量的基本手段。只有严格地执行质量责任制，才能从全过程中的各个方面有力地保证产品质量的提高。建立质量责任制，也是企业建立经济责任制的首要环节，把同质量有关的多项工作和全体职工工作的积极性结合起来，形成一个严密的质量管理工作系统，促进企业整个管理水平的提高。

企业建立和健全质量责任制，对于加强质量管理至关重要，其作用如下。

① 质量责任制是组织生产、保证正常生产秩序、确保产品质量的基本条件；

② 质量责任制是保证维护用户和社会利益的重要基础，防止质量无人负责、粗制滥造、坑害欺骗用户现象的发生；

③ 质量责任制是正确处理人们在生产中的相互关系，形成企业的一个严密、高效的质量管理系统，动员和组织广大职工进行生产的基本手段；

④ 质量责任制有利于把质量建立在广泛的群众基础上，使质量管理真正成为企业各部门和全体职工共同关心、自觉遵守的制度；

⑤ 质量责任制把质量管理各方面的具体要求落实到每个部门、每个工作岗位，明确划分和具体规定了企业各部门、各单位以至每个人的工作范围、工作权限、办事规则。即使在遇到缺少惯例的情况下，仍有章可循，明确职守。

实践证明，只有实行严格的责任制，才能建立正常的生产技术工作秩序，才能加强对设备、原材料和技术工作的管理，建立正常的生产技术工作程序，才能从各个方面保证产品质量的提高；实行严格的责任制，不仅可以提高与产品质量直接联系的各项工作质量，而且可以提高企业各项专业管理工作的质量，这就从各方面把隐患消除在萌芽之中，杜绝产品质量缺陷的产生，从而有力地保证产品质量的稳定提高；实行严格的责任制，可使每个岗位的人员对于自己该做什么，怎么做，做好的标准是什么，都能心中有数，掌握操作的基本功，熟练地排除生产过程中出现的故障，从而取得驾驭生产的主动权，不断提高企业的素质。

二、如何建立质量责任制

要使全面质量管理工作真正贯彻执行，必须明确规定各级领导、部门直至每一个人的职责。企业的质量责任制可分为两大部分：企业各级领导和生产人员的质量责任制；企业各职能机构的质量责任制。

1. 厂长的质量责任

认真执行"质量第一"及国家规定的有关质量法规、方针、政策，抓好全厂职工的质量教育，领导 TQC 办公室做好日常质量管理工作，积极推行全面质量管理，建立和健全质量保证体系；组织制定企业的厂长方针目标；定期主持企业质量方针目标的诊断活动，检查各部门方针目标的落实情况，综合调查研究质量工作中存在的问题，督促各个环节落实质量责任，保证企业质量方针目标的实现；掌握质量信息，及时处理重大质量问题，组织有关职能部门分析原因，决定对策、落实措施；参加质量成果的总结评审活动和指导质量管理小组活动，组织有关职能部门认真总结经验，纳入企业工作标准，注意抓好典型，交流经验；按照企业的奖惩制度，奖罚分明，对质量事故的责任者批评教育。

2. 总工程师的质量责任

总工程师是企业总的技术负责人，对产品质量负有重要责任，其主要职责是：按照企业对各部门的要求，为实现规定的质量、品种和技术水平做好技术组织和实施工作；根据产品升级创优计划，采用国际标准计划做好技术攻关活动的组织工作；积极学习、推广各种科学的质量管理方法，做好新产品开发、科研技术攻关和质量控制工作；负责企业的科学研究工作，组织好新产品设计，开发新技术、新材料、新工艺的研究工作，处理好日常生产工作中重大的技术质量问题；按新产品试制程序，做好新产品试制、鉴定和评价工作，保证新产品质量优良，适销对路；贯彻国家和上级的质量政策和技术政策。

3. 总会计师的质量责任

企业的质量管理活动与它的生产经营成本有着密切关系，由总会计师掌握故障预防和质量鉴定费用的开支尺度，将企业由于不适当的控制所造成的费用损失控制在适当的合理范围内。总会计师职责是：确定质量成本科目；定期将质量成本情况上报，并评价质量保证体系的有效性，采取改进质量、降低成本的措施；采取有效的方式，使企业有关人员随时确知质量成本的变化趋势。

4. 生产工人的质量责任

树立"质量第一"的思想，熟悉质量标准、工艺文件和作业指导书，在质量上做到精益求精；做到掌握设备性能、工艺流程、岗位技术，会看图、会操作、会维修、会测量；正确使用计量仪器；认真执行自检、互检和首件检查工作，完成质量考核指标；学习全面质量管理知识，积极参加 QC 小组活动。

5. 经营销售部门的质量责任

负责搞好市场调查和预测；做好销售预测，编制切实可行的企业经营计划；负责洽谈和签订新产品、试制产品的合同；搞好产品推销，做好广告宣传和陈列展示；及时反馈用户的质量信息；配合产品升级创优；积极推行全面质量管理。

6. 产品开发设计部门的质量责任

掌握国内外同类产品的质量水平，研究市场和用户对质量的要求，做到开发新产品有依据，产品适销对路，满足客户对质量的要求；积极采用国际标准，广泛采用新结构、新材料、新技术；产品开发要有可靠的质量保证体系，在设计程序中要突出设计评审、实验室试验、现场试验、故障分析、产品试制及鉴定等环节，做好标准化、系列化、通用化等工作，做到设计先进、结构合理、工艺性好、耐久可靠、通用性和继承性好；明确设计人员的质量职责和任务，产品设计中还要严格规定各类设计更改职责、权限和审批制度，严格按设计程序办事。

7. 生产技术准备部门的质量责任

按照设计要求，在工艺文件、设备能力、动力供应、工艺装备、工作环境、材料供应以及检测手段等方面，为保证稳定生产合格产品准备好必要的条件。做好以下工作：制订生产技术准备质量控制计划；做好工艺准备工作；对生产工艺准备进行必要的验证。

8. 采购供应部门的质量责任

按规定的数量采购符合质量要求的外购件。做好以下工作：制订并贯彻实施采购质量计划；选择合适的供货方；制订接收检验计划及其控制方法；对外购件做好验收质量记录，确保数据的有效性。

9. 生产制造部门的质量责任

生产制造部门要按照设计图纸和工艺规程，在规定的时间内，按照计划要求生产制造出足够数量的合格产品，所以要求对生产全过程进行严格的数量和质量的控制。做好以下工作：严格物料管理，保证物料的可追踪性；保证设备工装的精度；对产品质量有起关键作用的特殊工序，要有严格的监控措施；严格对技术文件的控制；严格控制工艺、设计的更改；严格控制检验记录。

10. 产品质量检验部门的质量责任

企业的产品质量检验部门是企业生产过程中一个重要的技术监督职能机构。主要职能：按照设计文件、工艺规程和采购合同、销售合同规定的质量标准和检验方法，对外购物料进行接收检验，对形成产品特征、特性的工序进行质量控制检验，对成品进行监督检查，并及时、准确地把质量检验数据报告给有关部门和有关人员，以便对形成产品质量特性的各个环节进行全面质量控制，保证产品质量。

11. 情报标准化部门的质量责任

负责全厂技术情报和资料的收集、整理和加工，同厂内从事技术设计、工艺、检验、供应、销售、服务等项管理工作的人员联系，掌握信息，及时交流；积极开展情报调研活动，努力掌握国内外有关同类产品的生产、研制、试制情况，为发展新产品及推广新技术、新工艺、新材料提供技术经济情报；认真贯彻执行有关情报档案和标准化方面的国家方针政策，负责组织贯彻国家标准、行业标准和企业标准；制定或参与上级下达的国标、部标的编制工作，负责组织编制主导产品采用国际标准的计划和措施，修订企业内控标准和产品质量分等分级的规定；进行产品图纸和技术文件的标准化审查，做好工艺、工装标准化，参加产品的鉴定和定型工作；建立技术档案，做好资料保管工作；积极推行全面质量管理，完成工厂全面质量管理计划规定的项目。

12. 全面质量管理办公室的质量责任

制订全厂推行 TQC 的工作计划，并检查、督促、组织各部门实施；组织有关部门制订产品升级创优计划，并进行协调、检查和总结；参加新产品试制的质量管理和新产品鉴定工作；协助厂长确定质量方针、目标和政策；组织、协调现场质量管理，健全现场质量保证体系，确定工序控制点；组织产品质量审核、工序质量审核和体系质量审核；开展群众性质量管理活动，组织 QC 小组活动；负责质量信息的收集、整理、分析、传递反馈工作；负责制定有关质量管理的某些制度，做好各部门的协调工作、考核工作、组织评选建立质量先进集体和个人的工作。

13. QC 小组的质量责任

坚持质量第一的方针，贯彻各项管理制度和技术标准；组织好自检、互检和首件检查工作，开好质量分析会，充分发挥小组质量管理员的作用；严格工艺纪律，抓好关键零件、关键工序的质量保证；做好文明生产；开展技术攻关，做好技术经验交流工作。

三、建立和健全质量责任制的注意点

质量管理是涉及全厂各个部门和全体职工的一项综合性的管理工作，而不是哪一个管理部门单独的任务。为了确保产品质量，企业各级行政领导人员、管理部门以至每个工人都必须对自己应负的质量责任十分明确，都要积极完成赋予自己的质量任务。因此，在建立质量管理机构的同时，要建立和健全企业各级行政领导、职能机构和工人的质量责任制，明确各自的职责及其与质量管理机构的相互关系。同时注意以下几点：

① 责、权、利必须一致，否则，没有相应的权，利是无法负"责"的；

② 必须以经济责任制为基础，并同各项工作标准结合起来，使质量责任制、岗位责任制与经济责任制融为一体，以便于贯彻执行；

③ 在经济责任制中应突出质量责任制的地位；

④ 质量责任制一经建立，就必须严格执行，定期检查考核，并与奖惩结合起来，奖优惩劣。

知识三　标准与标准化

一、标准

（一）标准的定义

关于标准的定义，国际、国内对此都有不同的认识。1981 年 11 月国际标准化组织标准化原理研究常设委员会（ISO/STACO）通过的 IAO［内部审计和监督办公室（劳工组织）］第 2 号指南中对"标准"所下的定义是："适用于公众的、由有关各方合作起草并一致或基本上一致同意，以科学、技术和经验的综合成果为基础的技术规范或其他文件，其目的在于促进共同取得最佳效益，它由国家、区域或国际公认的机构批准通过。"之后，ISO 对标准的定义做过多次修改和补充，使之不断完善。这也说明人们对标准概念的认识是一个随着实践不断深化的过程。我国颁布的国家标准（GB/T 20000.1—2014）中对标准所下的定义是："通过标准化活动，按照规定的程序经协商一致制定，为各种活动或其结果提供规则、指南或特性，供共同使用和重复使用的文件。

注 1：标准宜以科学、技术和经验的综合成果为基础。

注 2：规定的程序指制定标准的机构颁布的标准制定程序。

注 3：诸如国际标准、区域标准、国家标准等，由于它们可以公开获得以及必要时通过修正或修订保持与最新技术水平同步，因此它们被视为构成了公认的技术规则，其他层次上通过的标准，诸如专业协（学）会标准、企业标准等，在地域上可影响几个国家。"

由此可见，标准是以科学、技术和经验的综合成果为基础，经过研究和协商，对经济和管理等活动中具有多样性、相关性特征的重复事物和概念作出统一规定，由一定组织依照规定程序和形式发布，要求人们共同遵守的规范和依据。所以标准是衡量产品质量和工作质量的尺度，是企业进行生产技术活动和经营管理活动的行为准则。理解标准这一概念，需要明确以下几点。

① 标准的制定需以科学、技术和经验的综合成果为基础，并随着科学技术的发展和经验的积累而变化。从根本上说，标准来源于生产实践，反过来又为生产实践服务。离开了科学技术，离开了人类生产实践的标准只能是"空中楼阁"、纸上谈兵。因此，一个好的标准，只有在正确总结科学技术成果和生产实践经验的基础上才能制定出来，才能充分反映主观和

客观两方面的要求，进而推动科学技术的进步和人类社会的发展。同时，标准并非一成不变，它只是相对稳定，随着科学技术的进步和社会的发展，标准也随之发展和变化，以适应时代发展的要求。

② 标准是经过研究和协商，对人类实践活动中具有多样性、相关性的重复事物和概念作出的统一规定。标准的制定首先要对现行科学技术水平进行分析、研究，并对人类相应的实践活动，如经济活动、技术活动或管理活动等进行总结，然后才能从具有多样性、相关性的重复事物中归纳出衡量事物的统一尺度或准则。标准一经制定发布就成为人们生产、生活的行为准则和依据，所以标准实际上就是一种技术规范。

③ 标准需由特定机构或组织以一定程序和形式予以发布，才能成为约束人们行为的准则。标准可以国家名义制定、发布，也可以由社会团体、民间组织制定和发布。不同机构或组织制定发布的标准，约束范围和效力不同。国家制定和发布的标准在全国范围内有效。企业、事业单位制定发布的标准，只能在本单位范围内有效。所以，标准是指为取得全局的最佳效果，依据科学技术和实践的综合成果，在充分协商的基础上，对经济、技术和管理等活动中具有多样性、相关性特征的重复性事物，以特定的程序和形式作出的统一规定。

（二）标准的分类

标准包括技术标准、管理标准和工作标准三类。无论在质或量的方面，一个国家的所有标准都存在着客观的内在联系，相互依存，相互衔接，相互制约，构成一个有机整体，形成完整的企业标准体系，如图 2-1 所示。

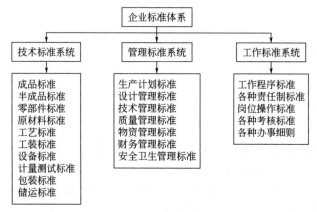

图 2-1　企业标准体系

1. 技术标准

技术标准是对产品质量的文字表述和界定，是衡量产品质量的尺度和工程质量的技术依据，又称作"质量标准"，是对技术活动中需要统一协调的事物制定的技术准则，是工业标准的具体化；它对产品的性能、规格以及检验方法作出统一的技术规定，是产品质量特性的定量表现；是专业化和协作化生产的基础；是组织管理现代化大生产、开展质量管理的重要手段。由用户或消费者的使用实践进行检验，检验的结果又为技术标准的制定提供依据。因此，技术标准说到底是由产品使用时的实际需要决定的，是围绕提高和保证产品质量、满足用户使用的实际需要展开的。食品质量标准常要对产品的规格、理化指标、感官指标、卫生指标、微生物指标、包装材料和包装方法、储藏条件和储藏起止期以及上述指标的检验分析方法作出规定。根据不同时期的科学水平和实践经验，针对具有普遍性和重复出现的技术问题提出的最佳解决方案。

（1）基础标准　具有广泛的适用范围或包含一个特定领域的通用条款的标准。

（2）术语标准　界定特定领域或学科中使用的概念的指称及其定义的标准。

（3）符号标准　界定特定领域或学科中使用的符号的表现形式及其含义或名称的标准。

（4）分类标准　基于诸如来源、构成、性能或用途等相似特性对产品、过程或服务进行有规律的排列或划分的标准。

（5）试验标准　在适合指定目的的精确度范围内和给定环境下，全面描述试验活动以及得出结论的方式的标准。

（6）规范标准　规定产品、过程或服务需要满足的要求以及用于判定其要求是否得到满足的证实方法的标准。

（7）规程标准　为产品、过程或服务全生命周期的相关阶段推荐良好惯例或程序的标准。

（8）指南标准　以适当的背景知识给出某主题的一般性、原则性、方向性的信息、指导或建议，而不推荐具体做法的标准。

（9）产品标准　规定产品需要满足的要求以保证其适用性的标准。

（10）过程标准　规定过程需要满足的要求以保证其适用性的标准。

（11）服务标准　规定服务需要满足的要求以保证其适用性的标准。

（12）接口标准　规定产品或系统在其互连部位与兼容性有关的要求的标准。

（13）数据待定标准　列出产品、过程或服务的特性，而特性的具体值或其他数据需根据产品、过程或服务的具体要求另行指定的标准。

2. 管理标准

管理标准是对标准化领域中需要协调统一的管理事项制定的标准，是把企业管理中常规性例行活动，经过观察分析、研究改进，按照客观规律对管理程序、所经过的路线、所需要的管理岗位、管理职责、管理凭证以及工作方法等加以明确规定，并用规章制度或职责条例固定下来，作为管理行动的准则。管理标准是为合理组织、利用和发展生产力，正确处理生产、交换、分配和消费中的相互关系，以及行政和经济管理机构为行使其计划、监督、指挥、协调、控制等管理职能而制定的准则，它是组织和管理企业生产经营活动的依据和手段。可见，管理标准的制定和实施也是为了保证产品质量标准的顺利实施，保证企业质量管理获得最佳秩序，最终保证生产出高质量的产品。因此可以说，没有管理标准和管理的标准化，企业的质量管理就不可能规范化、秩序化，就很难生产出符合标准的产品。

（1）技术管理标准　主要指技术文件、能源、设备、工具等管理标准及技术服务标准。

（2）经济管理标准　指生产建设投资效果，对生产、分配、交换、流通、消费、积累等经济关系进行调节、管理所制定的标准，如财务、劳资等标准。

3. 工作标准

工作标准是企业在管理方法和管理程序上的标准，是对标准化领域中需要协调统一的工作事项所制定的标准。工作标准主要由企业自行制定和实施，对企业各项管理业务的方法、程序和权限等作出明文规定。它包括企业管理、操作和服务岗位职工的岗位职责、工作程序、工作内容与要求、工作质量考核等方面的标准，如通用工作标准、企业管理工作标准、质量管理工作标准、财务管理工作标准、岗位工作标准。可见，工作标准是企业员工的行为准则和工作质量的依据，是企业质量管理的内容之一。没有高质量的工作，就不可能有高质量的产品。

（三）标准的分级

根据标准的性质和适用范围，标准可分为国际标准、国家标准、行业标准、地方标准和企业标准。

1. 国际标准

国际标准是由国际标准化组织（International Organization for Standardization，ISO）或国际标准组织通过并公开发布的标准。ISO 是一个全球性的非政府组织，是国际标准化领域中一个十分重要的组织，于 1947 年 2 月 23 日正式成立，总部设在瑞士的日内瓦。它于 1951 年发布了第一个标准——工业长度测量用标准参考温度。ISO 的任务是促进全球范围内的标准化及其有关活动，以利于国际间产品与服务的交流，以及在知识、科学、技术和经济活动中发展国际间的相互合作。国际标准化活动最早开始于电子领域，于 1906 年成立了世界上最早的国际标准化机构——国际电工委员会（IEC）。国际标准的制定工作是由 ISO 的技术委员会（TC）、分支委员会（SC）和工作组（WG）来进行的。制定有关食品国际标准的技术委员会主要是：TC34（农产食品）、TC54（香精油）、TC122（包装）和 TC166（接触食品的陶瓷器皿、玻璃器皿）。

随着国际贸易的发展，对国际标准化的要求也越来越高，ISO 显示了强大的生命力，吸引了越来越多的国家参与其活动。1978 年 9 月 1 日，中国标准化协会（China Association for Standardization，CAS）正式加入 ISO，并参加了 51 个技术委员会和 127 个分支委员会的工作。ISO 使用的语言为英语、法语及俄语，出版物主要以英文、法文出版发行。除 ISO 外，FAO（世界粮农组织）、WHO（世界卫生组织）也制定了有关食品的标准。

2. 国家标准

国家标准是由国家标准机构通过并公开发布的标准。它是规范性的文件，是产品基本的质量要求，我国国家标准的代号为 GB。

（1）国家标准包括的主要内容

① 通用的技术术语、符号、代码、文件格式、制图方法等通用技术语言和互换配合要求；

② 保障人体健康和人身财产安全的技术要求；

③ 基本原料、燃料、材料的技术要求；

④ 通用基础件的技术要求；

⑤ 通用的试验、检验方法；

⑥ 工农业生产、工程建设、能源、资源、交通运输、信息等通用的管理技术要求；

⑦ 工程建设的勘察、规划、设计、施工、验收等重要技术要求；

⑧ 国家需要控制的其他重要产品和工程建设的通用技术要求。

（2）国家标准的特点

① 制定机关最高：《中华人民共和国标准化法》（以下简称《标准化法》）第六条规定，国家标准由国务院标准化行政主管部门制定。这一规定确保国家标准制定的集中、统一，对树立国家标准的权威性具有重要意义。

② 效力层次最高：国家标准是最高一级的规范性技术文件。所谓最高一级，是指它在整个国家标准体系中的效力层次最高，并不一定是技术指标要求最高。

③ 适用范围最广：国家标准适用于全国范围，在全国范围内具有统一的法律效力，不允许国内任何其他标准、技术文件与之相抵触。

④ 涉及的内容最重要。

3. 行业标准

行业标准主要是全国性的各行业范围内统一的标准。行业标准是由行业机构通过并公开发布的标准。行业标准的特点如下。

（1）行业标准反映了本行业的技术特色　行业是由性质相近的公司、企业自然形成的，这些公司、企业在生产经营、质量管理、工艺技术、原料供应、产品销售等方面都有许多共同之处，有的相互之间还存在依存、协作关系，这就需要共同的技术语言和技术规范。行业标准就是行业共同使用的技术语言和共同遵守的技术要求的体现，反映了行业的技术特色和标准化工作的共同规律。

（2）行业标准的效力仅次于国家标准 行业标准必须是没有国家标准而又需要在全国某个行业范围内统一的技术要求，其效力仅次于国家标准，并且不得与国家标准相抵触，国务院标准化行政主管部门有权依法废止与国家标准相抵触的行业标准。在颁布了国家标准之后，该项行业标准即行废止。

（3）行业标准由国务院有关行政主管部门制定 《标准化法》第六条规定，行业标准由国务院有关行政主管部门制定，并报国务院标准化行政主管部门备案。行业标准和原来的部颁标准虽然都是由国务院有关行政主管部门制定颁布，但两者的性质完全不同，原来的部颁标准是依靠行政手段实施的，而行业标准主要是推荐性标准。从 1983 年开始，我国已不再制定部颁标准，而逐步向行业标准过渡。

（4）行业标准的适用范围限于本行业 主要包括：行业范围内主要产品按类别确定的通用安全技术条件；通用的术语、符号、规则、方法等基础标准；主要产品标准；通用的零部件、元器件、配件标准；特殊原材料标准以及行业认为必须制定的其他标准。有关食品的标准，除有的食品添加剂具有国家标准外，多为行业标准，如以原轻工业部（标准代号 QB、SG）、原商业部（标准代号 SB、GH、LS）、原农牧渔业部（标准代号 SC）和卫生部（标准代号 TJ）颁布的多。

当前我国颁布的与食品安全相关的标准达 2600 多项，国家标准和行业标准分别为近 1000 项和 1600 余项。其中，食品安全基础标准有 31 项，与食品接触材料相关的卫生标准有 40 项，与食品中有毒有害物质的限量标准相关的为 216 项，食品检测方法标准 1560 项，特定产品的标准 163 项，与食品标签相关的标准 21 项。由于近年来进出口食品的量不断加大，我国还制定了与进出口食品检验相关的标准 578 项。

食品工业标准化体系包括 19 个专业，其中谷物食品、食用油脂、肉禽制品、水产食品、罐头食品、食糖，焙烤食品、糖果、调味品、乳及乳制品、果蔬制品。淀粉及淀粉制品、食品添加剂、蛋制品、发酵制品、饮料酒、软饮料及冷冻饮品、茶叶等 18 个专业的主要产品都有国家标准或行业标准。

4. 地方标准

地方标准是在国家的某个地区通过并公开发布的标准，是依据本地区工农业产品的特点，制定需要在本地区统一，而又无相应的国家标准和专业标准的产品标准。它是指在省、自治区、直辖市范围内统一适用的标准。《标准化法》第十三条规定：为满足地方自然条件、风俗习惯等特殊技术要求，可以制定地方标准。

地方标准由省、自治区、直辖市人民政府标准化行政主管部门制定；设区的市级人民政府标准化行政主管部门根据本行政区域的特殊需要，经所在地省、自治区、直辖市人民政府标准化行政主管部门批准，可以制定本行政区域的地方标准。地方标准由省、自治区、直辖市人民政府标准化行政主管部门报国务院标准化行政主管部门备案，由国务院标准化行政主管部门通报国务院有关行政主管部门。这一规定既肯定了地方标准的法律地位，又对地方标准的范围作了严格的限制。地方标准与以前各省、自治区、直辖市制定的地方企业标准比较具有以下特点。

① 地方标准是国家标准和行业标准的补充。我国幅员辽阔，各地区自然资源条件和生活习惯不同，经济发展也不平衡，许多产品是当地生产当地销售，对于这些产品的安全、卫

生技术要求，不必要也不可能制定全国统一的国家标准或行业标准，这就需要制定地方标准以弥补国家标准、行业标准的不足。因此，凡已有国家标准和行业标准的，无须再制定地方标准，只有在没有国家标准和行业标准的情况下，才可以制定地方标准。

②地方标准的对象范围较小，并不得与强制性的国家标准和行业标准相抵触。地方标准主要限于产品的安全、卫生要求，这方面一般都是强制性标准，关系到保护当地人民的健康和人身、财产安全。因此，地方标准不得与强制性的国家标准或行业标准重复或抵触。

③地方标准的效力范围限于本省、自治区、直辖市。根据《标准化法》规定，必须是在省、自治区、直辖市范围内需要统一的技术要求，才能制定地方标准，并只在本行政区域内有效。市、州、县一级无权制定地方标准。在颁布国家标准或行业标准之后，该项地方标准即行废止。

④地方标准由省、自治区、直辖市标准化行政主管部门制定，并报国务院标准化行政主管部门备案。备案的目的主要是便于国务院标准化行政主管部门和有关行政主管部门了解地方制定哪些标准，是否与强制性的国家标准和行业标准重复或抵触，如果有重复或抵触，则可以及时纠正或撤销。而且还可以在备案的地方标准中发现适用于全国、各行业范围的内容，以便上升为国家标准、行业标准，使之不断完善。

5. 企业标准、团体标准

企业标准是由企业通过供该企业使用的标准。企业生产过程存在一些具有重要意义而需要统一的标准，如企业内技术管理、生产组织、经济管理等方面的标准。企业标准是指在没有国家标准、行业标准和地方标准的情况下，由企业自己制定的仅在本企业范围内有效的标准。

《标准化法》第十八条规定：国家鼓励学会、协会、商会、联合会、产业技术联盟等社会团体协调相关市场主体共同制定满足市场和创新需要的团体标准，由本团体成员约定采用或者按照本团体的规定供社会自愿采用。制定团体标准，应当遵循开放、透明、公平的原则，保证各参与主体获取相关信息，反映各参与主体的共同需求，并应当组织对标准相关事项进行调查分析、实验、论证。国务院标准化行政主管部门会同国务院有关行政主管部门对团体标准的制定进行规范、引导和监督。

第十九条规定：企业可以根据需要自行制定企业标准，或者与其他企业联合制定企业标准。

第二十条规定：国家支持在重要行业、战略性新兴产业、关键共性技术等领域利用自主创新技术制定团体标准、企业标准。

第二十一条规定：推荐性国家标准、行业标准、地方标准、团体标准、企业标准的技术要求不得低于强制性国家标准的相关技术要求。国家鼓励社会团体、企业制定高于推荐性标准相关技术要求的团体标准、企业标准。

（四）一般标准的结构内容

标准的结构内容如图2-2所示。

（五）标准的性质

根据标准的性质不同，我国的国家标准和行业标准可以分为强制性标准和推荐性标准两大类。

1. 强制性标准

强制性标准指一旦颁布实施就必须严格执行，不得随便加以改变的标准。强制性标准对于维护经济秩序、保护国家利益和公民的生命财产安全具有十分重要的意义。世界各国都十分重视发挥强制性标准的作用。我国《标准化法》明确规定，下列标准属于强制性标准：

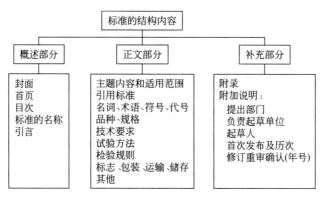

图 2-2　标准的结构内容

① 药品标准、食品卫生标准、兽药标准；

② 产品及产品生产、储运和使用中的安全、卫生标准，劳动安全、卫生标准，运输安全标准；

③ 工程建设的质量、安全、卫生标准及国家需要控制的其他工程建设标准；

④ 环境保护的污染物排放标准和环境质量标准；

⑤ 重要的通用技术术语、符号、代号和制图方法标准；

⑥ 通用的试验、检验方法标准；

⑦ 互换配合标准；

⑧ 国家需要控制的重要产品质量标准。

2. 推荐性标准

推荐性标准指不具有强制执行效力、国家鼓励企业自愿采用的标准。强制性标准以外的标准都是推荐性标准。推荐性标准是根据社会对某一产品质量的需要、由标准化行政主管部门组织有关技术专家，经过缜密研究、验证，广泛征求意见后制定出来的。它反映了社会对这一产品的质量的主要需求；反映了当前较为先进的科学技术所能保证达到的质量水平；反映了社会所能接受的质量成本。因此，推荐性标准虽然不具有强制执行的效力，但它简化了企业在标准问题上对市场需求的判断，为企业节省了时间和开支，它所规定的技术要求对企业具有普遍指导意义，企业可结合自己的实际情况加以选用。

推荐性标准只给企业指出了社会对质量需求的大方向，并不能保证用户和消费者一定选用这一标准作为交换的技术依据。因此，企业在采用推荐性标准时，必须紧紧盯住市场对产品质量需求的变化，并根据这种变化及时调整本企业选用的推荐性标准。如有可能，企业应当制定严于国家标准和行业标准的企业标准，在企业内部适用，以提高企业的产品竞争能力，使企业保持领先水平。

二、标准化

（一）标准化的概念

人们对标准化的认识也不一致，在我国标准化的定义有 10 余种。一般认为，标准化是以获得最佳秩序和社会利益为目标，以重复性特征的事物和概念为对象，以管理技术的科学实践经验为依据，以制定和贯彻标准为主要内容的一种有组织的活动过程。标准为什么要"化"？标准化的目的是什么？只有回答了这个问题，才能正确理解标准化的概念。

从标准化的产生看，其直接目的是为了提高劳动生产率。美国"科学之父"泰勒的"科学管理"原理之一就是"劳动方法的标准化"。泰勒针对当时企业中存在的工人生产积极性不高、生产效率低等问题，采取了一系列试验方法进行研究，探求解决问题的科学方法。他被后人所称道的试验之一就是利用"优选原理"进行的"装卸试验"：泰勒挑选了几个生产能手，反复试验用不同规格的铁锹所完成的装卸工作任务，据此泰勒设计了8～10种大小不同规格的铁锹，小铁锹装重物如铁矿石等，大铁锹装轻物如炉灰等，但每一铁锹的装量都是21lb（1lb≈453.59g）左右。泰勒通过试验确定了工作对象和工作方法的标准，使工人的操作实现了标准化，从而大大提高了劳动生产率。

从标准化的发展来看，谋求标准在更大范围内的统一是标准化最主要的目的，也是标准化的本质特征。标准的本质就是统一。就现代企业来讲，同一种产品可以具有不同的结构、尺寸、规格和功能；同一技术特性可以有不同的试验方法；同一批产品可以有不同的质量等级；同一项技术要求可以有不同水平的指标等，制定和实施标准就是针对客观事物的这种特点，运用科学的方法，对事物的多样性作出不同形式、不同内容的统一，以消除多样性可能造成的混乱现象，使之达到秩序化。可以说，对于现代企业来说，没有统一的标准就无法组织生产。从更大的范围来看，只有标准而没有标准化，同样会给企业生产和群众生活造成不便和混乱。例如，在20世纪70年代，我国95系列农用柴油机大约有120多家企业生产，但由于标准化工作抓得不好，企业各订各的标准，结果造成许多同一零件由于规格不同而不能互换，给用户和消费者带来极大的不便。标准化并不是局限于一个企业的问题，它谋求标准在更大范围内的统一，"更大范围"可以超出本企业、本行业，甚至超越国界。

简化是标准化的重要方法。所谓简化就是限制事物的重复性，即以尽可能少的品种、规格，满足尽可能多方面的要求。由此，我们可以这样理解标准化的概念：标准化通过制定和实施标准，使具有多样性和相关性特征的重复性事物得以优选和简化，使标准在更大范围内获得统一，从而取得最佳秩序和效益的活动过程。

（二）标准化应当着重解决的几个问题

1. 明确执行标准的目的，使生产能满足用户要求的优质产品

达到标准的产品就是合格品，但并不一定是优质品，也不一定是用户最满意的产品。产品是供用户使用的，产品质量是否合格，最终要以使用效果来衡量。从这个意义上讲，用户的要求就是标准。因此对于企业来说，在执行标准时要立足于生产优质品，以满足用户要求为出发点。

2. 标准要配套

产品质量的好坏受多种因素的制约，如原材料的性质、配方；工艺程序和工艺过程的详尽程度；操作者的质量观念、技术水平；检测手段和方法；运输、包装、储藏的条件等。因此，为了生产优质品，仅仅制定和执行最终成品的质量标准是很不够的，必须使那些影响产品质量的所有因素和工作都实现标准化，即要围绕产品质量标准制定一整套相关标准。

（三）企业推行标准化应符合的具体要求

1. 权威性

标准要硬性规定，在企业内应当有专门的部门监督检查。

2. 群众性

要在总结经验的基础上，有领导地依靠群众自己来制定和执行标准。

3. 科学性

要充分运用现代化的管理方法（如价值工程、工业工程、运筹学等），使制定的标准有客观依据。

4．连贯性

各部门、各方面的标准要连贯一致，互相配合和协调。

5．稳定性与先进性

标准既不能"朝令夕改"，又不能"几十年一贯制"。一般国家制定的标准，应几年修改一次，企业标准修改期可以短一些，还可以制定比部门标准、国家标准更先进的、尽量向国际标准靠拢的内控标准。内控标准修订时，也要考虑前后标准的协调与一致。

6．明确性

标准要成文，内容要明确，要求要具体，不宜抽象和模棱两可。

一般来讲，标准是质量管理的基础，质量管理是贯彻执行标准的保证。加强标准化工作，制定好标准，对于加强质量管理、提高产品质量具有重要意义。

（四）标准化的意义

标准化与质量管理有着极为密切的关系，标准化是质量管理的重要组成部分和基础，是组织现代化生产的重要手段，质量管理又是贯彻执行标准的保证。搞好标准化，对于加快发展国民经济、提高产品质量和工程质量、提高劳动生产率、充分利用资源以及保护环境和人民健康都有重要作用。企业做好标准化工作，对于加强质量管理、提高产品质量具有十分重要的意义。标准化与全面质量管理互相依存、互相促进，是不可分割的两大部分。随着科学技术的发展和管理水平的提高，标准化工作在现代企业质量管理中的地位日益重要，可以说，标准化工作做不好，企业质量管理工作也就不可能做好。

1．企业的标准化工作是质量管理的前提和基础

企业的标准化工作是企业科学管理的基础，其基本任务是执行国家有关标准化的法律、法规，实施国家标准、行业标准，制定和实施企业标准，并对标准的实施进行检查。标准的制定和实施构成企业标准化工作的核心，也是企业质量管理的基础。科学管理要求管理机构的高效化、管理工作的计划化、管理技术的现代化，建立符合生产活动规律的生产管理、技术管理、质量管理等科学管理制度。搞好标准化，就是为了更好地促进生产的高速发展，不断满足社会主义建设和人民物质生活的需要，进而实现高效率的科学管理。

2．企业质量管理的过程也是贯彻标准化的过程

标准是评价和衡量产品质量的尺度，没有标准，就无法进行质量管理；同样，标准化工作的进行就是技术标准及其他标准的贯彻，需要在全面质量管理的过程中来实施。标准的制定与修订，要从全面质量管理中吸取营养，使标准更加适应用户的要求。就工业企业而言，全面质量管理一般是从产品市场调查、设计、试制开始，经过计划、生产、销售，直至售后服务等一系列环节的全过程质量管理。人们一般把这个过程划分为设计试制、生产制造、辅助生产和销售使用四个阶段，每一个阶段的质量管理都对标准化工作有相应的要求，实际上也就是贯彻标准化的过程。

（1）设计试制阶段　在此阶段，全面质量管理要根据用户反映和国内外技术经济情报、社会需要的实际调查，制定新产品的质量目标：美观、实用、经济、安全、可靠，并满足用户的要求；同时要满足制造要求，适应企业技术经济发展水平，使企业能取得较高生产效率和良好的经济效益。这一阶段，企业标准化工作要制定"新产品标准化综合要求"和"产品标准"；并对新产品图样和技术文件进行标准化审查，以发现和纠正错误，提高产品质量；同时还要提出新产品鉴定的综合审查报告。

（2）生产制造阶段　在此阶段，全面质量管理首先要建立能稳定生产合格产品和优质品的生产系统；其次要抓好每个生产环节的质量管理；再次就是要严格执行技术标准，保证产品质量全面达到和超过标准要求。这一阶段，企业标准化工作必须制定出工艺、工装等标准，统一检验方法标准，抓好零部件和半成品的标准化，并检查各类标准的执行情况。

（3）辅助生产阶段 在此阶段，全面质量管理要根据生产需要，保证提供质量良好的物质条件，同时要做好生产服务工作，为制造过程实现优质、高产、低消耗创造条件。这一阶段，企业标准化工作主要是制定并执行各项相关标准，包括：原材料、辅料、外购件、外协件标准；工具、量具和夹具、刀具、模具等标准；设备维修和保养标准；后勤服务工作标准等。

（4）销售使用阶段 在此阶段，全面质量管理要做好对用户的售后服务工作，进行使用效果和使用要求的调查研究，对成功的经验和失败的教训都加以总结，为进一步改善产品设计、改进工艺、提高产品质量提供客观依据。就标准化工作而言，在这一阶段，首先是通过广告、产品说明书等形式向用户介绍产品标准，帮助和指导用户正确使用产品；其次还要积极向用户和消费者提供本企业的生产、技术、质量管理等方面的标准，让用户和消费者进一步了解本企业的质量保证能力和信誉；再次也要总结产品在使用过程中的经验与教训，并通过制定新的标准改进不足，指导下一循环生产及质量管理。

由此可以看出，全面质量管理的过程也是标准的调查、起草、制定、贯彻、验证和修订的过程，企业标准化工作贯穿于质量管理的始终，可以说，质量管理的过程也是企业标准化管理的过程。

（五）质量管理标准化

随着社会生产力和市场经济的不断发展，尤其是随着科学技术水平和生产社会化程度的不断提高，用户和消费者不仅要求企业保证其交付的产品能符合他们日益提高的质量需求，而且还要求企业具备始终保持产品质量稳定合格的能力，同时也要求交通运输、邮电通信、旅游、医疗、餐饮等服务行业能具备保证其提供的各项服务能符合他们的质量需求，并始终保持良好的服务质量。这不仅要求产品和服务质量标准化，而且要求质量管理标准化。

标准化与全面质量管理都是为用户服务。标准化与全面质量管理都具有明显的综合性和边缘性，它们不仅需要广泛的科学技术基础，而且与社会科学、经济学、环境科学都有相当密切的关系。

标准化是提高产品质量的技术保证，是合理发展产品品种的有效措施，对合理利用与节约资源，保证卫生、安全以及推广新技术均具有重大意义。标准化作为全面质量管理的基础工作必须加强，企业内既要有统一的质量管理机构，也应有统一的标准化机构，加强统一领导，互相配合、协调，共同发挥作用。

为了保证产品质量，制定出相应的产品设计制造过程的工作标准，把人、原材料、设备、方法和环境控制起来，通过推行全面质量管理和制定、贯彻各类型标准来保证产品质量，达到为用户服务的目的。

质量管理的标准化不仅扩展了标准化的领域、丰富了标准化的内容，而且使质量管理借助于标准化获得了前所未有的完善和发展。可以说，标准化深入到质量管理领域是科学技术和管理实践发展的必然结果，提高质量管理水平必须借助于标准化。

三、标准的制定、修订和贯彻执行

制定、修订和贯彻执行标准，是标准化活动中互相联系、互相制约的两个有机环节和最基本的工作。标准化所预期达到的目的和作用，都是通过制定、修订和贯彻执行标准来实现的。制定一项先进、合理的技术标准，就为取得最佳的生产秩序和社会、经济效益提供了前提条件；而标准的贯彻执行则是把科学技术和实践经验的综合成果运用到生产中去，转化为直接的生产力。

(一) 标准的制定、修订

1. 标准的制定、修订的要求

① 充分考虑使用要求。产品质量与国家建设和人民生活关系密切，制定、修订标准必须从使用部门和消费者利益出发，充分考虑他们的意见，尽可能地满足他们的要求。

② 在确定技术标准的各项性能指标时，必须做到技术上先进、经济上合理。制定、修订标准是以先进科学技术和先进生产经验为基础，力求反映科学技术和生产的先进成果，只有水平先进的标准才能起到指导和促进生产的作用。

③ 采用有关的国际标准（ISO）以利于进出口贸易和经济竞争，要严格遵守标准的修改和审批权限。

④ 符合国家的方针、政策、法令、法规。制定、修订标准是一项技术复杂、政策性很强的工作，涉及面广，相关因素很多，因此必须从整体利益考虑。

⑤ 严格统一、协调一致。统一是标准化的基本原理之一，不论哪一级标准，都要强调统一。各种相互关联的标准应当协调一致，才能发挥标准化在组织现代化生产中的技术纽带作用。

⑥ 标准制定后，应保持相对稳定，使企业在一定的技术发展水平上有一段稳定的生产时期。但是，标准也应根据科学技术和生产的发展适时地进行修订。

2. 标准制定的工作程序

首先确定标准的对象、内容和使用范围，对内容比较复杂的标准，拟定大纲和技术任务书；收集有关资料，进行现场调查和试验取证，在占有足够资料、数据的基础上，对标准中的主要指标和要求作出技术、经济分析论证；编写标准草案，征求意见，进行讨论、审议；标准草案经过修改、整理、会签后，上报审批、发布、实施。

标准的编制一般分为五个步骤，其程序如图 2-3 所示。

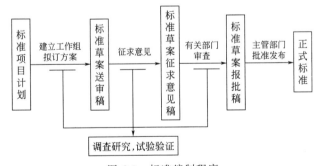

图 2-3 标准编制程序

(二) 标准的实施

标准的实施是标准化工作的重要环节，离开了标准的实施，制定标准也就失去了意义。

1. 标准实施的重要意义

① 只有通过标准的实施，才能实现制定标准的目的。制定标准的目的是为了"获得最佳秩序和社会效益"，标准制定出来后，如果不执行、不实施、不应用于生产实践，标准就是"纸上谈兵"，不可能对生产实践发挥作用，也就无法实现"获得最佳秩序和社会效益"的目的。

② 标准的质量和水平只有在贯彻实施过程中才能真正准确地评价和衡量。"实践是检验

真理的唯一标准"，标准实际上也是人们对于客观事物规律性的一种认识，这种认识是否反映了客观事物的规律性，只有通过实践——标准的贯彻实施，才能"检验"出来。

③ 只有通过标准的贯彻实施，才能发现标准的不足和存在的问题，提出改进的意见和建议，为下次修订标准做好准备，使标准不断由低级向高级发展。

《标准化法》第二条规定：标准包括国家标准、行业标准、地方标准和团体标准、企业标准。国家标准分为强制性标准、推荐性标准，行业标准、地方标准是推荐性标准。

强制性标准必须执行。国家鼓励采用推荐性标准。

2. 标准实施的程序

不同的标准有不同的对象和内容，所以实施标准的方法和程序也不尽相同。根据我国实施各类标准的实践，一般将它分为以下 5 个步骤。

(1) 计划　即在实施步骤之前，根据本企业、本单位的实际情况、制订出"××标准实施计划"或"实施××标准的方案"，对贯彻该标准的方式、内容、步骤、负责人员、起止时间、达到的要求和目标等作出规定。

(2) 准备　准备工作是贯彻实施步骤过程中的一个重要环节，必须认真细致地做好，才能保证标准的顺利实施。准备工作主要包括：组织准备，即建立组织机构，明确专人负责；思想准备，即做好标准的宣传学习工作，使本企业、本单位的全体员工都了解标准，明确贯彻标准的意义，在思想上做好实施标准的准备；技术准备，主要是根据标准要求和行业特点，完善规范性技术资料，包括设计、工艺资料及新旧标准交替时的对照表等，技术准备是实施标准的关键，必须认真对待；物资准备，主要是根据标准的总目标和实施过程所要求的相关条件，做好相应的物资准备工作。

(3) 实施　就是全面贯彻执行标准规定的内容，是全部标准化活动中的关键环节。只有通过标准的实施，才能将标准的作用和效果体现出来，才能真正准确地衡量和评价标准的质量和水平，也才能不断地使标准本身更加完善。不同的标准，实施的方式不尽相同。对工业企业而言，就是紧紧围绕生产任务，将标准所规定的内容落实到产品的设计、生产、销售，直至售后服务的每一个环节。在设计阶段，必须严格执行基础标准和其他有关标准，按照标准的要求完善技术资料，进行标准化审查，组织样机试验和定型鉴定活动；在生产阶段，要全面执行各项生产、技术标准以及劳动保护、安全、卫生和环境保护方面的标准，并建立责任制度和检查制度，确保标准的执行。在销售和售后服务阶段，既要注意执行有关标准，又要注意吸收和总结用户和消费者的意见，使标准得以不断完善。

(4) 检查　检查是标准实施的重要环节，只有通过认真检查才能及时发现问题，采取措施，保证标准正确实施。检查一般由企业负责标准化工作的专门人员组织实施，也可以由有关工程技术负责人负责检查，检查应贯穿于从设计研制到生产的全过程；设计研制时，应对研制对象及方案是否符合国家有关标准进行审查；设计定型，除了对图样和技术文件进行图面标准化审查外，还要对设计过程是否贯彻了有关标准进行审查；生产定型，着重检查工艺文件的标准化要求以及按技术规范要求提供工艺保证的程度。此外，企业还应当接受有关部门和标准化行政主管部门依法进行的检查。

(5) 总结　总结是标准实施一个循环的终点，又是下一个循环过程的起点。总结既包括技术上的总结，也包括方法上的总结以及资料的整理。总结应着眼于标准化的发展，注意吸收标准实施过程中科技发展的成果和实践中的先进经验，并根据用户和消费者的需要，适时修订标准指标和规程。总结需及时整理资料，进行归纳，并立卷归档。

知识四 计 量

　　计量工作是开展全面质量管理的一项重要基础工作,是生产现代化和管理科学化的技术基础,与产品质量的优劣密切相关。在社会生产活动中,效益是目的,质量是关键,标准是依据,计量是基础,要加强企业的计量工作,首先要提高计量意识,充分认识计量是生产的一项重要技术基础,只有不断提高企业经营者和生产者对计量的认识,企业的生产水平和产品质量的提高才有保证。

　　计量工作包括计量科学技术工作和计量管理工作两部分。计量科学技术工作是计量管理工作的基础,计量科学技术的发展促进计量管理工作水平的提高,而计量管理工作水平的提高又为计量科学技术的发展开辟了更广阔的领域。计量科学技术和计量管理水平的提高,为社会生产和科学技术的发展提供了更为先进、更为科学的技术基础,从而促进它们的发展,使人们极为关心的产品质量和经济效益的提高获得可靠的计量保证。

一、计量的概念、特征及其在质量管理中的作用

(一) 测量与计量的概念

　　人类生产实践活动所需的一切数据都要通过测量获得,"每一种活动,只有通过测量才能最终完成,每一种现象,只有通过测量才能真正认识"。测量是人类认识和改造客观世界不可缺少的手段,也使我们对客观事物的认识更加精确。由此可以这样理解测量的含义:对一个未知的量,用一定的仪器或量具所确定的已知量与之进行比较,从而确定该未知量的数值。用计量学的专门术语表示就是:将一个量与另一个已知的同类量进行比较,以确定该量的数值的试验过程。

　　人类通过测量认识和改造客观世界,经历了一个由粗到细、由不准确到准确、由量值不统一到逐渐统一的过程。起初的测量是"布手知尺""迈步算亩",方法是原始的,测量单位是任意的,当生产力发展到一定阶段,商品的交换和分配成为社会性活动的时候,这种原始的测量方法就不能适应发展变化了的客观情况,生产实践要求实现测量的统一,即要求对同一事物在不同的地点达到测量结果的一致,并具有一定的精确度。这就需要运用技术手段,以法律的形式确定和复现一定基准、标准,建立统一的单位制,并以这种基准、标准来检定测量器具,保证量值的准确可靠。于是就产生了以测量为实质内涵但又区别于测量的"计量"。所谓计量就是以技术手段为基础,以法律形式为保障,以实现单位统一、量值准确可靠为目的的测量。计量的本质属性就是测量,计量是在测量的基础上产生的,没有测量也就没有计量。但计量又不同于一般的测量,其测量的对象不是一般的事物,而是具有某一精度级别的测量手段,是更高层次的测量,是以实现单位统一、量值准确可靠为目的的测量。

(二) 计量的特征

1. 统一性

　　这是计量最本质的特性,计量的统一性源于测量统一的客观要求,目的也是为了测量的统一。没有统一性,计量也就失去了存在的意义,古代是如此,现代社会更是如此。秦始皇统一我国度量衡的功绩已载入史册。以 1875 年建立米制公约组织为标志,计量的统一已超出一个国家的范围,至今已发展成为一项国际性的事业。在现代科学技术高度发展的今天,计量的统一不仅对于一国经济发展、技术进步和人民生活具有十分重要的意义,而且十分有

利于国际间经济、文化、科学技术等各个方面的交流与合作。

2. 准确性

计量的目的之一就是要实现量值准确可靠。离开了准确性，计量无法实现其目的，同样没有存在的意义，因此，准确性也是计量的内在属性。而且，计量的统一性也是建立在准确性的基础之上的，没有准确性，也就谈不上统一性，计量也没有任何意义，"一切计量科学技术研究的目的，最终是要达到所预期的某种准确度"。计量的准确性越高，人类对客观世界的认识也就越深刻，改造客观世界的能力也就越强。

3. 技术性

计量的准确性取决于生产力和科学技术的发展水平，并随着生产力的发展和科学技术的进步而更加准确，因此，计量的准确性是建立在技术性的基础之上的。所以说，计量的发展历史，就是人类运用与其社会生产力发展水平相适应的技术手段不断探求计量准确性的发展史。古代社会，生产力落后，人类只能"掬手为升""取权定重"。近代社会，生产力获得空前发展，人类借助机械的、物理的、化学的、数学的等技术手段认识和改造客观世界，使得计量的准确性越来越高。可见，离开了技术性，就没有计量的准确性，也就没有计量。

4. 法制性

计量的统一性和准确性需要由法律予以保障，没有法律作为后盾，计量的统一性和准确性就不可能在全国范围内实现，古代如此，现代也是如此。秦始皇统一度量衡，专门颁布诏书，以最高法令的形式将秦国的度量衡制度推行于全国。当今世界上绝大多数国家，无不将计量赋予一定的法律形式，发达国家和许多发展中国家都制定有《计量法》，有些国家还在《宪法》中对计量问题作出原则性规定，为计量立法提供最高依据。有关国际组织为协调各国计量法制的差异，还制定了许多计量法制的国际建议供各国参考，促进了各国之间的计量交流与合作。可见，没有法律作保障，计量的统一性和准确可靠就是一句空话，不仅谈不上一国之内的计量统一，更谈不上国际范围内的统一和公认。

（三）计量工作在质量管理中的作用

1. 计量工作是生产力重要的组成部分

在工业生产中，为了使生产过程的各个环节按照预定的定量关系精确地、协调地运转，使整个生产工艺流程处于最佳状态，生产指挥中心必须随时掌握各个生产环节所产生的数据信息，从而控制整个生产的正常运行。计量检测的功能，就是在每个工序的各个环节中，向生产者和生产指挥中心提供准确的数据信息流，反映各个生产环节的运转情况。随着工业生产现代化的发展，生产过程的连续加工和自动控制必须实现在线检测的自动化、智能化和测量量值的数字化。计量检测手段的先进程度、计量检测水平的高低和有效性，反映一个企业生产力水平的高低，是企业生产力水平的一个重要标志。

2. 计量工作促进质量管理不断提高

检验工作是检验人员和计量检测工具相结合的活动，是对生产过程实施控制，最终使产品质量符合要求的科学管理工作，说明检验工作既对保证产品质量具有重要作用，也说明检验工作是计量检测工作的重要组成部分。工业生产过程中的检验工作是十分重要的，产品质量检验和控制所需要的大部分信息数据是从检测中获得的。一个或几个表征被检验对象的可测数据，能够按已知计算方法计算出该产品的某些质量指标，并与相应的技术标准文件规定的指标相比较，就能判断出合格与否。根据这个判断，采取有效措施，及时调整或控制生产，消除偏离规定的因素，以保证产品质量达到要求，促进质量管理活动的不断提高。所以，检验不仅是获得生产信息的过程，而且是生产过程的组成部分。

3. 计量工作是企业管理现代化的必要手段

企业要改善经营管理，实现管理科学化，离不开科学的数据，企业生产、经营管理中产生的数据和参数是经过计量检测获得的。在工业生产中，从原材料、半成品到产品的整个生产过程都离不开计量检测。每个环节各项可测量参数指标的实现，都要依赖于计量检测。所以，计量是企业生产现代化的重要技术基础，计量管理工作是企业最基本的一项基础管理工作。

总之，计量工作是生产和管理过程的重要组成部分，是产品质量获得稳定和提高的保证，计量检测工作在企业全面质量管理中是十分重要的，它能客观反映和衡量产品质量，对生产过程中的各种工艺参数进行监控，并向生产工人和管理人员提供准确的数据，以寻找工艺最佳值，不断改进工艺方法和生产状态。它可以把各种改进质量的措施，即经过分析和处理的数据信息反馈到质量控制中心，从而正确指挥生产，使产品质量获得可靠保证，从而提高经济效益和社会效益。可以说，计量检测是进行全面质量管理、提高产品质量的一个关键。

二、计量工作的主要内容和任务

（一）计量工作的主要内容

1. 企业的计量管理实施细则

计量器具及仪器的正确合理使用是企业计量、理化实验工作的一个重要方面，企业应根据生产过程以及工艺特点，正确配置各种量具和仪器。

2. 计量人员的岗位责任制

计量工作人员应不断地提高技术水平，熟练地掌握各种计量仪器、仪表的使用和维护。

3. 计量器具的流转制度

计量器具的采购计划，入库、领用、检定、维修、报废制度等。

4. 计量器具的周期检定制度

企业所有计量器具，无论是外购或自制的，都必须按国家鉴定规程所规定的检定项目和方式或有关技术标准进行检定。

5. 计量器具的现场抽检制度

计量器具应妥善保管，以确保显示值准确、质量稳定。

6. 计量实验室工作制度

企业应根据各自的具体情况，采用高精度、高效率的检验装置、专用计量器具、现代化测试技术装备和方法等，以保证产品质量的不断升级。

（二）计量工作的任务

计量工作的任务就是配齐、用好、管好计量器具，计量器具是指能用以直接或间接测出被测对象量值的装置、仪器仪表、量具和用于统一量值的标准物质，包括计量基准、计量标准、计量器具。计量器具是实现全国量值统一的重要工具。此外，还要积极采用新的计量检测技术，不断提高计量技术水平。计量工作是技术基础建设中的一项重要内容，企业追求的目标是低消耗、低成本、高效率、高质量、高效益，这些目标的实现，对搞好技术基础建设和提高人员素质是极为关键的。保证企业计量单位统一和量值统一，组织量值传递，达到测量的统一，是计量工作的一项重要基本任务，也是稳定和提高产品质量的保证条件。没有这个统一，各项生产就不能正常控制，也不能正常组织生产，准确和正确的计量可以指导和推动各项生产和经营活动的进行。

1. 要实现计量单位统一和量值统一

企业必须采用《中华人民共和国计量法》（以下简称《计量法》）规定的法定计量单位，建立与生产相适应的计量标准，配备生产必需的计量器具，做到原材料进厂、能源消耗、生产工艺监控、产品质量检测、经营管理、数据统计、生产安全以及环境检测都有计量器具进行检测，而且要保证各项计量标准和所有计量器具都按规定周期进行检定，达到100％合格。要实现量值的准确可靠，除了计量单位制必须统一外，还要依法建立计量基准、计量标准，开展计量检定，并科学地组织量值传递，使社会上大量使用的计量器具的量值都能溯源到计量基准。

2. 计量基准器具的使用

计量基准器具简称计量基准，是指依法确定的、用以复现和保存计量单位量值，作为统一全国量值的最高依据的计量器具。《计量法》规定，国务院计量行政部门负责建立各种计量基准器具，作为统一全国量值的最高依据；计量基准具有现代科学技术所能达到的最高准确度。全国的各级计量标准和工作计量器具的量值，都必须溯源于计量基准。计量基准由国务院计量行政部门根据国民经济和社会发展的需要以及科学技术的进步，统一规划，组织建立。属于基本的、通用的、为各行各业服务的计量基准，建在国家法定计量检定机构；属于专业性强、仅为个别行业所需要，或者工作条件要求特殊的计量基准，可授权其他部门建在有关技术机构。所有计量基准都需经国家鉴定合格后，由国务院计量行政部门审批颁发证书才可以使用。只有计量基准才有资格代表国家参加国际比对，使其量值与国际量值保持一致。

3. 计量标准器具的使用

计量标准器具即计量标准，是指符合国家规定的等级，准确度低于计量基准，作为计量检定依据的计量器具。由于不同准确度的计量器具不可能都直接与计量基准进行比对，因而需要建立不同准确度等级的计量标准进行量值传递。计量标准器具包括以下3种：一是社会公用计量标准，指在社会上实施计量监督，具有公正作用的计量标准，是统一本地区量值的依据；二是主管部门使用的计量标准，由国务院有关部门和省级有关部门根据本部门的特殊需要建立本部门使用的计量标准，作为统一本部门量值的依据；三是企事业单位使用的计量标准，企业、事业单位根据生产、科研和经营管理的需要，建立本单位使用的计量标准，作为统一本单位量值的依据，这是提高企业素质的一项重要技术基础。国家鼓励企业加强计量检测设施的建设，凡有实际需要，企事业单位就可以自行决定建立与生产、科研、经营管理相适应的计量标准。但为了保障量值的准确可靠，各项最高的计量标准需向与其主管部门同级的政府计量行政部门申请考核。经考核合格的，发给考核证书，由企事业单位批准使用，并向其主管部门备案。

4. 计量检定

计量检定是指为评定计量器具的计量性能，确定其是否合格所进行的全部工作。换言之，就是计量人员利用计量基准、计量标准对使用中的以及新制造和修理后的计量器具按照统一规定的技术法规，通过一系列的实验技术操作，评定其计量性能，确定其是否合格和可供使用的全部工作。计量检定是统一量值、确保计量器具准确一致的重要措施，是为生产、流通、科研等活动提供计量保证的重要条件。《计量法》把计量检定分为强制检定和非强制检定两种，强制检定是指对社会公用计量标准、部门和企事业单位的最高计量标准以及用于贸易结算、安全防护、医疗卫生、环境监测等方面，列入强制检定目录的工作计量器具实行定点定期检定；非强制检定是指除了强制检定以外的，一般都是生产、科研第一线上使用的计量标准和工作计量器具，由使用单位依法进行定期检定，本单位不能检定的，送有权对社会开展量值传递的其他计量检定机构进行定期检定。

计量检定必须按照国家计量检定系统表进行，必须执行国家计量检定系统表和计量检定规程由国务院计量行政部门制定。计量检定工作应当按照经济合理的原则，就地就近进行。

三、计量工作的基本要求

（一）计量检测和质量

1. 计量检测为质量控制提供数据指标

产品质量是否合格，一般都是看它是否达到了技术标准或技术要求规定的数据指标，这些数据指标是可测量的物理量、几何量、化学量和生物量的量值。这些量值构成了评价和表示产品质量特性的数据信息，在工业生产中，信息流程一般由 7 个环节组成（图 2-4），信息采集一般为计量检测过程，计量检测的有用信息是质量管理和监控的首要环节，没有准确的计量器具和合理的计量管理，就不可能提供可靠的数据信息，即使有先进的信息处理设备和控制设备，也是不能发挥作用的。所以数据信息必须达到两个基本要求：使用统一的计量单位即法定计量单位和量值准确可靠。

图 2-4　信息流程的 7 个环节

2. 计量检测为生产流程中的参数进行最佳控制

生产者为了保证并提高产品质量，要对生产流程中的各种可测量数据信息进行及时、准确的监控。因此，企业不仅要按计量网络图配备各个计量检测点所需的计量器具，而且要通过计量管理工作寻找最佳工艺参数值，才能保证产品质量达到合格要求。装备现代化的计量仪器仪表和自动监控设备，能够随时精确地测出生产过程中各种可测量参数，经过计算机处理，反馈到生产中去进行最佳控制，从而进入了依靠科学数据进行管理的阶段。

3. 计量检测为产品质量评价提供科学的依据

产品质量的评价，实际上是要进行定性定量分析，以科学的数据来说明产品质量的情况。要保证评价数据的科学性和准确性，必须依靠准确的计量检测器具和科学的检测方法。所以，计量检测数据既是指挥生产和评价产品质量的科学依据，又是提高经济效益和社会效益的保证。

（二）具体要求

计量工作（包括测试、化验、分析等工作）是工业生产的重要环节，是质量管理的一项基础工作，是确保产品质量的重要手段和方法。由于计量工作对于工业生产技术的发展以及产品质量有直接影响，所以对计量工作有以下要求：

① 计量器具及化验、分析仪器要配备齐全并且正确、合理使用；

② 要求计量器具及化验、分析仪器的质量稳定、示值准确一致、修复及时、定期检定；

③ 计量器具及化验、分析仪器要及时处理和报废；

④ 计量器具及化验、分析仪器要妥善保管；

⑤ 根据不同情况，选择正确的计量检测方法；

⑥ 改革计量理化工具和计量方法，实现检验测试手段现代化。

为了做好计量工作，就必须对于外购、使用、修理以及本厂生产的计量器具、实验和化验设备都实行严格管理，充分发挥它在工业生产和质量管理中的作用。企业必须设置专门的计量管理机构和理化实验室，负责组织全厂的计量和理化实验工作。为了加强产品质量管理，企业必须建立起完善的计量保证体系，即设置与生产规模相适应的计量机构，配备满足需要的计量检测人员，企业计量工作的环境条件也必须符合要求。根据产品的品种及其精度要求购置必需的计量检测设备，建立完善的计量管理制度，计量管理制度必须合乎科学性和实用性，而且应严格实施，以保证发挥企业计量工作应有的作用。

四、计量工作的管理

（一）企业计量工作必须统一管理

要建立统一管理全厂计量工作的机构，健全各项计量管理制度，保证全厂的计量制度统一和各种单位量值准确可靠，为生产、科研、经营管理提供准确的计量数据信息。企业计量机构具有监督管理的职能，具体任务是：

① 组织贯彻执行国家的计量法律、法规和方针政策，建立各项必需的计量管理制度，制定全厂的计量事业发展规划，监督和指导全厂各部门的计量工作；

② 建立本厂的最高计量标准器，组织进行量值传递，保证全厂计量器具量值准确；

③ 统一管理计量器具和各部门计量器具的配备工作，负责审查计量器具的采购计划、入库验收、发放鉴定、维护保养和报废处理等工作；

④ 统一组织协调各部门的计量工作，监督检查各项计量检测工作；

⑤ 组织对计量检定、修理人员的培训和定期考核工作。

（二）加强对企业计量工作的考核

1. 企业计量工作的定级、升级

为改善企业的经营管理，促进技术进步，提高产品质量，降低消耗，提高企业的素质和经济效益，国家计量局于1984年提出企业计量水平定性要求，即工业企业计量工作定级升级办法。企业通过定级、升级，对计量工作进行了定性和定量的评价，有力地促进了企业计量工作的发展。

一级计量合格证书，由国家技术监督局颁发。二级计量合格证书，由省级政府计量行政部门颁发。三级计量合格证书及计量验收合格证书，由市（州、盟）级政府计量行政部门颁发。

计量工作定级升级合格证书的有效期为五年，期满前三个月内需向原发证部门申请复查。复查合格者，换发新证书；不合格者，吊销其计量合格证书或降级发证。到期不申请复查者，合格证书自动失效。达到上一级标准的，可报上级申请升级；达不到原定级标准的，可以降级。计量工作的实践表明，对企业计量工作进行定级升级，是促进企业重视、加强计量检测工作的行之有效的措施，也是提高企业计量工作管理水平和质量管理水平的一个重要标志。

2. 计量考核内容

（1）计量管理水平 包括企业计量机构的设置；计量工作的统一领导和管理；计量人员的文化素养和技术素质；计量管理制度是否健全和完善；计量工作的原始记录和技术档案是否完善。

（2）计量器具的配备率 包括能源计量器具的配备率；工艺及质量管理计量器具的配备率；经营管理计量器具的配备率。

（3）计量检测率　指能源消耗、工艺过程监控、产品质量主要参数和经营管理的计量检测率。

（4）计量技术素质　主要考核计量标准和量值传递系统是否健全；计量检定工作的环境和条件是否符合要求；计量标准器具周期检定合格率、在用计量器具的周期检定和抽检合格率是否合乎规定指标；计量人员的技术水平是否适应工作需要。

以上4方面的考核都有具体的内容和定量化指标，规定了明确的评分标准。对企业计量工作的考核评审，是由国家和省级计量行政管理部门组织专家进行的。专家评审小组根据规定的标准评定企业计量工作所属的合格级别。

（三）计量器具的管理和计量监督

根据《计量法》规定，国家对计量器具的管理，主要有以下内容。

1. 制造、修理环节实行许可证制度

凡制造、修理计量器具的企业、事业单位，必须具有与所制造、修理的计量器具相适应的设施、人员和检定仪器设备，并由与其主管部门同级的政府计量部门进行考核；乡镇企业和个体工商户由当地县级政府部门进行考核。考核内容包括：生产设施、出厂检定条件、人员的技术状况、有关技术文件和计量规章制度。经考核合格后，发给《制造计量器具许可证》，准予使用国家统一规定的许可证标志，有关部门方可批准生产。考核不合格，未取得许可证的，工商行政管理部门不予办理营业执照，有关部门不得批准生产。

凡制造在全国范围内从未生产过的计量器具新产品，必须经过定型鉴定。定型鉴定合格后，应当履行型式批准手续，颁发证书。在全国范围内已经定型，而本单位未生产过的计量器具新产品，应当进行样机试验。样机试验合格后，发给合格证书。凡未经型式批准或者未取得样机试验合格证书的计量器具，不准生产。

计量器具新产品定型鉴定，由国务院计量行政部门授权的技术机构进行；样机试验由所在地方的省级人民政府计量行政部门授权的技术机构进行。

计量器具新产品的型式，由当地省级人民政府计量行政部门批准。省级人民政府计量行政部门批准的型式，经国务院计量行政部门审核同意后，作为全国通用型式。

申请计量器具新产品定型鉴定和样机试验的单位，应当提供新产品样机及有关技术文件、资料。

负责计量器具新产品定型鉴定和样机试验的单位，对申请单位提供的样机和技术文件、资料必须保密。

对企业、事业单位制造、修理计量器具的质量，各有关主管部门应当加强管理，县级以上人民政府计量行政部门有权进行监督检查，包括抽检和监督试验。凡无产品合格印、证，或者经检定不合格的计量器具，不准出厂。

凡对社会开展经营性修理计量器具的企业、事业单位和个体工商户，必须具备与其修理的计量器具相适应的设备、人员和检定仪器，并向当地县级或县级以上人民政府计量行政部门申请考核，办理《修理计量器具许可证》。考核内容与申领《制造计量器具许可证》的考核内容相同，经考核合格取得许可证的，方可使用国家统一规定的标志和批准营业，准予向工商行政部门办理登记手续，申领营业执照。

制造、修理计量器具的企业、事业单位必须对制造、修理的计量器具进行计量检定，保证产品计量性能合格，并对合格产品出具产品合格证。

2. 进口和销售环节的管理

外商在中国销售计量器具，按规定向国务院计量行政部门申请型式批准。

县级以上地方人民政府计量行政部门对当地销售的计量器具实施监督检查。凡没有产品合格印、证和《制造计量器具许可证》标志的计量器具不得销售。

任何单位和个人不得经营销售残次计量器具零配件，不得使用残次零配件组装和修理计量器具。

任何单位和个人不准在工作岗位上使用无检定合格印、证或者超过检定周期以及经检定不合格的计量器具。在教学示范中使用计量器具不受此限。

3. 使用环节的管理

《计量法》规定，使用计量器具不得破坏其准确度，损害国家和消费者的利益。计量基准器和计量标准器的使用必须具备下列条件：一是计量基准器经国家鉴定合格，计量标准器经计量检定合格；二是具有正常工作所需要的环境条件；三是具有称职的保存、维护、使用人员；四是具有完善的管理制度。符合上述条件，经国务院计量行政部门审批并颁发计量基准证书后，方可使用。任何单位和个人不准在工作岗位上使用无检定合格印、证或者超过检定周期以及检定不合格的计量器具；非经国务院计量行政部门批准，任何单位和个人不得拆卸、改装计量基准，或者自行中断其计量检定工作。

《计量法》规定，我国按照行政区划实施计量监督，国务院计量行政部门对全国的计量工作实施统一监督管理。县级以上地方人民政府计量行政部门对本行政区域内的计量工作实施监督管理，根据需要设置计量检定机构，或者授权其他单位的计量检定机构，执行强制检定和其他检定、测试任务。县级以上人民政府计量行政部门根据需要设置计量监督员，他们是负有执行计量法监督职能的人员，负责在规定的区域、场所巡回检查，对有争议的计量问题组织技术仲裁，对违反计量法律法规的行为追究法律责任，并在规定的权限内进行现场处理，予以行政处罚。

县级以上人民政府计量行政部门设置的计量检定机构，为国家法定计量检定机构。其职责是：负责研究建立计量基准、社会公用计量标准，进行量值传递，执行强制检定和法律规定的其他检定、测试任务，起草技术规范，为实施计量监督提供技术保证，并承办有关计量监督工作。国家法定计量检定机构的计量检定人员，必须经县级以上人民政府计量行政部门考核合格，并取得计量检定证件。其他单位的计量检定人员，由其主管部门考核发证。无计量检定证件的，不得从事计量检定工作。

知识五　质量信息工作

质量信息是指反映产品质量的和企业从市场调查、研制设计、制造检验、销售服务等生产经营活动各环节工作质量中得到的原始记录、基本数据、统计报表、分析报告以及产品使用过程中反映出来的各种技术经济资料的总称。

一、质量信息分类

根据质量信息的性质和作用的不同，质量信息可分为质量指令信息、质量动态信息、质量反馈信息三类。

1. 质量指令信息

质量指令信息指国家和上级主管部门制定的有关质量的各项政策、法令、标准、计划、任务以及企业制定的质量方针、目标、计划、技术标准、管理标准等。它是质量管理活动中的指令和原则，又是质量信息工作中进行比较、判别的标准。

2. 质量动态信息

质量动态信息是执行指令过程的情况反映，是指企业在日常生产和经营管理活动中与质量有关的各种信息如企业内的质量检验、工序控制等统计数据。

3. 质量反馈信息

质量反馈信息是指执行质量指令过程中产生的偏差信息，也就是把执行指令结果和有关标准进行比较后认为异常的信息。反馈信息返回决策部门产生新的调节指令后，可达到纠正偏差的目的。

三类质量信息的相互关系是：用质量指令信息来指挥，通过掌握质量动态信息来监督指令执行的情况，通过质量反馈信息来进行调节和控制，从而保证质量管理体系的正常运转，如图 2-5 所示。

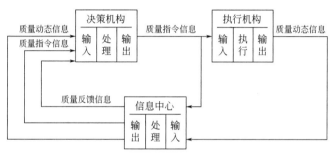

图 2-5　三类质量信息的相互关系

二、质量信息的重要性

任何企业都有人流、物流和信息流。质量信息是形成信息流的一部分内容，它记录着人流、物流和信息流本身的质量，贯穿于人流的工作质量和物流的产品质量形成的全过程。在现代化生产中，由于产品结构复杂而又要求有很高的精密度、可靠性，以及社会对产品的大量需求，导致生产组织上分工细、自动化和专业化程度高。所以，企业在生产中必须紧密协同，及时交换产品质量信息，积极采集质量信息，快速流转、加工处理和进行决策反馈控制。质量描述的指标化，使质量信息的量化程度越来越高，从而大大增加了质量信息工作中信息数据的采集量、数据处理和存储管理的复杂性。质量管理的决策信息依赖于质量数据采集的完整性以及加工处理的速度和水平。产品质量指标的高低，是由它的原材料、加工过程和组织管理许多因素决定的，在每一个环节上均有质量数据记录。产品的最终质量指标可以通过对一系列的质量记录数据进行繁复的分析计算而得。

全面质量管理的过程，从信息工作的角度看，就是对质量信息管理和使用的过程。根据认识来源于实践的基本原理，搞好质量管理工作，掌握产品质量运动的发展规律，必须深入实践，认真调查研究，掌握大量的、完整的、准确的第一手资料，这就要求做好质量信息工作。

1. 质量信息是企业进行产品质量调查的第一手资料

企业在进行全面质量管理时能及时地进行质量信息的收集、处理、传输、存储和决策反馈，如实反映影响产品质量的各方面因素和生产技术经营活动的原始动态、产品的使用状况、用户的意见和要求以及国内外产品质量的发展动向，企业的全面质量管理水平就高，从而也为保证和提高产品质量提供依据。因此，全面质量管理的艺术就在于驾驭质量信息。

2. 质量信息工作是质量管理的耳目，是加强质量管理不可缺少的一项基础工作

全面质量管理推动了质量信息工作的开展，质量信息工作又保证和加速了全面质量管理向深度和广度发展。影响产品质量的因素是多方面的、错综复杂的。搞好质量管理，提高产品质量，关键要对来自各方面的影响因素有一个清楚的认识，做到心中有数。质量信息工作为领导制定方针目标和正确决策、为避免指挥失误提供了切实可靠的依据。

3. 质量信息是质量管理不可缺少的重要依据

反映产品质量的改进、厂内外两个方面信息的反馈、各环节工作质量的改善的最直接的原始资料都来源于质量信息；质量信息是正确认识影响产品质量诸因素变化和产品质量波动的内在联系、掌握提高产品质量规律性的基本手段。电子计算机、现代通信技术引入质量信息工作，使得质量信息工作如虎添翼，并发展为一个独立的质量信息管理系统，在全面质量管理体系中起着非常重要的作用。

三、质量信息的收集

质量信息是涉及面最广、用户最多的一类信息，一件产品从研制到交付使用，要经过多次的采集、储存、处理、传输、反馈，每一步都要保证数据信息的真实性和时效性，信息才能正确地发挥作用。这种真实性和时效性要由标准和规范来保证。在质量管理工作中，质量信息主要来源于以下几方面。

(一) 从产品实际使用过程中收集有关产品质量的原始记录、原始数据等信息资料

1. 收集用户意见

首先，企业可以通过关于产品质量问题的来信来访、请求修理或访问用户，收集各种批评意见和情报资料，从中了解产品实际使用效果，找出产品质量存在的主要缺陷，考虑如何改进，以提高产品的适用性、可靠性和经济性。其次，对于用户对产品质量的表扬，也应把有关资料很好地加以积累、整理和归纳，从中发现主要表扬的是哪些方面，以巩固和发扬产品固有的优点。此外，通过物资分配部门的信息，也能了解用户所欢迎的品种、规格、对产品质量要求的动向，作为改进产品质量的参考。

2. 组织产品质量状况调查

认真调查和搜集实际使用过程中产品的性能、寿命、精度、可取性等各种信息和资料，就可以了解企业产品质量的状况，从而找到改进产品质量的方向。

认真调查和收集产品实际完成的工作量或实际达到的性能的资料，把这些实际数据同设计数字或产品出厂时的鉴定数字对比，就可以提示出产品在实际使用过程中的质量状况、达到设计要求的程度和需要改进设计的地方，为进一步提高产品的性能和实际工作能力提供依据。认真调查和收集反映产品使用的经济性和其他的质量资料，例如，某些机械产品的质量高低可以通过其使用过程中所支付的修理费用多少来表示，修理费用越多则表明产品质量越低；某些产品的质量可以通过它在使用过程中的燃料或动力消耗量来表示，如载重汽车每吨公里的耗油量越低，说明汽车的质量越高。

(二) 从产品制造过程和生产准备过程中收集有关工作质量和产品质量方面的信息

这方面质量信息的主要来源是通过大量的、各式各样的原始记录来获得，主要来自以下几个方面：

① 每批原材料进厂质量验收记录、库存发放记录、使用前检验记录、质量样本等；

② 生产过程的工艺操作记录、在制品在工序间流转记录和质量检验记录、半成品出入库记录、工序控制图表及其原始记录；

③ 成品质量检验记录，造成不合格品的原因和数量记录；

④ 设备、刀具、工装等的使用验证、磨损测定的记录；

⑤ 计量器具、测试设备、理化分析仪器等的使用、调整和检修记录。

必须十分重视制造过程和辅助生产过程中这些活动的原始记录和情报资料，这些都是改进质量管理的可靠的第一手资料，也是贯彻质量责任制的基本条件。

（三）从生产同类产品的国内兄弟企业和国外同行业中收集产品质量信息

搜集国内兄弟企业和国外同行业在质量方面的先进成就，了解他们在改进质量方面所采用的新技术、达到的新水平和发展动向，找出质量差距，以给我们提出新的目标和动向。

（四）从市场的需求、供应情况及趋势中收集质量信息

及时了解市场情况，对产品进行市场跟踪调查，了解目前同类产品在市场上的供应情况，了解消费者对该产品的认知情况，以此对该产品做出改进和提高。

四、质量信息的基本要求

（一）搜集和研究国内外在产品质量方面的先进成就和动向

加强企业的质量管理，提高产品质量，就要注意搜集和研究国内外在产品质量方面的先进成就和动向。通过这些信息，使各级领导和有关人员了解国内外工业产品质量发展的新技术、新水平、新动向和发展趋势，必须力求做到准确、及时、全面、系统。质量信息的特点如下。

1. 准确性是质量信息工作的关键

如果提供的资料不正确，不仅掌握不了产品质量的真实情况，而且掌握不了质量变化的规律，就会给质量管理带来极大影响，给国家和消费者带来极大危害。因此，实事求是，如实反映情况，是质量信息工作的一项严格纪律，任何人都必须遵守。对于那种弄虚作假、欺骗隐瞒的行为必须坚决制止和打击。

2. 质量信息工作必须做到及时

因为影响产品质量各方面的因素是在不断发展和变化的，每时每刻都会出现一些新的问题、新的情况、新的信息。只有把这些新的问题、情况、信息及时地、如实地反映出来和反馈回去，才能及时采取措施，解决问题，消除缺陷，促进生产顺利发展，保证产品质量。否则，就会贻误时机，生产大量不合格品，造成损失。因此，质量信息工作必须保持高度的敏捷性，使下情迅速上达，做好质量管理部门和企业决策人员的耳目。

3. 质量信息工作还应当做到全面、系统

质量信息工作应当全面反映质量管理活动的全过程，经常地反映质量管理相互联系的各个方面，系统地反映其变动情况。只有这样，才能帮助我们切实掌握产品质量运动的规律性，才能充分发挥它在质量反馈和积极预防质量缺陷方面的作用，才能真正成为认识质量规律的有力武器，成为质量管理的可靠基础。

质量信息工作是质量管理进行的依据，是一项极为重要的基础工作。没有大量的、准确的、及时的、来源于实践的数据，就没有科学的数理统计方法的应用，也就没有质量控制。因此，质量信息是保证产品质量稳定的必备条件。

（二）做好质量信息的收集、整理、分类、传递、归纳、立档等工作

应严格按照统一的综合整理方案、统一的表示和统一的方法进行，各有关部门要做好质量信息的审核和汇总，对质量信息进行科学分类、分组，保证质量信息切实可行；资料要具有可比性，使实际与计划、使用与设计及不同时期的动态进行比较，以及进行国内外资料对比等；在整理、分类、归纳的基础上，制作质量卡片，建立质量档案。所以，系统地积累信息资料并实行严格的科学管理是一项重要的基础工作，它不仅是进行反馈的信息来源、解决现有产品质量问题的重要依据，而且为科学研究、产品的更新换代、设计下一代产品制定更加切合实际、更能满足用户需要的技术标准打下基础。

（三）建立质量信息传递、反馈的程序和制度，形成信息反馈闭环系统

通过信息反馈来解决存在的质量问题。一些日常质量信息的传递要求如表 2-1 所示，质量信息传递卡如表 2-2 所示，接受信息回执卡如表 2-3 所示，信息反馈卡如表 2-4 所示。

表 2-1　一些日常质量信息的传递要求

信息名称	资料来源	接受部门	资料形式			提交时间要求			
			文字	表格	图表	日	月	季	年
质量方针展开、质量攻关计划实施情况	质管办	厂长、总工程师	✓					✓	
市场动态、预测报告和销售动态报告	销售科	信息中心	✓		✓		✓	✓	
产品技术、工艺发展预测报告	设计科、工艺科	信息中心	✓						✓
同行业质量、价格水平对比分析报告	技术信息组	信息中心	✓	✓					✓
全厂主要技术经济指标完成情况	计划科	信息中心	✓	✓			✓		
全厂质量指标完成情况	质检科	信息中心	✓	✓			✓		
车间质量指标完成情况	生产车间	质检科	✓	✓			✓		
车间质量综合分析报告	生产车间	质检科	✓	✓	✓		✓		
车间工序控制情况	生产车间	质检科	✓	✓			✓		
贯彻工艺检查报告、考核情况	工艺科	信息中心	✓	✓			✓		
产品抽查专题报告	质检科	信息中心	✓				✓		
现场质量问题处理日志	检查组	质检科	✓	✓		✓			
协作厂供应质量情况	供应科	信息中心	✓				✓		
工装制造、库存、使用情况	工具科	信息中心	✓	✓			✓		
设备完好率、设备停机台数	设备科	信息中心	✓	✓			✓		
废品损失、退货、赔偿费用统计	财务科	信息中心	✓	✓			✓		
用户申诉及处理台账	用户服务组	计划科	✓	✓		✓			
用户技术服务情况	用户服务组	计划科	✓				✓		
外出服务报告	用户服务组	计划科	✓	✓			✓		
用户访问调查报告	调查组	信息中心	✓						✓

表 2-2　质量信息传递卡

提供部门		提供者		提供日期	
信息类别		信息名称			
信息等级	急		较急	一般	
接受日期		发出日期			
信息内容简述					
信息中心建议					
最高决策指令					
责任部门		协作部门			
		1		5	
		2		6	
		3		7	
		4		8	

表 2-3　接受信息回执卡

提供部门		接受人		接受日期	
信息编号			预计执行完成日期		
实际执行完成日期			考核日期		
执行初步设想					
对上级的要求和建议					

表 2-4　信息反馈卡

填表部门		填表人		反馈日期	
信息编号			反馈表填写份数		
反馈信息内容					
信息中心验证意见					
传送部门					

五、质量信息管理系统

（一）质量信息管理系统的概念

信息量惊人的增长已成为当代社会面临的四大挑战之一（能源危机、环境污染、人口剧增、信息爆炸），从而促进信息管理的现代化。质量信息系统是对产品质量信息和管理质量信息进行科学化管理的系统，在现代企业管理中质量信息管理系统是企业管理信息系统的一个极为重要而又复杂的子系统。一个功能完整的系统或子系统，包括信息数据的采集、输入、储存、处理、传输、辅助决策、执行等。一个活跃的质量信息管理系统，能够积极、有效、适时地对企业活动的质量情况进行预测和控制。所谓质量信息管理系统是指参照系统工程和控制论的原理，建立一整套专门从事质量信息工作的机构，输入与质量和质量管理有关的信息，经处理后输出供各级管理人员和部门使用的质量信息，以供管理和决策用的管理系统。

质量信息管理系统区别于其他系统的主要特点是对其他系统的活动实行质量监督，为全面质量管理服务。它的信息源与其他系统的信息具有紧密联系，质量信息管理系统往往是其他系统信息处理的结果。现代质量信息管理系统，由于本身功能的复杂性和在企业中的重要地位，已形成自己独立的组织管理部门——质量信息中心，它既承担信息网和质量信息管理系统的组织与管理工作，也是质量信息工作的工程技术和应用研究实体。在系统未建立之前，负责系统开发的规划、设计和建设；当系统建成之后，则负责制定、修订保证系统正常运行的各项管理规章制度，并负责系统运行的日常事务，对下属各分系统进行技术支援和业务指导。

（二）质量信息管理系统的类型

质量信息管理系统大致可分为三类：第一类是人工系统；第二类是以计算机和现代通信

技术为主要工具的自动化（电子化）系统；第三类是介于前两类之间的混合性系统。

1. 人工质量信息管理系统

它是指系统的所有功能的实现主要由人工来完成，依靠人工方法建立。本类系统产生于检验质量管理时期，适宜于信息量较少、加工处理要求简单、规模不大的中小型企业，是具有与人机系统有类似作用的信息管理系统。虽然它的精度和效率远不如人机系统，但是由于它能充分发挥人的能动作用，避免了使用电子计算机在编定程序后再行更改的工作量，可以作为建立人机系统前的过渡方案。

2. 自动化质量信息管理系统

自动化质量信息管理系统是指质量信息数据从采集、处理、储存、传输到决策反馈均由质量信息管理系统自动完成，而人的工作是对系统运行进行维护。自动化质量信息管理系统是企业生产和管理自动化的产物，可以使企业取得质量方面的良好效益，但它的建设需要先进的微电子技术作基础，要有很高的管理素质和技术素质，而且一次性投资较大。

3. 人机混合系统

人机系统是人工系统向自动化系统过渡过程中的一种系统。电子计算机具有快速、准确、集中、统一的特点，用它来处理信息，在容量、速度和精度方面都是人工所无法比拟的。人机混合系统的特点是使用电子计算机执行管理功能和控制功能，并由人进行最后决策的信息管理系统。它不需要大量的投资，又具有现代化信息管理的职能基础，并有利于培养新型的信息管理人才。

一个完善的质量信息管理系统必须包括信息源、信息流、信息中心、决策机构、执行机构等主要环节，并配备一定数量的质量信息管理人员，以保证质量信息的畅通无阻。要注意以下几点：

① 一个信息系统只设一个信息中心（一般应该在质量管理部门），否则会造成信息的分散和混乱；

② 质量信息系统应纳入质量管理系统，以便更好地为质量管理服务；

③ 要遵循"闭路循环"的原则，即始于信息源、终于信息源，防止出现信息有去无回的弊病，去掉不必要的损失；

④ 要强调并加强信息反馈作用，没有反馈也就谈不上管理；

⑤ 建立系统时，必须力求环节少、流程短、速度快，根据高效、及时、准确的原则，确定对信息的数量、质量和时间的要求。

（三）质量信息管理系统的建立和运行

质量信息系统的建立，大体上分为开发准备和开发实现两个阶段。前者主要是提出问题和进行可行性分析，后者主要包括系统分析、系统设计、软件编制和调试。系统运行是进行系统的服务与维护。

1. 提出问题和进行可行性分析

首先要明确建立质量信息管理系统要解决的问题。可行性分析的目的是根据系统要解决的问题进行初步调查分析，预测新系统开发所需要的资源、人力和经费，以及开发所需要的时间周期，在调研之后作出决定。可行性分析有三种可能的结果：一是开发条件尚不成熟，建议中止开发；二是降低目标中的某些要求进行开发；三是开发条件具备，转入开发阶段。可行性分析对系统的开发十分重要，它将根据所提目标寻找一个最优的解决方案，然后写出可行性分析报告。

2. 系统分析

系统分析是指用系统论的观点和方法，对质量信息管理的现状进行调查分析，如实地描述组织关系、数据流程、现有系统的实际作用和存在的主要问题。根据新系统提出的目标，构思新系统的模型，系统分析的详细程度直接影响到新系统的成败。为了进行系统分析，要成立系统分析组，其成员应具有丰富的质量管理经验和较深的专业基础，受过系统论的教育，同时具有较强的组织管理能力，善于处理人际关系。详细分析主要从以下几个方面入手。

（1）系统组织分析　即弄清楚质量管理部门的设置、人员配备和各业务部门之间的质量信息往来关系等，画出组织关系图，为设计新系统的组织结构奠定基础。

（2）输入输出分析　通过对输出信息的性质、数量、类型等的分析，推出对输入信息数据的要求。对于输入的情况，可以了解系统在这两个环节上的协调性和信息源状况，分析现有数据源是否具备向新系统提供所需数据源的条件。

（3）过程分析　是从系统运行的动态角度分析系统的工作量、各种功能情况和时效要求，人和计算机等设备之间的工作界面，系统的管理点与管理方法以及优先级的层次划分等。根据整个系统数据流、数据结构、数据处理和传输情况，画出动态图。

（4）数据文件分析　即对数据采集卡输出报表和质量信息系统管理的文件。

3.系统设计

（1）初设计　要确定系统的物理实现方案和软件结构。物理设计主要是对设备和人员的选择和配备。确定软件结构就是要根据系统分析提出的功能要求，确定系统中软件的模块组成以及这些模块之间的相互关系。另外，还包括数据采集卡的设计、文件数据库的设计、文档设计。

（2）详细设计　包括采集卡和输出表的设计、数据库设计、功能设计。采集卡的设计是为系统准备原料，作为系统运行的基础，采集卡是系统数据源的载体；输出表的设计是直接面向用户，是系统实现的最终目的，是直接为领导决策和其他用户服务的，对他们来说又是信息数据的输入，在设计上要坚持用户至上，充分满足用户的需要；数据库的设计首先要弄清楚它包括哪些信息数据、数据量的大小以及要产生哪些报表，其次要确定它有多少属性项目，哪些是关键的，再次要确定数据之间的关系、数据项顺序、组成记录，并找出记录之间的关系；质量信息系统的功能设计包括对数据录入、删除、修改、查询、输出等的设计，安全性和保密性是质量信息管理系统的一项必须十分重视的功能设计。

4.软件设计和编制

软件设计应当选用可靠性高的模块式结构程序方法，按照功能把要设计的总程序分为若干个模块，并尽量缩小模块之间的相关性。软件设计要面向用户，尽量采用屏幕的菜单式工作方式，让用户从自己的终端或单机上自助式获取信息。

5.文档要求

在质量信息管理系统的建设中，管理文档和技术文档的编制是一项重要内容，在系统开发的每一阶段，都应建立相应的文件。这些文件主要有：系统开发可行性报告、系统分析报告、系统设计技术报告、软件设计说明、数据库设计说明、测试计划和报告、用户使用说明、开发总结报告。

6.测试运行

在程序开发的全过程中，从单个模块程序编制到连装成系统，都要有计划、有意识地安排测试运行，以保证系统的质量。测试阶段一般分为单个模块编制调试、系统安装联调、验收测试和交付使用鉴定测试等。系统运行也是对系统设计目标的综合性检验，为了保证系统的正常运行，应制定有关的运行管理制度，包括数据源保证办法、运行规程、系统的维护制度等，根据运行中暴露的问题再进行系统的修改和完善。

【目标检测】

1. 试述质量教育工作的主要内容。
2. 试述建立和健全质量责任制的注意点。
3. 试述企业责任制的概念和分类。
4. 试述标准的概念和分类。
5. 试述计量工作的基本要求。
6. 试述计量和测量的联系和区别。
7. 试述质量信息的概念和分类。

PPT   习题   思维导图

项目三
食品质量检验

【学习目标】

1. 了解质量检验计划的目的、作用、内容和原则；熟悉质量检验的基本要求、功能、步骤和目的。

2. 熟悉检验流程图的基本知识；掌握检验手册和检验指导书的概念和内容。

3. 熟悉抽样检验的概念、程序和方法；熟悉抽样采样的步骤和方法。

4. 掌握抽样检验的常用参数判定方法。

5. 掌握不合格和不合格分级的概念，熟悉不合格严重性分级的级别。

6. 了解不合格产品的检验程序。

【思政小课堂】

质量检验是采用一定的检验手段和检验方法，对原材料、辅助材料、半成品和成品质量特性进行检验，然后把测定结果同规定的质量标准进行比较，从而对产品做出合格或不合格的判断。

以下案例摘自哈尔滨日报（2009年1月20日）。

为加强食品市场监管，近日，哈尔滨市工商局对哈尔滨市流通环节食品进行了定向监测，这些食品合格率均超过90％。本次监测共对小麦粉、糕点饼干、干水产品以及速冻米面食品等51个批次食品进行了监测，总体合格率为96％。监测中抽检小麦粉15个批次，合格率为93.3％；抽检糕点饼干10个批次，合格率为90％；抽检干水产品16个批次，合格率为100％；抽检速冻米面食品10个批次，合格率为100％。据介绍，此次监测中小麦粉存在的主要问题是水分含量超标，糕点饼干存在的主要问题是菌落总数超标。经分析认为，造成小麦粉水分超标的原因：一是可能在加工过程中原料水分过高引起；二是在储存过程中受潮引起，水分过高，产品容易发霉变质。而造成糕点饼干菌落总数超标的原因主要是抽检的品种为夹心产品，在产品涂抹过程中卫生控制不严格，或者涂抹的原料微生物超标。

【必备知识】

知识一　检验概述

一、检验的定义

1. 检验

检验就是通过观察和判断，适当结合测量、试验所进行的符合性评价。对产品而言，是指根据产品标准或检验规程对原材料、中间产品、成品进行观察，适当进行测量或试验，并把所得到的特性值和规定值做比较，判定出各个物品或成批产品合格与不合格的技术性检查活动。

2. 质量检验

质量检验就是对产品的一个或多个质量特性进行观察、测量、试验，并将结果和规定的质量要求进行比较，以确定每项质量特性合格情况的技术性检查活动。

二、质量检验的基本要点

(1) 一种产品为满足顾客要求或预期的使用要求和政府法律、法规的强制性规定，都要对其技术性能、安全性能、互换性能以及对环境和人身安全、健康影响的程度等多方面的要求作出规定，这些规定组成对产品相应质量特性的要求。不同的产品会有不同的质量特性要求，同一产品的用途不同，其质量特性要求也会有所不同。

(2) 对产品的质量特性要求一般都转化为具体的技术要求在产品技术标准（国家标准、行业标准、企业标准）和其他相关的产品设计图样、作业文件或检验规程中明确规定，成为质量检验的技术依据和检验后比较检验结果的基础。经对照比较，确定每项检验的特性是否符合标准和文件规定的要求。

(3) 产品质量特性是在产品实现过程中形成的，是由产品的原材料、构成产品的各个组成部分（如零部件）的质量决定的，并与产品实现过程的专业技术、人员水平、设备能力甚至环境条件密切相关。因此，不仅要对过程的作业（操作）人员进行技能培训、合格上岗，对设备能力进行核定，对环境进行监控，明确规定作业（工艺）方法，必要时对作业（工艺）参数进行监控，而且还要对产品进行质量检验，判定产品的质量状态。

(4) 质量检验是要对产品的一个或多个质量特性，通过物理的、化学的和其他的科学技术手段和方法进行观察、试验、测量，取得证实产品质量的客观证据。因此，需要有适用的检测手段，包括各种计量检测器具、仪器仪表、试验设备等，并且对其实施有效控制，保持所需的准确度和精密度。

(5) 质量检验的结果要依据产品技术标准和相关的产品图样、过程（工艺）文件或检验规程的规定进行对比，确定每项质量特性是否合格，从而对单件产品或批产品质量进行判定。

三、质量检验的主要功能

1. 鉴别功能

根据技术标准、产品图样、作业（工艺）规程或订货合同的规定，采用相应的检测方法观察、试验、测量产品的质量特性，判定产品质量是否符合规定的要求，这是质量检验的鉴别功能。鉴别是"把关"的前提，通过鉴别才能判断产品质量是否合格。不进行鉴别就不能确定产品的质量状况，也就难以实现质量"把关"。鉴别主要由专职检验人员完成。

2. "把关"功能

质量把关是质量检验最重要、最基本的功能。产品实现的过程往往是一个复杂过程，影响质量的各种因素（人、机、料、法、环）都会在这一过程中发生变化和波动，各过程（工序）不可能始终处于等同的技术状态，质量波动是客观存在的。因此，必须通过严格的质量检验，剔除不合格品并予以"隔离"，实现不合格的原材料不投产，不合格的产品组成部分及中间产品不转序、不放行，不合格的成品不交付（销售、使用），严把质量关，实现"把关"功能。

3. 预防功能

现代质量检验不单纯是事后把关，还同时起到预防的作用。检验的预防作用体现在以下几个方面：

① 通过过程（工序）能力的测定和控制图的使用起预防作用。

② 通过过程（工序）作业的首检与巡检起预防作用。

③ 广义的预防作用。对原材料和外购件的进货检验，对中间产品转序或入库前的检验，既起把关作用，又起预防作用。前过程（工序）的把关，对后过程（工序）就是预防。

4. 报告功能

为了使相关的管理部门及时掌握产品实现过程中的质量状况，评价和分析质量控制的有效性，把检验获取的数据和信息经汇总、整理、分析后写成报告，为质量控制、质量改进、质量考核以及管理层进行质量决策提供重要信息和依据。

质量报告的主要内容包括：

① 原材料的质量情况和合格率；

② 过程检验、成品检验的合格率以及相应的废品损失金额；

③ 按产品组成部分或作业单位划分统计的合格率及相应废品损失金额；

④ 产品报废原因的分析；

⑤ 重大质量问题的调查、分析和处理意见；

⑥ 提高产品质量的建议。

四、质量检验的步骤

质量检验的过程包括检验的准备、测量或试验、记录、比较和判定、确认和处置等 7 个步骤，如图 3-1 所示。

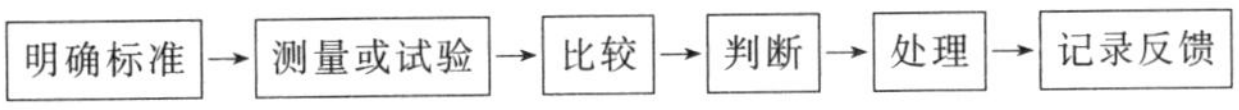

明确标准 → 测量或试验 → 比较 → 判断 → 处理 → 记录反馈

图 3-1　质量检验步骤图

1. 检验的准备

检验的准备包括熟悉规定要求，选择检验方法，制定检验规范。

首先要熟悉检验标准和技术文件规定的质量特性和具体内容，确定测量的项目和量值。为此，有时需要将质量特性转化为可直接测量的物理量；有时则要采取间接测量方法，经换算后才能得到检验需要的量值。有时则需要有标准实物样品（样板）作为比较测量的依据。要确定检验方法，选择精密度、准确度适合检验要求的计量器具和测试、试验及理化分析用的仪器设备。确定测量、试验的条件，确定检验实物的数量，对批量产品还需要确定批的抽样方案。将确定的检验方法和方案用技术文件形式做书面规定，制定规范化的检验规程（细则）、检验指导书，或绘成图表形式的检验流程卡、工序检验卡等。在检验的准备阶段，必要时要对检验人员进行相关知识和技能的培训和考核，确认能否适应检验工作的需要。

2. 测量或试验

按已确定的检验方法和方案，对产品质量特性进行定量或定性的观察、测量、试验，得到需要的量值和结果。测量或试验前后，检验人员要确认检验仪器设备和被检物品试样状态正常，保证测量和试验数据的正确、有效。

3. 记录

对测量的条件、测量得到的量值和观察得到的技术状态用规范化的格式和要求予以记载或描述，作为客观的质量证据保存下来。质量检验记录是证实产品质量的证据，因此数据要客观、真实，字迹要清晰、整齐，不能随意涂改，需要更改的要按规定程序和要求办理。质量检验记录不仅要记录检验数据，还要记录检验日期、班次，由检验人员签名，便于质量追溯，明确质量责任。

4. 比较和判定

由专职人员将检验的结果与规定要求进行对照比较，确定每一项质量特性是否符合规定要求，从而判定被检验的产品是否合格。

5. 确认和处置

检验有关人员对检验的记录和判定的结果进行签字确认。对产品（单件或批）是否可以"接收"、"放行"作出处置。

① 对合格品准予放行，并及时转入下一作业过程（工序）或准予入库、交付（销售、使用）；对不合格品，按其严重程度分别作出返工、让步接收或报废处置。

② 对批量产品，根据产品批质量情况和检验判定结果分别作出接收、拒收、复检处置。

五、产品验证及监视

1. 产品验证

验证是指通过提供客观证据对规定要求已得到满足的认定。产品验证就是对产品实现过程形成的有形产品和无形产品，通过物理的、化学的和其他的科学技术手段和方法进行观察、试验、测量后所提供的客观证据，证实规定要求已经得到满足的认定，它是一种管理性的检查活动。

产品放行、交付前要通过两个过程：一是产品检验，提供能证实产品质量符合规定要求的客观证据；二是对提供的客观证据进行规定要求是否得到满足的认定，两者缺一不可。产品在检验所提供的客观证据经按规定程序得到认定后才能放行和交付使用。

证实规定要求已得到满足的认定就是对提供的客观证据有效性的确认，其含义如下：

① 对产品检验得到的结果进行核查，确认检测得到的质量特性值符合检验技术依据的规定要求；

② 要确认产品检验的工作程序、技术依据及相关要求符合程序（管理）文件规定；

③ 检验（或监视）的原始记录及检验报告数据完整、填写及签章符合规定要求。

产品验证必须有客观证据，这些证据一般都是通过物理的、化学的和其他的科学技术手段和方法进行观察、试验、测量后取得的。因此，产品检验是产品验证的基础和依据，是产品验证的前提，产品检验的结果要经规定程序认定，因此，产品验证既是产品检验的延伸，又是产品检验后放行、交付必经的过程。

产品检验出具的客观证据是产品生产者提供的。对采购产品验证时，产品检验出具的客观证据则是供货方提供的，采购方根据需要也可以按规定程序进行复核性检验，这时产品检验是供货方产品验证的补充，又是采购方采购验证的一种手段。产品检验是对产品质量特性是否符合规定要求所做的技术性检查活动，而产品验证则是规定要求已得到满足的认定，是管理性检查活动，两者性质是不同的，是相辅相成的。

产品验证的主要内容有：

① 查验提供的质量凭证。核查物品名称、规格、编号（批号）、数量、交付（或作业完成）单位、日期、产品合格证或有关质量合格证明，确认检验手续、印章和标记，必要时核对主要技术指标或质量特性值。它主要适用于采购物资的验证。

② 确认检验依据的技术文件的正确性、有效性。检验依据的技术文件一般有国家标准、行业标准、企业标准、采购（供货）合同（或协议）。具体依据哪一种技术文件需要在合同（或协议）中明确规定。对于采购物资，必要时要在合同（或协议）中另附验证方法协议，确定验证方法、要求、范围、接收准则、检验文件清单等。

③ 查验检验凭证（报告、记录等）的有效性，凭证上检验数据填写的完整性，产品数量、编号和实物的一致性，确认签章手续是否齐备。这主要适用于过程（作业）完成后准予放行。

④ 需要进行产品复核检验的，由有关检验人员提出申请，送有关检验部门（或委托外部检验机构）进行检验并出具检验报告。

2. 监视

监视是对某项事物按规定要求给予应有的观察、注视、检查和验证。现代工业化国家的质量管理体系要求对产品的符合性、过程的结果及能力实施监视和测量。这就要求对产品的特性和对影响过程能力的因素进行监视，并对其进行测量，获取证实产品特性符合性的证据及证实过程的结果达到预定目标的能力的证据。

在现代工业化生产中，过程监视是经常采用的一种有效的质量控制方式，并作为检验的一种补充形式广泛地在机械、电气、化工、食品等行业中使用。

在自动化生产线中，对重要的过程（工序）和环节实施在线主动测量，不间断地对过程的结果进行自动监视和控制（包括测量后的反馈、修正和自适应调整），以实现对中间产品和最终产品进行监视和控制。但主动测量结果要有对标准试样的检验结果作为比较的基准与参照的对象。

有些产品在形成过程中，过程的结果不能通过其后的检验（或试验）来确认（如必须对样品破坏才能对产品内在质量进行检测；检测费用昂贵，不能作为常规检测手段），或产品（流程性材料）的形成过程是连续不断的，其产品特性取决于过程参数，而停止作业过程来进行检测调整参数是十分困难、代价很大或者是不可能的，对这些过程，生产者往往通过必要的监视手段（如仪器、仪表）实施对作业有决定性影响的过程参数的监视，必要时进行参数调整，确保过程稳定，实现保证产品质量符合规定要求的目的。

因此，在产品实现过程的质量控制中，监视和检验是不可能相互替代的，两者的作用是相辅相成、互为补充的。

为确保过程的结果达到预期的质量要求，应对过程参数按规定进行监视，并对过程运行、过程参数做客观、完整无误的记录，作为验证过程结果的质量满足规定要求的证据。

检验人员对作业过程应实施巡回检查，并在验证过程记录后签字确认。

六、质量检验的目的

① 判定产品质量合格与否；
② 确定产品缺陷（不合格情况）的严重程度；
③ 监督工序质量；
④ 获取质量信息。

知识二 质量检验计划

一、概述

1. 质量检验计划的概念

质量检验计划就是对检验涉及的活动、过程和资源及相互关系作出的规范化的书面（文件）规定，用以指导检验活动正确、有序、协调地进行。

检验计划是产品生产者对整个检验和试验工作进行的系统策划和总体安排的结果，确定检验工作何时、何地、何人（部门）做什么、如何做的技术和管理活动，一般以文字或图表形式明确地规定检验站（组）的设置、资源的配备（包括人员、设备、仪器、量具和检具）、选择检验和试验方式方法及确定工作量，它是指导各检验站（组）和检验人员工作的依据，是产品生产者质量管理体系中质量计划的一个重要组成部分，为检验工作的技术管理和作业指导提供依据。

2. 制定质量检验计划的目的

产品形成的各个阶段，从原材料投入到产品实现，有各种不同的复杂生产作业活动，同时伴随着各种不同的检验活动。这些检验活动是由分散在各生产组织的检验人员完成的。这些人员需要熟悉和掌握产品及其检验和试验工作的基本知识和要求，掌握如何正确进行检验操作，如产品和组成部分的用途、质量特性、各质量特性对产品功能的影响，以及检验和试验的技术标准、检验和试验项目、方式和方法、检验和试验场地及测量误差等。为此，需要有若干文件作载体来阐述这些信息和资料，这就需要制订检验计划来给予阐明，以指导检验人员完成检验工作，保证检验工作的质量。

现代工业的生产活动从原材料等物资投入到产品实现最后交付是一个有序、复杂的过程，它涉及不同部门、不同作业工种、不同人员、不同过程（工序）以及不同的材料、物资、设备。这些部门、人员和过程都需要协同有机配合、有序衔接，同时也要求检验活动和生产作业过程密切协调和紧密衔接。为此，就需要制订检验计划来予以保证。

3. 质量检验计划的作用

检验计划是对检验和试验活动带有规划性的总体安排，它的重要作用有以下几方面。

① 按照产品加工及物流的流程，充分利用企业现有资源，统筹安排检验站、点（组），可以降低质量成本中的鉴别费用，降低产品成本。

② 根据产品和过程作业（工艺）要求合理地选择检验、试验项目和方式、方法，合理配备和使用人员、设备、仪器仪表和量具、检具，有利于调动每个检验和试验人员的积极性，提高检验和试验的工作质量和效率，降低物质和劳动消耗。

③ 对产品不合格严重性分级，并实施管理，能够充分发挥检验职能的有效性，在保证产品质量的前提下降低产品制造成本。

④ 使检验和试验工作逐步实现规范化、科学化和标准化，使产品质量能够更好地处于受控状态。

4. 质量检验计划的内容

质量检验部门根据生产作业组织的技术、生产、计划等部门的有关计划及产品的不同情况来制订检验计划，其基本内容有：

① 编制检验流程图，确定适合作业特点的检验程序；

② 合理设置检验站、点（组）；

③ 编制产品及组成部分的质量特性分析表，制作产品不合格严重性分级表；

④ 对关键的和重要的产品组成部分编制检验规程（检验指导书、细则或检验卡片）；

⑤ 编制检验手册；

⑥ 选择适宜的检验方式、方法；

⑦ 编制测量工具、仪器设备明细表，提出补充仪器设备及测量工具的计划；

⑧ 确定检验人员的组织形式、培训计划和资格认定方式，明确检验人员的岗位工作任务和职责等。

5. 制订检验计划的原则

根据产品复杂程度、形体大小、过程作业方法（工艺）、生产规模、特点、批量的不同，质量检验计划可由质量管理部门或质量检验的主管部门负责，由检验技术人员制订，也可以由检验部门归口会同其他部门共同制订。制订检验计划时应考虑以下原则。

（1）充分体现检验的目的　一是防止产生和及时发现不合格品，二是保证检验通过的产品符合质量标准的要求。

（2）对检验活动能起到指导作用　检验计划必须对检验项目、检验方式和手段等具体内容有清楚、准确、简明的叙述和要求，而且应能使检验活动相关人员有同样的理解。

（3）关键质量应优先保证　所谓关键的质量是指产品的关键组成成分、关键的质量特性。对这些质量环节，制订质量检验计划时要优先考虑和保证。

（4）综合考虑检验成本　制订检验计划时要综合考虑质量检验成本，在保证产品质量的前提下，尽可能降低检验费用。

（5）进货检验、验证　进货检验、验证应在采购合同的附件或检验计划中详细说明检验、验证的场所、方式、方法、数量及要求，并经双方共同评审确认。

（6）检验计划　检验计划应随产品实现过程中产品结构、性能、质量要求、过程方法的变化做出相应的修改和调整，以适应生产作业过程的需要。

二、检验流程图

（一）流程图的基本知识

和产品形成过程有关的流程图有作业（工艺）流程图和检验流程图，而检验流程图的基础和依据是作业（工艺）流程图。

1. 作业流程图

作业（工艺）流程图是用简明的图形、符号及文字组合形式表示的作业全过程中各过程输入、输出和过程形成要素之间的关联和顺序。

作业流程图可从产品的原材料、产品组成部分和作业所需的其他物料投入开始，到最终产品实现的全过程中的所有备料、制作（工艺反应）、搬运、包装、防护、存储等作业的程序，可包括每一过程涉及的劳动组织（车间、工段、班组）或场地，用规范的图形和文字予以表示，以便于作业的组织和管理。

2. 检验流程图

检验流程图是用图形、符号简洁明了地表示检验计划中确定的特定产品的检验流程（过程、路线）、检验工序、位置设置和选定的检验方式方法及相互顺序的图样。它是检验人员进行检验活动的依据。检验流程图和其他检验指导书等一起，构成完整的检验技术文件。

较为简单的产品可以直接采用作业流程（工艺路线）图，并在需要进行质量控制和检验的部位、处所，连接表示检验的图形和文字，必要时标明检验的具体内容、方法，同样起到检验流程图的作用和效果。

对于比较复杂的产品，单靠作业流程（工艺路线）图往往还不够，还需要在作业流程（工艺路线）图的基础上编制检验流程图，以明确检验的要求和内容及其与各过程之间的清晰、准确的衔接关系。

检验流程图对于不同的行业、不同的生产者、不同的产品会有不同的形式和表示方法，不能千篇一律。但是一个生产组织内部的流程图表达方式、图形符号要规范、统一，便于准确理解和执行。

（二）检验流程图的编制过程

首先要熟悉和了解有关的产品技术标准及设计技术文件、图样和质量特性分析；其次要熟悉产品形成的作业（工艺）文件，了解产品作业（工艺）流程（路线）；然后，根据作业（工艺）流程（路线）、作业规范（工艺规程）等作业（工艺）文件，设计检验工序的检验点（位置），确定检验工序和作业工序的衔接点及主要的检验工作方式、方法、内容，绘制检验流程图。

最后，对编制的流程图进行评审。由产品设计、工艺、检验人员及作业管理人员、过程作业（操作）人员一起联合评审流程图方案的合理性、适用性、经济性，提出改进意见，进行修改。流程图最后经生产组织的技术领导人或质量的最高管理者（如总工程师、质量保证经理）批准。

三、检验站

（一）检验站的概念

检验站是根据生产作业分布（工艺布置）及检验流程设计确定的作业过程中最小的检验实体。其作用是通过对产品的检测，履行产品检验和监督的职能，防止所辖区域不合格品流入下一作业过程或交付（销售、使用）。

（二）检验站设置的基本原则

检验站是检验人员进行检验活动的场所，合理设置检验站可以更好地保证检验工作质量，提高检验效率。设置检验站通常遵循的基本原则如下。

（1）要重点考虑设在质量控制的关键作业部位和控制点 为了加强质量把关，保证下一作业过程（工序）或顾客的利益，必须在一些质量控制的关键部位设置检验站。例如，在外购物料进货处，在生产成品的放行、交付处，在生产组织接口（车间之间、工段之间）、中间产品、成品完成入库之前，一般都应设立检验站。其次，在产品的关键组成部分、关键作业（工序）之后或生产线的最后作业（工序）终端，也必须设立检验站。

（2）要能满足生产作业过程的需要，并和生产作业节拍同步和衔接 在流水生产线和自动生产线中，检验通常是工艺链中的有机组成部分，因此在某些重要过程（工序）之后，在生产线某些分段的交接处，应设置必要的检验站。

（3）要有适宜的工作环境 检验站要有便于进行检验活动的空间。要有合适的存放和使用检验工具、检验设备的场地；要有存放等待进行检验产品的空间；要方便检验人员和作业（操作）人员的联系；使作业（操作）人员送取检验产品时行走的路线最佳；检验人员要有较广的视域，能够观察到作业（操作）人员的作业活动情况。

（4）要考虑节约检验成本，有利于提高工作效率 为此，检验站和检验人员要有适当的负荷，检验站的数量和检验人员、检测设备、场地面积都要适应作业和检验的需要。检验站和检验人员太少，会造成等待检验时间太长，影响作业，甚至增加错检与漏检的可能；人员太多，又会人浮于事，工作效率不高，并增加检验成本。

（5）要对检验站的设置做适时调整 检验站的设置不是固定不变的，应根据作业（工艺）的需要做适时和必要的调整。

（三）检验站的分类

1. 按产品类别设置

这种方式就是同类产品在同一检验站检验，不同类别产品分别设置不同的检验站。其优点是检验人员对产品的组成、结构和性能容易熟悉和掌握，有利于提高检验的效率和质量，便于交流经验和安排工作。它适合于产品的作业（工艺）流程简单，但每种产品的生产批量又很大的情况。

2. 按生产作业组织设置

按生产作业组织设置如：一车间检验站；二车间检验站；三车间检验站；热处理车间检验站；铸锻车间检验站；装配车间检验站；大件工段检验站、小件工段检验站、精磨检验站等。

3. 按工艺流程顺序设置

（1）进货检验站（组） 负责对外购原材料、辅助材料、产品组成部分及其他物料等的进厂检验和试验。

（2）过程检验站（组） 在作业组织各生产过程（工序）设置。

（3）完工检验站（组） 在作业组织对各作业（工序）已全部完成的产品组成部分进行检验，其中包括零件库检验站。

（4）成品检验站（组） 专门负责成品落成质量和防护包装质量的检验工作。

4. 按检验技术的性质和特点设置

检验工作中针对特殊检测技术要求和使用的测试设备特点而设置专门、专项的检验站，如为高电压的试验、无损探伤检测、专项电器设备检测、冶炼炉的炉前冶金成分快检等项目而设置的检验站。

实际检验站设置不是单一形式的，根据生产特点、生产规模，可以从有利作业的角度出发兼顾多种形式设置混合型检验站。

（四）几种主要检验站的特点和要求

1. 进货检验站

进货检验通常有两种形式，一是在产品实现的本组织检验，这是较普遍的形式。物料进厂后由进货检验站根据规定进行接收检验，合格品接收入库，不合格品退回供货单位或另作处理。二是在供货单位进行检验，这对某些产品是非常合适的，如重型产品，运输比较困难，一旦检查发现不合格，生产者可以就地返工返修，采购方可以就地和供货方协商处理。

2. 工序检验站

工序检验基本上也有两种不同形式，一种是分散的，即按作业（工艺）顺序分散在生产流程中；另一种是集中式的，如在几条不同的生产线的末端有一个公共的检验站，这说明几种产品在工序中实行自检（可能还有巡检），部分工序完成后，都送同一检验站进行检验。分散式的检验站多用在大批量生产的组织；而集中式的检验站多用在单件、小批量生产的组织。

3. 完工检验站

完工检验站是指对产品组成部分或成品的完工检验而设，也是指产品在某一作业过程、环节（如某生产线或作业组织）全部工序完成以后的检验。对于产品组成部分来说，完工检验可能是入库前的检验，也可能是直接放行进入装配前的检验；对于成品来说，可能是交付前检验，也可能是进入成品库以前的检验。不管是产品组成部分或是成品的完工检验，都可按照以下三种形式组织检验站。

（1）开环分类式检验站 这种检验站只起到把合格品和不合格品分开的作用，以防止不合格品流入下一生产环节或流入顾客手中。

（2）开环处理式检验站 这种检验站的工作特点，就是对于一次检查后被拒收的不合格品进行重新审查。审查后能使用的，按规定程序批准后例外放行交付使用；能返工、返修的就进行返工、返修，返工、返修后再重新检验，并作出是拒收还是接收的决定。

(3) 闭环处理式检验站 这种检验站的特点，就是对一次检测后拒收的产品进行原因分析，查出不合格的原因，这种分析不仅决定是否可进行返修处理，而且要分析标准的合理性，分析过程中存在的问题，并采取改进措施，反馈到加工中去，防止重新出现已出现过的不合格。

显然，最后一种形式的检验站，对生产来说具有明显的优越性。但是一般检验站都是开环形式，不进行不合格的原因分析。

四、检验手册和检验指导书

(一) 检验手册

1. 检验手册的概念

检验手册是质量检验活动的管理规定和技术规范的文件集合。它是专职检验部门质量检验工作的详细描述，是检验工作的指导性文件，是质量检验人员和管理人员的工作指南，也是质量管理体系文件的组成部分，对加强产品形成全过程的检验工作，使质量检验的业务活动标准化、规范化、科学化具有重要意义。

2. 检验手册的内容

检验手册基本上由程序性和技术性两方面内容组成。它的具体内容可以有：

① 质量检验体系和机构，包括机构框图、机构职能（职责、权限）的规定；

② 质量检验的管理制度和工作制度；

③ 进货检验程序；

④ 过程（工序）检验程序；

⑤ 成品检验程序；

⑥ 计量控制程序（包括通用仪器设备及计量器具的检定、校验周期表）；

⑦ 检验有关的原始记录表格格式、样张及必要的文字说明；

⑧ 不合格产品审核和鉴别程序；

⑨ 检验标志的发放和控制程序；

⑩ 检验结果和质量状况反馈及纠正程序；

⑪ 经检验确认不符合规定质量要求的物料、产品组成部分、成品的处理程序。

3. 产品和过程（工序）检验手册的主要内容

产品和过程（工序）检验手册（技术性文件）可因不同产品和过程（工序）而异。主要内容有：

① 不合格严重性分级的原则和规定及分级表；

② 抽样检验的原则和抽样方案的规定；

③ 材料部分，有各种材料规格及其主要性能及标准；

④ 过程（工序）部分，有作业（工序）规程、质量控制标准；

⑤ 产品部分，有产品规格、性能及有关技术资料、产品样品、产品图片等；

⑥ 检验、试验部分，有检验规程及细则、试验规程及标准；

⑦ 索引、术语等。

编制检验手册是专职检验部门的工作，由熟悉产品质量检验管理和检测技术的人员编写。检验手册中首先要说明质量检验工作宗旨及其合法性、目的性，并经授权的负责人批准签字后生效，并按规定程序发布实施。

（二）检验指导书

1. 检验指导书的概念

检验指导书是具体规定检验操作要求的技术文件，又称检验规程或检验卡片。它是产品形成过程中，用以指导检验人员规范、正确地实施产品和过程完成的检查、测量、试验的技术文件。它是产品检验计划的一个重要部分，其目的是为重要产品及组成部分和关键作业过程的检验活动提供具体操作指导。它是质量管理体系文件中的一种技术作业指导性文件，又可作为检验手册中的技术性文件。其特点是技术性、专业性、可操作性很强，要求文字表述明确、准确，操作方法说明清楚、易于理解，过程简便易行；其作用是使检验操作达到统一、规范。

由于产品形成过程中具体作业特点、性质的不同，检验指导书的形式、内容也不相同，有进货检验用检验指导书（如某材料化学元素成分检验指导书）、过程（工序）检验用检验指导书（如机加工工序检验指导书、电镀工序检验指导书等）、组装和成品落成检验用指导书（如清洁度检验指导书；性能试验指导书等）。

2. 编制检验指导书的要求

一般对关键和重要的产品组成部分、产品完成的检验和试验都应编制检验指导书，在检验指导书上应明确规定需要检验的质量特性及其技术要求，规定检验方法、检验基准、检测量具、子样大小以及检验示意图等内容。为此，编制检验指导书的主要要求如下。

（1）对质量特性的要求　对该过程作业控制的所有质量特性（技术要求）应全部逐一列出，不可遗漏。对质量特性的技术要求要表述语言明确、内容具体，语言规范，使操作和检验人员容易掌握和理解。此外，它还可能还要包括不合格的严重性分级、尺寸公差、检测顺序、检测频率、样本大小等有关内容。

（2）对测量工具和仪表的要求　必须针对质量特性和不同精度等级的要求，合理选择适用的测量工具或仪表，并在指导书中标明它们的型号、规格和编号，甚至说明其使用方法。

（3）对抽样检查的要求　当采用抽样检验时，应正确选择并说明抽样方案。根据具体情况及不合格严重性分级确定可接受质量水平 AQL 值，正确选择检查水平，根据产品抽样检验的目的、性质、特点选用适合的抽样方案。

检验指导书的主要作用，是使检验人员按检验指导书规定的内容、方法、要求和程序进行检验，保证检验工作的规范性，有效地防止错检、漏检等现象发生。

3. 检验指导书的内容

① 检测对象：受检产品名称、型号、图号、工序（流程）名称及编号。

② 质量特性值：按产品质量要求转化的技术要求，规定检验的项目。

③ 检验方法：规定检测的基准（或基面）、检验的程序和方法、有关计算（换算）方法、检测频次、抽样检验时有关规定和数据。

④ 检测手段：检测使用的计量器具、仪器、仪表及设备、工装卡具的名称和编号。

⑤ 检验判定：规定数据处理、判定比较的方法、判定的准则。

⑥ 记录和报告：规定记录的事项、方法和表格，规定报告的内容与方式、程序与时间。

⑦ 其他说明。

检验指导书的格式，应根据生产组织的不同生产类型、不同作业工种等具体情况进行设计。

五、质量特性分析表

1. 质量特性分析表的概念

质量特性分析表是分析产品实现过程中产品及其组成部分的重要质量特性与产品适用性的关系和主要影响这些特性的过程因素的技术文件。

产品的设计开发人员为使产品满足顾客要求和预期的使用要求，将各项要求转化为产品各项技术性能和质量特性。检验人员也应了解产品的技术性能，熟悉重要的质量特性及这些特性和产品性能的内在联系，掌握产品质量控制的关键和质量检验重点。由设计、技术部门编制的质量特性分析表可供检验人员及其他与产品实现过程有关人员（如生产管理人员等）参考和使用，并作为编制检验规程（检验指导书）的依据之一，可用来指导检验技术活动。但它不是检验操作直接使用的文件。

2. 质量特性分析表编制的依据

编制质量特性分析表所依据的主要技术资料有：

① 产品图纸或设计文件；

② 作业流程（工艺路线）及作业规范（工艺规程）；

③ 作业（工序）管理点明细表；

④ 顾客或下一作业过程（工序）要求的变更质量指标的资料。

知识三　检验工作的强化

一、质量检验部门的任务

① 制订质量检验计划。根据产品的各种质量要求，事先确定质量标准、检验方法和手段，然后按生产的工艺过程确定质量检验的范围和设置专职人员的检验岗位，合理组织检验工作。

② 严格把关。按照各项技术标准对原材料、零部件（外协件）、半成品和成品进行检查、验收；按照工艺规程和操作要求对工序进行检查，做好各种原始记录。

③ 充分利用质量检验所得的数据、资料，结合用户的意见和要求，及时进行质量信息的分析和处理，针对在生产过程中发生的质量问题，协同有关部门迅速采取果断、有效的措施，确保产品质量的稳定。

④ 加强不良品的管理，严格执行质量考核制度，统计质量完成情况。

⑤ 参与新产品的试制和鉴定工作。

⑥ 合理选择检验的方式，积极采用先进的检测技术和方法，不断提高检验工作的准确性、及时性和科学性。

⑦ 做好用户技术服务工作。定期组织对用户访问，认真听取用户要求、迅速处理用户意见，为用户培训使用、维修人员。

⑧ 加强质量检验队伍的思想建设和组织建设，不断提高质量检验人员的技术素质和工作质量，正确贯彻检验标准，严格遵守检验制度，最大限度地减少错检、漏检，提高检验工作的准确性。

二、对检验人员的要求

由于质量检验人员担负着质量把关和加强质量管理的任务，所以，要求检验人员牢固树立"质量第一"的思想，责任心强，能实事求是，敢于坚持原则，熟悉生产，有一定的文化水平和检验专业知识，并具备比较敏锐的判断力。同时，在工作中要不断改善服务态度，当好"三员"和坚持做到"三满意"。"三员"就是产品质量检查员、"质量第一"的宣传员和生产技术辅导员；"三满意"就是为生产服务的态度工人满意、检查过的产品下工序满意、出厂的产品用户满意。有了这样一支素质好的质量检验专业队伍，企业的产品质量就会在很大程度上得到保证。

三、质量检验的类型及其特征

对于不同的检验对象，在不同的条件和要求下，可以采取不同的检验方式。不同的质量检验方式，反映了不同的检验精度要求。合理选择检验方式的原则是：既要保证质量，又要便利生产，还要尽可能减少检验工作量，节约检验费用，缩短检验周期。

按检验方式的不同特点和作用，质量检验可分为以下几种类型。

1. 进货检验、生产过程检验和最终检验

按工作过程的顺序来说，有进货检验、生产过程检验和最终检验三种方式。进货检验是加工前对投入的原材料、毛坯、半成品等的检验。生产过程检验是加工过程中对某道工序或某批工件的检验。最终检验是对生产对象的完工检验（出厂检验）。

2. 定点检验和巡回检验

按检验的地点来说，有定点检验和巡回检验两种方式。定点检验是在固定的地点进行检验，这种方式适合于检验批量大，需装备专用检测仪器、测试手段进行检验的关键工序和部件，以及成品装配后的检验。巡回检验是检验人员和生产工人密切协作，共同搞好质量的一种检验方式。

3. 全数检验和抽样检验

按检验的数量来说，有全数检验和抽样检验两种方式。全数检验即对检验对象逐个、逐件检验。这种方式往往会导致检验费用的增加，产品成本上升，而且在产量高、批量大、检测手段受到一定限制、检验工作量繁重的情况下，不可避免地存在一定误差。所以，一般对关键的与主要的在制品、质量要求必须100％合格的产品或不是破坏性检验的产品等，实行全数检验。此外，当某批原材料或半成品混有不合格品时或某工序加工质量发生异常时也需实行全数检验。抽样检验是根据事先确定的抽样方案，在检验对象中（某一批产品）按规定的数量进行抽查，通过检验结果来判断整批产品的质量。

4. 首件检验和统计检验

按检验的预防性来说，有首件检验和统计检验等方式。首件检验是对改变加工对象、改变生产条件以及操作者变动以后，生产出来的前几件产品进行检验。统计检验是运用数理统计方法对产品进行抽查。通过对抽查结果的分析，了解产品质量的波动状况，找出生产过程中的异常现象和原因，及时采取措施，使生产过程重新恢复正常，以防止不合格品的产生。统计检验是一种科学的质量控制方法。

5. 三检制

按检验体制来说，有自检、互检和专检。自检是生产工人对自己加工的产品或完成的工作进行自我检查，即"自我把关"；互检是生产工人之间对加工的产品、零部件和完成的工

作进行相互检查；专检就是专职质量检验员对产品质量进行的检查。

综上所述，质量检验的分类列表如表 3-1 所示。

表 3-1　质量检验的类型表

分　类	方　式
按工作过程的顺序分	进货检验、生产过程检验、最终检验
按检验地点分	定点检验、巡回检验
按检验数量分	全数检验、抽样检验
按检验的预防性分	首件检验、统计检验
按检验体制分	自检、互检、专检

四、测量设备管理

测量设备的管理主要包括测量设备的流转管理、封缄管理、标记管理、ABC 分类管理以及量值传递管理等。

1. 流转管理

测量设备的流转管理是指测量设备的申购、入库验收、发放、周期检定或校准、降级、报废、销号等管理环节。

2. 封缄管理

测量设备经确认合格后，对可能影响其性能的可调部位进行封缄或采取其他防护措施，以防未经授权的人员改动。实行封缄的目的，是为保持测量设备的完整性，以确保测量设备输出量值的准确性。

3. 标记管理

标记是对测量设备现场管理的一种形式，要求企业保证所有测量设备都牢固耐久地用标签、代码或其他标识标明其确认状态。标记的作用主要是：

① 表明测量设备所处的确认状态，以便正确使用测量设备；

② 便于对测量设备的现场管理，防止错用。

标记的种类有：计量标准、合格标记、准用标记、禁用标记、限用标记、封存标记等。

4. ABC 分类管理

ABC 分类管理方式是根据测量设备的可靠性、测量设备在生产和管理中的作用以及对该种测量设备的管理要求，将其划分成 A、B、C 三类进行管理。

5. 量值传递管理

量值传递管理的目的是确保生产第一线使用的测量设备的量值准确。把企业建立的计量标准器量值准确地传递到生产第一线，将车间生产和检验用测量设备进行定期检定。同时，本公司的计量标准也要定期送上一级计量部门进行检定，实行量值溯源。要搞好量值传递工作，必须做到以下 3 点：

① 传递要准确；

② 检定要按周期；

③ 传递要按系统。

先按测量设备的具体情况制订年度周期检定计划，使用部门按此计划在有效期内送检，不漏检。公司可自行传递的，自行检定；当无法自行检定的，或国家强制检定的，送上级计量部门检定。

量值传递管理是上述几项管理的基础和实施相应管理的依据。

6. 测量设备的维护保养

测量设备的维护保养是确保其计量性能能满足使用要求的必不可少的措施，通常有如下条款：

① 专人管理测量设备和正确使用测量设备。严格按操作规程或使用说明书进行操作使用。

② 应使测量设备在一个适宜的工作环境中使用。

③ 测量设备在使用前需进行零位校正。

④ 经常保持测量面或测试头的清洁，保持测量设备的清洁，使用后要擦净水渍、尘土、沙粒；对需要上防锈油的表面进行上油。然后放入专用盒或罩上防护罩。

⑤ 量具在使用过程中不能和工具、刀具、夹具堆放在一起，以免碰伤和损坏。

⑥ 测量设备不能作为他用，以免降低或失去其正常精度。

⑦ 保持测量设备各种状态标识的完好。

五、质量检验的标准及标准化

产品质量检验的依据是产品图样、制造工艺、技术标准及有关技术文件。外购、外协件及有特殊要求的产品需根据订货合同中的规定及技术要求进行检验验收。

有关标准与标准化内容参见项目二。

知识四　抽　样　检　验

一、抽样检验概要

抽样检验的研究起始于 20 世纪 20 年代，那时就开始了利用数理统计方法制订抽样检查表的研究。1944 年，道奇和罗米格发表了合著《一次和二次抽样检查表》，这套抽样检查表目前在国际上仍被广泛地应用。1974 年，ISO 发布了《计数抽样检验程序及抽样表》（ISO 2859—1974）。

我国也在 ISO 标准同等采用基础上建立了抽样检验国家标准 GB/T 2828.1—2012《计数抽样检验程序　第 1 部分：按接收质量限（AQL）检索的逐批检验抽样计划》、GB/T 13262—2008《不合格品百分数的计数标准型一次抽样检查程序及抽样表》等国家标准。

质量检验按检验的数量分，可分为全数检验和抽样检验。全数检验，顾名思义，是对一批产品逐个进行检验，并给每个产品作出是否合格的判定。看起来这样做最安全，但它不是一种科学的方法，而且有时是行不通的。当检验是破坏性时，全数检验就不可能，如灯泡的寿命试验，又如照相机的耐久性试验、材料的疲劳试验等。另一方面，当被检验产品的批量很大、检验项目多、检验比较复杂、费时费力时，全数检验就不经济。同时，由于检验员长期疲劳工作，也难免出现错检和漏检，难保工作质量。基于此情况，应用数理统计原理，采用抽样的办法来实施检验，称为抽样检验。抽样检验是一种既经济又科学的方法，它既能节约检验费用，节省人力物力，又保证了产品质量和加强了质量管理。

（一）抽样检验的适用范围

① 破坏性检验，如产品的可靠性、寿命、疲劳、耐久性等质量特性的试验。

② 产品数量大时。

③ 检验项目多、周期长的产品。

④ 被检验、测量的对象是连续的。

⑤ 希望节省检验费用。

⑥ 督促生产改进质量为目的。

（二）检查严格度的确定及其转移规则

检查严格度是指提交批所接受检查的宽严程度。在 GB 2828 中规定有正常检验、加严检验、放宽检验几种不同严格度的检查。通常情况下用正常检验。其转移规则如图 3-2 所示。

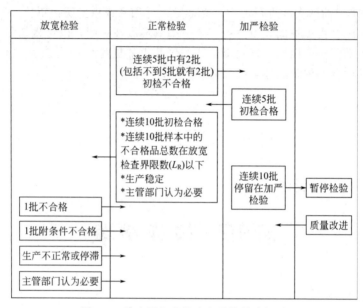

图 3-2　检查严格度的确定及其转移规则

1. 从正常检验到加严检验

当进行正常检验时，若在连续不超过 5 批中有 2 批初次检验不合格，则从下一批检验转到加严检验。

2. 从加严检验到正常检验

在进行加严检验时，若连续 5 批经初次检验合格，则从下一批检验开始转到正常检验。

3. 从正常检验到放宽检验

当进行正常检验时，若下列条件均满足，则从下一批起转到放宽检验：

① 连续 10 批或更多批初次检验合格；

② 在连续 10 批或更多批所抽取的样本中，不合格品总数小于或等于界限数表中相对应的界限数（L_R）；

③ 生产正常；

④ 主管质量部门同意转到放宽检验。

4. 从放宽检验到正常检验

在进行放宽检验时，若出现下列任一情况则从下一批转到正常检验：

① 有 1 批放宽检验不合格；

② 生产不正常；

③ 主管质量部门认为有必要回到正常检验。

（三）抽样检验程序

① 规定单位产品的质量特性；

② 规定不合格的分类；

③ 规定合格质量水平；

④ 规定检验水平；

⑤ 组成与提出检验批；

⑥ 规定检验的严格度；

⑦ 选择抽样方案的类型；

⑧ 检索抽样方案；

⑨ 抽取样本；

⑩ 检验样本；

⑪ 判断逐批检验合格或不合格；

⑫ 逐批检验后的处理。

上述①～⑦在检验文件中应有详细的论述和明确的规定，对检验人员，需做的是抽样、检验、比较和判断，如图 3-3 所示。

图 3-3 抽样检验程序图

逐批检验后的处置：判为合格的该整批接收；若为不合格批，一般采取拒收。拒收的不合格批可以进行全检，将不合格品进行返工或返修，再次提交检验。再次提交的检验批，是使用正常检验还是加严检验，视情况而定。

二、抽验中的常用参数

抽样检验中的一些基本术语、符号及其检查实施中的规定如下。

（1）单位产品 为实施抽样检验的需要而划分的基本单位。可为单件产品，也可为一个部件。

（2）检查批（简称批） 为实现抽样检查而汇集起来的单位产品。其可以是投产批、销售批、运输批。每个检验批应由同型号、同等级、同种类，且生产条件和生产时间基本相同的单位产品组成。

（3）批量 检验批所包含的单位产品数。记为 N。

（4）样本单位 从检验批中抽取并用于检验的单位产品。

（5）样本 样本单位的全体。

（6）样本大小 样本中包含的样本单位数。记为 n。

在具体实施抽样检验时，先根据提交检验批的批量与检验水平，查表确定样本大小字码：A，B，C，…，由查出的样本大小字码、检验严格度和抽样方案的类型，查表即得此抽样方案下的样本大小 n。

（7）不合格 单位产品的质量特性不符合规定，称为不合格。其按质量特性不符合的严重程度或质量特性的重要性分为 A 类、B 类、C 类不合格。

（8）不合格率 一批产品的不合格品率（p）：

$$p = \frac{D}{N} \times 100\%$$

式中　D——批产品中不合格品的个数；

　　　N——批产品的总数。

（9）合格质量水平 在抽样检验中，认为可以接收的连续提交检验批的过程平均上限值，常用 AQL 表示。

原则上，按不合格的分类分别规定不同的合格质量水平。对 A 类规定的合格质量水平要小于对 B 类规定的合格质量水平，对 C 类规定的合格质量水平要大于 B 类规定的合格质量水平。

（10）合格判定数 作出一批合格判断样本中所允许的最大不合格品数或不合格数，记为 Ac。

（11）不合格判定数 作出一批不合格判断样本中所不允许的最小合格品数或不合格品数，记为 Re。

（12）检验水平 提交检验批的批量与样本大小之间的等级对应关系，记为 IL。

在抽样标准 GB 2828 中，给出了 3 个一般检验水平——Ⅰ、Ⅱ、Ⅲ和 4 个特殊检验水平——S-1、S-2、S-3、S-4。除非另有规定，通常采用一般检验水平Ⅱ。当需要的判别力比较低时，可规定使用一般检验水平Ⅰ；当需要的判别力较高时，可规定使用一般检验水平Ⅲ。特殊检验水平仅适用于必须使用较小的样本量，而且能够或必须允许较大的误判风险时。

（13）两类风险 α 和 β 由于抽样检验的随机性，将本来合格的批，误判为拒收的概率，这对生产方是不利的，因此称为第Ⅰ类风险或生产方风险，以 α 表示；而本来不合格的批，也有可能误判为可接收，将对使用方产生不利，该概率称为第Ⅱ类风险或使用方风险，以 β 表示。

三、抽验形式

（一）抽样与抽样方法

抽样检验是对产品总体（如一个班生产的产品）中的所有单位产品，仅抽查其中的一部分，通过它们来判断总体质量的方法。从总体中抽取样本时，为尽量代表总体质量水平，最重要的原则是不能存在偏好，即应用随机抽样法来抽取样本。依此原则，抽样的方法有以下 3 种：简单随机抽样、系统抽样和分层抽样。

1. 简单随机抽样

简单随机抽样是指一批产品共有 N 件，其中任意 n 件产品都有同样的可能性被抽到，如抽奖时摇奖的方法就是一种简单的随机抽样。简单随机抽样时必须注意不能有意识抽好的或差的，也不能为了方便只抽表面摆放的或容易抽到的。

2. 系统抽样

系统抽样是指隔一定时间或一定编号进行，而每一次又是从一定时间间隔内生产出的产品或一段编号产品中任意抽取一个或几个样本的方法。这种方法主要用于无法知道总体的确切数量的场合，如每个班的确切产量，多见于流水生产线的产品抽样。

3. 分层抽样

分层抽样是指针对不同类产品有不同的加工设备、不同的操作者、不同的操作方法时对其质量进行评估的一种抽样方法。在质量管理过程中，逐批验收抽样检验方案是最常见的抽样方案。无论是在企业内或在企业外，供求双方在进行交易时，对交付的产品验收时，多数情况下验收全数检验是不现实或者没有必要的，往往要进行抽样检验，以保证和确认产品的质量。分层抽样检验的具体做法通常是：从交验的每批产品中随机抽取预定样本容量的产品项目，对照标准逐个检验样本的性能。如果样本中所含不合格品数不大于抽样方案中规定的数目，则判定该批产品合格，即为合格批，予以接收；反之，则判定为不合格批，拒绝接收。

（二）抽样检验的分类

1. 按产品质量特性分类

（1）计数抽样方案　单位产品质量特性值为计点值（缺陷数）或计件值（不合格品数）的抽样方案。

根据规定的要求用计数方法衡量产品质量特性把样本的单位产品仅区分为合格品或不合格品（计件），或计算产品的缺陷数（计点），据其测定结果与判定标准比较，最后对其作出接收或拒收的决定。

（2）计量抽样方案　单位产品质量特性值为计量值（强度、尺寸等）的抽样方案。

凡对样本中的单位产品的质量特性进行直接定量检测，并用计量值为批判定标准的抽验方案称为计量抽验方案。这类检验具有如下优点：计算检验的信息多判定明确，一般适用于关键特性的检验。

对一般的成批成品抽验常采用计数抽验方法；对于那些需做破坏性检验以及费用极大的项目，一般采用计量抽样方法。

2. 按抽样方案的制定原理来分类

（1）标准型抽样方案　该方案是为保护生产方利益，同时保护使用方利益，预先限制生产方风险 α 的大小而制定的抽样方案。

（2）挑选型抽样方案　所谓挑选型方案是指对经检验判为合格的批，只要替换样本中的不合格品；而对于经检验判为拒收的批，必须全检，并将所有不合格全替换成合格品。

（3）调整型抽样方案　该类方案由一组方案（正常检验、加严检验和放宽检验）和一套转移规则组成，根据过去的检验资料及时调整方案的宽严，以控制质量波动，并刺激生产方主动、积极地不断改进质量。该类方案适用于连续批产品。

3. 按抽样的程序分类

（1）一次抽样方案　仅需从批中抽取一个大小为 n 的样本，如果样本的不合格品个数 d 不超过某个预先指定的数 c，判定此批为合格，否则判为不合格。

一次抽样的优点在于方案的设计、培训与管理比较简单，抽样量是常数，有关批质量的情报能最大限度地被利用。其缺点是：抽样量比其他类型大；在心理上仅依据一次抽样结果就作判定似乎欠慎重。

（2）二次抽样方案　抽样可能要进行两次，对第一个样本检验后，可能有 3 种结果：接收、拒收、继续抽样。若得出"继续抽样"的结论，抽取第 2 个样本进行检验，最终作出接收还是拒收的判断，如图 3-4 所示。

（3）多次抽样方案　多次抽样可能需要抽取两个以上具有同等大小样本，最终才能对批作出接收与否判定。是否需要第 i 次抽样要根据前次（$i-1$ 次）抽样结果而定。多次抽样操作复杂，需进行专门训练。ISO 2859 的多次抽样多达 7 次，GB 2898 为 5 次。因此，通常采用一次抽样或二次抽样方案。

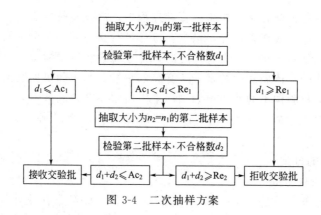

图 3-4　二次抽样方案

四、抽样方案的操作特性曲线

在抽样检验时，确定的样本容量 n 和一组有关接收准则称为抽样方案。

通常用 (n, C) 或 (N, n, C) 表示。

1. 批质量

以一批产品的不合格品率 (p) 表示。

2. 接收概率

(N, n, C) 代表一个一次抽检方案，在实际的质量检验中，人们最关心的问题是，采用这样的抽检方案时，假设交验批产品的不合格率为 p，则该批产品有多大可能被判为合格批而予以接收，或者说被接收的概率有多大。这个接收率一般记作 $L(p)$。根据数理统计原理可以计算 $L(p)$ 的值，由概率的基本性质可知：$0 \leqslant L(p) \leqslant 1$。在一次抽检方案中，当 n 中的不合格品数 $d \leqslant C$ 时，批产品被判定为合格，予以接收，其接收率为：$L(p) = p(d \leqslant C)$。

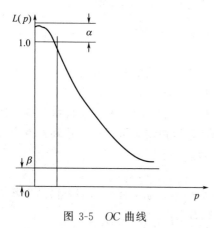

图 3-5　OC 曲线

3. OC 曲线

对于不同的不合格率 p_i 的交验批产品，采用任何一个一次抽检方案 (N, n, C)，都可以求出相应的接收率 $L(p_i)$。如果以 p_i 为横坐标，以 $L(p_i)$ 为纵坐标，根据两者的函数关系，可以作出一条曲线，这条曲线就是这一抽检方案的操作特性曲线，简称 OC 曲线，如图 3-5 所示。

由生产者和消费者协商确定一个批不合格品率 p_0，当 $p < p_0$ 时，要求 100% 接收，即 $L(p) = 1$；当 $p > p_0$ 时，要求 100% 拒收，即 $L(p) = 0$。这就构成一个理想的抽样方案，要想达到这种理想境界，唯一的办法是进行准确无误的全检。因此，这样的抽样方案实际上是不存在的。因为即使 100% 全检，有时也会有错检和漏检。

五、计数抽样方案简介

计数抽样检验中对单位产品的质量采取计数的方法来衡量，对整批产品的质量，一般采用平均质量来衡量。计数抽样检验方案又可分为：标准计数一次抽检方案、计数挑选型一次抽检方案、计数调整型一次抽检方案、计数连续生产型抽检方案、二次抽检、多次抽检等。

1. 一次抽检方案

一次抽检方案是最简单的计数抽样检验方案，通常用（N，n，C）表示。即从批量为 N 的交验产品中随机抽取 n 件进行检验，并且预先规定一个合格判定数 C。如果发现 n 中有 D 件不合格品，当 $D \leqslant C$ 时，则判定该批产品合格，予以接收；当 $D > C$ 时，则判定该批产品不合格，予以拒收。例如，当 $N = 100$，$n = 10$，$C = 1$，则这个一次抽检方案表示为（100，10，1）。其含义是指从批量为 100 件的交验产品中，随机抽取 10 件，检验后，如果在这 10 件产品中不合格品数为 0 或 1，则判定该批产品合格，予以接收；如果发现这 10 件产品中有 2 件及 2 件以上不合格品，则判定该批产品不合格，予以拒收。

2. 二次抽检方案

和一次抽检方案相比，二次抽检方案包括 5 个参数，即（N，n_1，n_2，C_1，C_2）。其中，n_1 表示抽取第 1 个样本的大小；n_2 表示抽取第 2 个样本的大小；C_1 表示抽取第 1 个样本时的不合格判定数；C_2 表示抽取第 2 个样本时的不合格判定数。

二次抽检方案的操作程序是：在交验批量为 N 的一批产品中，随机抽取 n 件进行检验。若发现 n 件被抽取的产品中有不合格品 D，则：

若 $D_1 \leqslant C_1$，判定批产品合格，予以接收；

若 $D_1 > C_2$，判定批产品不合格，予以拒收；

若 $C_1 < D_1 \leqslant C_2$，不能判断，在同批产品中继续随机抽取第二个样本 n_2 件产品进行检验；

若发现 n_2 中有 D_2 件不合格品，则根据（$D_1 + D_2$）和 C_2 的比较作出判断；

若 $D_1 + D_2 \leqslant C_2$，则判定批产品合格，予以接收；

若 $D_1 + D_2 > C_2$，则判定批产品不合格，予以拒收。

例如，当 $N = 100$，$n_1 = 40$，$n_2 = 60$，$C_1 = 2$，$C_2 = 4$，则这个二次抽检方案可表示为（100，40，60；2，4）。其含义是指从批量为 100 件的交验产品中，随机抽取第 1 个样本（n_1）40 件进行检验，若发现 n_1 中的不合格品数为 D_1：

若 $D_1 < 2$，则判定该批产品合格，予以接收；

若 $D_1 > 4$，则判定该批产品不合格，予以拒收；

若 $2 < D_1 \leqslant 4$（即在 n_1 件中发现的不合格品数为 3~4 件），则不对该批产品合格与否作出判断，需要继续抽取第 2 个样本，即从同批产品中随机抽取 60 件进行检验，记录其中的不合格品数：

若 $D_1 + D_2 \leqslant 4$，则判定该批产品合格，予以接收；

若 $D_1 + D_2 > 4$，则判定该批产品不合格，予以拒收。

3. 多次抽检方案

多次抽检方案是允许通过 3 次以上的抽样最终对一批产品合格与否作出判断。按照二次抽检方案的做法依次处理。

六、计量抽样方案简介

计量检验是指根据抽样方案从整批定量包装商品中抽取有限数量的样品，检验实际含量，并判定该批是否合格的过程。

计量检验抽样方案见表 3-2。

表 3-2 计量检验抽样方案

第一栏	第二栏	第三栏		第四栏	
		样本平均实际含量修正值($\lambda \cdot s$)		允许大于 1 倍、小于或者等于 2 倍允许短缺量的件数	允许大于 2 倍允许短缺量的件数
检验批量 N	抽取样本量 n	修正因子 λ	样本实际含量标准偏差 s		
1~10	N	—	—	0	0
11~50	10	1.028	s	0	0
51~99	13	0.848	s	1	0
100~500	50	0.379	s	3	0
501~3200	80	0.295	s	5	0
>3200	125	0.234	s	7	0

注：1. 样本平均实际含量应当大于或者等于标注净含量减去样本平均实际含量修正值（$\lambda \cdot s$），即：

$$\overline{q} \geqslant (Q_n - \lambda \cdot s)$$

式中 $\overline{q}$——样本平均实际含量，$\overline{q} = \frac{1}{n}\sum_{i=1}^{n} q_i$；

Q_n——标注净含量；

λ——修正因子，$\lambda = t_{0.995} \times \frac{1}{\sqrt{n}}$；

s——样本实际含量标准偏差，$s = \sqrt{\frac{1}{n-1}\sum_{i=1}^{n}(q_i - \overline{q})^2}$。

2. 本抽样方案的置信度为 99.5%。

3. 本抽样方案对于批量为 1~10 件的定量包装商品，只对单件定量包装商品的实际含量进行检验，不做平均实际含量的计算。

知识五 不合格的分级与不合格品的控制

一、不合格与不合格品

GB/T 19000—2016 对不合格的定义为："不符合，未满足要求"。不合格包括产品、过程和体系没有满足要求，所以不合格包括不合格品和不合格项。其中，凡成品、半成品、原材料、外购件和协作件对照产品图样、工艺文件、技术标准进行检验和试验，被判定为一个或多个质量特性不符合（未满足）规定要求，统称为不合格品。

质量检验工作的重要任务之一，就是在整个产品形成过程中剔除和隔离不合格品。不合格品的及时剔除与隔离，可确保防止误用或误装形成不合格的产品。

二、不合格分级的概念与作用

（一）不合格分级的概念

产品及产品形成过程中涉及许多质量特性要求，这些质量特性的重要程度是各不相同的。

不合格是质量偏离规定要求的表现，而这种偏离因其质量特性的重要程度不同和偏离规定的程度不同，对产品适用性的影响也就不同。不合格严重性分级，就是将产品质量可能出现的不合格按其对产品适用性影响的不同进行分级，列出具体的分级表，据此实施管理。

（二）不合格分级的作用

（1）可以明确检验的重点 通过分级明确各种不合格对产品适用性影响的严重程度，就可使检验工作把握重点，也便于检验人员在检验活动中更好地把握产品质量的关键和提高检验效率。

（2）有利于选择更好的验收抽样方案　在使用抽样标准时，对于可接受质量水平 AQL 值的确定以及不合格批的判定和处理，都可根据不合格严重性的不同级别作出不同的选择。

（3）便于综合评价产品质量　通过不合格分级，可以对产品多个质量特性的不合格进行总体评价。例如，将产品的检验结果进行记录统计，以最低一级不合格为基数，其余各级按严重程度加权计算，相对比较。用这种方法可以把某个作业组织、作业人员或某一产品（包括零部件）所产生的实际不合格，用同一基数进行加权综合比较，使评价工作更加科学、细致，有利于评价相对质量水平，亦为保证和提高产品质量、建立激励机制提供评定依据。

（4）对不合格进行分级并实施管理，对发挥质量综合管理和质量检验职能的有效性都有重要作用　如在质量审核时，针对具体产品的使用要求和顾客反馈信息中的不合格项目对产品不合格进行分级，就可以客观评价产品质量水平，有利于提高审核的有效性。

三、不合格严重性分级的原则

不合格严重性分级，需要考虑的原则如下。

（1）所规定的质量特性的重要程度　高等级的质量特性所发生的不合格，其严重性也高。

（2）对产品适用性的影响程度　不合格严重性分级不能单纯由质量特性的重要程度来决定，还要从使用和安全、经济、对市场占有份额的影响等方面综合考虑产生不合格后产品应如何处理。

（3）顾客可能有的不满意反应强烈程度　顾客不满意的反应越强烈，其严重性也越大。

（4）非功能性的影响因素　不合格的严重性分级除考虑功能性质量特性外，还必须包括外观、包装等非功能性的影响因素。

此外，还要考虑不合格对下一作业过程（工序）的影响程度。

注意：严重程度一直是以订户可能发生的不满为依据的。

四、不合格严重性分级的级别

目前我国国家标准推荐，将不合格分为 3 个等级。等级划分不宜太细，划分越细，级别之间的差异就越难区分。我国某些行业将不合格分为 3 级，其代号分别为 A、B、C；某些行业则分为 4 级。

1. 三级不合格

（1）A 类不合格　单位产品的极重要的质量特性不符合规定，或单位产品的质量特性极严重不符合规定，称为 A 类不合格。

（2）B 类不合格　单位产品的重要质量特性不符合规定，或单位产品的质量特性严重不符合规定，称为 B 类不合格。

（3）C 类不合格　单位产品的一般质量特性不符合规定，或单位产品的质量特性轻微不符合规定，称为 C 类不合格。

从以上分级可以看出，不合格分级级别既与质量特性的重要程度有关，又与不合格的严重程度有关。

2. 四级不合格

美国贝尔系统将不合格的严重性分为 4 级。

（1）A 级 非常严重（不合格分值 100 分）。

（2）B 级 严重（不合格分值 50 分）。

（3）C 级 中等严重（不合格分值 10 分）。

（4）D 级 不严重（不合格分值 1 分）。

不合格等级的划分，在不同行业、不同产品将有所不同，应根据具体情况确定。

五、产品不合格严重性分级表

产品不合格严重性分级原则（标准）是生产者的一种管理规范性质的文件（可编入组织管理标准内），并不是某种产品检验计划的构成文件，而反映某一产品不合格品严重性的分级表才是该产品检验计划的组成部分。

不合格严重性分级表是根据不合格严重性分级原则（标准），针对具体产品可能出现的质量特性不合格对其严重性分级，分级表应明确列出不合格的项目、状况及严重性级别。

掌握产品不合格严重性分级表就可以掌握某项产品检验工作的关键，确定采取的检验方式，如哪些质量特性项目需要专检，哪些可以自检、互检；确定检验的频次和检验的数量；确定哪些项目需要编制检验指导书（规程）。因此，掌握和用好分级表不仅对提高检验工作质量和效率以及降低检验费用有重要的意义，而且对产品形成过程的设计、对检验工作的策划及编制有关检验文件（如检验指导书）也有直接的指导作用。

六、不合格品的控制

（一）不合格品的控制程序

在整个产品形成过程中，存在不合格品是可能的，重要的是产品生产者应建立并实施对不合格品的控制程序。

产品生产者的质量检验工作的基本任务之一，就是在原材料、外购配套件、外协件进货，零部件加工到成品交付的各个环节，建立并实施对不合格品控制的程序。通过对不合格品的控制，实现不合格的原材料、外购配套件、外协件不接收、不投产；不合格的在制品不转序；不合格的零部件不装配；不合格的产品不交付的目的，以确保防止误用或安装不合格的产品。

不合格品控制程序应包括以下内容：

① 规定对不合格品的判定和处置的职权。

② 对不合格品要及时做出标识，以便识别。标识的形式可采用色标、票签、文字、印记等。

③ 做好不合格品的记录，确定不合格品的范围，如生产时间、地点、产品批次、零部件号、生产设备等。

④ 评定不合格品，提出对不合格品的处置方式，决定返工、返修、让步、降级、报废等处置，并做好记录。

⑤ 对不合格品要及时隔离存放，严防误用或误装。

⑥ 根据不合格品的处置方式，对不合格品做出处理并监督实施。

⑦ 通报与不合格品有关的职能部门，必要时也应通知顾客。

（二）不合格品的判定

产品质量有两种判定方法，一种是符合性判定，判定产品是否符合技术标准，作出合格或不合格的结论；另一种是"处置方式"判定，是判定产品是否还具有某种使用的要求。但当发现产品不合格时，才发生不合格产品是否适合使用的问题。所以，处置性判定是在经符合性判定为不合格品之后对不合格品作出返工、返修、让步、降级改作他用、拒收报废判定的过程，也就是对不合格品的处置过程。

检验人员的职责是按产品图样、工艺文件、技术标准或直接按检验作业指导文件检验产品，判定产品的符合性质量，正确作出合格与不合格的结论。对不合格品的处置，一般不要求检验人员承担处置不合格品的责任和拥有相应的权限。

不合格品的处置判定是一项技术性很强的工作，应根据产品未满足规定的质量特性重要性、质量特性偏离规定要求的程度和对产品质量影响的程度制定分级处置程序，规定有关评审和处置部门的职责及权限。一般生产组织对不合格品的处置由技术部门决定或由专门的不合格品评审机构评定后处置。

（三）不合格品的隔离

在产品形成过程中，一旦出现不合格品，除及时做出标识和决定处置外，对不合格品还要及时隔离存放，以防止误用或误装不合格的产品，给生产造成混乱，这不仅将直接影响产品质量，还会影响人身的安全和社会的稳定，给产品生产者的声誉造成不良的影响。因此，产品生产者应根据生产规模和产品的特点，在检验系统内设置不合格品隔离区（室）或隔离箱，对不合格品进行隔离和存放，这也是质量检验工作的主要内容。同时还要做到以下几点：

① 检验部门所属各检验站（组）应设有不合格品隔离区（室）或隔离箱。

② 一旦发现不合格品及时做出标识后，应立即进行隔离存放，避免造成误用或误装，严禁个人、小组或生产车间随意储存、取用不合格品。

③ 及时或定期组织有关人员对不合格品进行评审和分析处置。

④ 对确认为拒收和报废的不合格品，应严加隔离和管理，对私自动用废品者，检验人员有权制止、追查、上报。

⑤ 根据对不合格品的分析处置意见，对可返工的不合格品应填写返工单交相关生产作业部门返工；对降级使用或改作他用的不合格品，应做出明显标识交有关部门处置；对拒收和报废的不合格品应填拒收和报废单交供应部门或废品库处置。

⑥ 对无法隔离的不合格品，应予以明显标识，妥善保管。

（四）不合格品的处置

1. 不合格品处置程序

（1）一般生产组织

① 作业人员在自检过程中发现不合格品或检验人员在检验过程中发现不合格品经鉴别确认后均应按不合格品处置程序处置。

② 对已做出标识的不合格品或隔离的不合格品由检验人员开具不合格品通知单（或直接用检验报告单），并附不合格品数据记录交供应部门或生产作业部门。

③ 供应部门或生产作业部门在分析不合格品的原因和责任及采取必要的控制措施的同时，提出书面申请，经设计、工艺、锻冶等有关技术部门研究后对不合格品进行评审与处置。

④ 责任部门提出对不合格品的评审和处置申请，根据不合格严重程度决定有关技术部门审批、会签后按规定处置程序分别作出返工、降级、让步接收（回用）或报废的决定。一般情况下，报废由检验部门决定；返工、降级、让步接收（回用）由技术部门（设计、工艺部门）决定，但需征求检验部门意见。在特殊情况或各部门意见不统一时，还需经组织中最高管理层的技术负责人员（如技术副厂长或总工程师）批准。

⑤ 当合同或法规有规定时，让步接收应向顾客提出申请，得到书面认可才能接收。

(2) 设置不合格品评审专门机构的组织 军工企业或大型企业有的还设置不合格品评审机构（如委员会），根据不合格的严重程度，分级处置。一般不合格可由检验部门、技术部门直接按规定程序处置；严重不合格由不合格品评审机构按规定程序处置，必要时组织相关部门专家进行评审后处置。

2. 不合格品的处置方式

根据 GB/T 19000—2016 的规定，对不合格品的处置有以下 3 种方式。

(1) 纠正 纠正是"为消除已发现的不合格所采取的措施"。其中主要包括返工、降级和返修。

① 返工："为使不合格产品符合要求而对其所采取的措施"。

② 降级："为使不合格产品符合不同于原有的要求而对其等级的改变"。

③ 返修："为使不合格产品满足预期用途而对其所采取的措施"。

(2) 报废 报废是"为避免不合格产品原有的预期用途而对其采取的措施"。不合格品经确认无法返工和让步接收，或虽可返工但返工费用过大、不经济的均按废品处置。对有形产品而言，可以回收、销毁。

(3) 让步 让步是"对使用或放行不符合规定要求的产品的许可"。

让步接收品是指产品、零部件不合格，但其不符合的项目和指标对产品的性能、寿命、安全性、可靠性、互换性及产品正常使用均无实质性的影响，也不会引起顾客提出申诉、索赔而准予使用或放行的不合格品。让步接收实际上就是对使用或放行的一定数量不符合规定要求的材料、零部件或成品准予放行的书面认可。

不合格品无论被确定采用何种处置方式，检验人员都应立即做出标识并及时、分别进行隔离存放，以免发生混淆、误用错装。确定进行返工（或返修）的产品，返工（或返修）后需重新办理交验手续，经检验合格方可转序或入库，经检验确认仍不合格的按不合格品处置程序重新处置。

发现和确认了不合格，除要处置不合格品以外，还要采取纠正措施。纠正措施是指"为消除已发现的不合格或其他不期望情况的原因所采取的措施"。

这里，一是要明确地区分"纠正"和"纠正措施"。纠正是指对不合格品的一种处置方式，它的对象是"不合格品"；而纠正措施是指为消除已发现的不合格品的原因所采取的措施，它处置的对象是造成"不合格的原因"。所以说，"纠正可连同纠正措施一起实施"。

二是对降级和让步要加以区分，其中降级是"为使不合格产品符合不同于原有要求而对其等级的改变"，关键是要降低其等级；而让步则不包含"等级的改变"，直接予以使用或放行。

(五) 不合格品的控制与纠正措施

在整个产品形成过程中，出现不合格品是可能的，重要的是应建立并实施对不合格品的控制程序，采取必要的措施，控制不合格品的发生，做好不合格品的纠正工作。

1. 不合格品的控制措施

在检验活动中，一旦发现原材料、零部件及成品未能满足规定要求或可能会出现不能满足规定要求时，就应采取一系列措施加以控制。

① 生产组织应制定处置不合格品的工作程序，并在管理标准中明确规定在产品形成过程中出现不合格品时，应立即采取标识、鉴别、隔离、处置、评定和防止再发生等各项措施。

② 在产品形成过程中发现可能会出现不合格品或不合格批时，应立即进行鉴别和记录，

在允许的条件下，对以前生产的批进行复检。对确认为不合格品或不合格批按规定做出标识、隔离，确保防止误用或误装。

③ 应指定有关部门人员对不合格品进行评定，以确定能否让步接收、返工、返修、降级使用或报废，并按规定立即进行处置。

④ 出现（数量较多或较严重）不合格后，应立即进行质量分析，采取纠正措施防止再发生。

⑤ 建立健全不合格档案，定期进行统计分析，掌握产生不合格的原因和规律，以便采取预防措施加以控制。

⑥ 对产生不合格品的责任部门及个人按规定进行处罚。

2. 不合格品的纠正措施

纠正是为消除已发现的产品不合格所采取的措施。但仅仅"纠正"是不够的，它不能防止已出现的不合格在产品形成过程中再次发生。

纠正措施是生产组织为消除产品不合格发生的原因所采取的措施，防止不合格品再次发生。

由此可以看出，采取纠正措施的目的是防止已经出现的不合格再次发生；纠正措施的对象是针对产生不合格的原因并消除这一原因，而不是对不合格的处置。

纠正措施的制订和实施是一个过程，一般应包括以下几个步骤：

① 确定纠正措施，首先是要对不合格品进行评审，其中特别要关注顾客对不合格品的抱怨。评审的人员应是有经验的专家，他们熟悉产品的主要质量特性和产品的形成过程，并有能力分析不合格的影响程度和产生不合格的原因及应采取的对策。

② 通过调查分析确定产品不合格的原因。

③ 研究为防止不合格再发生应采取的措施，必要时对拟采取的措施进行验证。

④ 通过评审确认采取的纠正措施效果，必要时修改程序及改进体系并在过程中实施这些措施。跟踪并记录纠正措施的结果。

纠正措施的内容应根据不合格品的事实情况，针对其产生的原因来确定。在产品质量形成全过程中，产生不合格的原因主要是人（作业人员）、机（设备和手段）、料（材料）、法（作业方法、测量方法）、环（环境条件）几个方面，针对具体原因，采取相应措施，如人员素质不符合要求（责任心差、技术水平低、体能差）的，采取培训学习提高技术能力、调换合格作业人员的措施；作业设备的过程能力低，则修复、改造、更新设备或作业手段；属于作业方法的问题，采取改进、更换作业方法的措施等。但是所采取的纠正措施一般应和不合格的影响程度相适应。

知识六　感官检验

一、概述

食物是人体生长发育、更新细胞、修补组织、调节各种生理机能所必不可少的营养物质，也是产生热量以保持体温恒定、从事各种活动的能量来源。食品的质量与人体健康、生命安全有着极为密切的关系。营养丰富的食品，有时会由于微生物的生长繁殖而引起腐败变质，或者是在生长、采收（屠宰）加工、运输、销售等过程中受到有毒有害物质的污染，这样的食品一旦被人食用，就可能引发传染病、寄生虫病或食物中毒，造成人体各种组织、器官的损伤，严重者甚至会危及生命。

食品质量感官鉴别就是凭借人体自身的感觉器官，具体地讲就是凭借眼、耳、鼻、口（包括唇和舌）和手，对食品的质量状况做出客观的评价。也就是通过用眼睛看、用鼻子嗅、用耳朵听、用口品尝和用手触摸等方式，对食品的色、香、味和外观形态进行综合性鉴别和评价。食品质量的优劣最直接地表现在它的感官性状上，通过感官指标来鉴别食品的优劣和真伪，不仅简便易行，而且灵敏度高，直观而实用，与使用各种仪器进行理化、微生物的分析相比，有很多优点，因而它也是食品生产、销售、管理人员所必须掌握的一门技能。广大消费者从维护自身权益角度讲，掌握这种方法也是十分必要的。应用感官手段来鉴别食品的质量有着非常重要的意义。

食品质量感官鉴别能否真实、准确地反映客观事物的本质，除了与人体感觉器官的健全程度和灵敏程度有关外，还与人们对客观事物的认识能力有直接的关系。只有当人体的感觉器官正常，又熟悉有关食品质量的基本常识时，才能比较准确地鉴别出食品质量的优劣。因此，通晓各类食品质量感官鉴别方法，为人们在日常生活中选购食品或食品原料、依法保护个人的正常权益提供了必要的客观依据。

（一）食品质量感官鉴别所依据的法律

《中华人民共和国食品安全法》第一百五十条规定："食品安全，指食品无毒、无害，符合应当有的营养要求，对人体健康不造成任何急性、亚急性或者慢性危害。"第三十三条规定："食品生产经营应当符合食品安全标准。"第三十四条规定了禁止生产经营的食品、食品添加剂、食品相关产品，其中有一项为："腐败变质、油脂酸败、霉变生虫、污秽不洁、混有异物、掺假掺杂或者感官性状异常的食品、食品添加剂。"这里所说的"感官性状异常"是指食品失去了正常的感官性状，而出现的理化性质异常或者微生物污染等在感官方面的体现，或者说是食品质量发生不良改变或污染的外在警示。同样，"感官性状异常"不单单是判定食品感官性状的专用术语，而且是作为法律规定的内容和要求而严肃地提出来的。

（二）食品质量感官鉴别的优点

作为鉴别食品质量的有效方法，感官鉴别可以概括有以下三大优点：

（1）通过对食品感官性状的综合性检查，可以及时、准确地鉴别出食品质量有无异常，便于早期发现问题，及时进行处理，可避免对人体健康和生命安全造成损害。

（2）方法直观、手段简便，不需要借助任何仪器设备和专用、固定的检验场所以及专业人员。

（3）感官鉴别方法常能够察觉其他检验方法所无法鉴别的食品质量特殊性污染微量变化。

（三）食品感官检验的原理

1. 色泽的原理与视觉在鉴别中的重大意义

食品的色泽是人的感官评价食品品质的一个重要因素。不同的食品显现出各不相同的颜色，例如菠菜的绿色、苹果的红色、胡萝卜的橙红色等，这些颜色是食品中原来固有的。不同种食品中含有不同的有机物，这些有机物又吸收了不同波长的光。如果有机物吸收的是可见光区域内的某些波长的光，那么这些有机物就会呈现各自的颜色，这种颜色是由未被吸收的光波所反映出来的。如果有机物吸收的光其波长在可见光区域以外，那么这种有机物则是无色的。那么何为可见光区域与非可见光区域呢？一般说来，自然光是由不同波长的光线组成的。肉眼能见到的光，其波长在 400~800nm 之间，在这个波长区域里的光叫作可见光。而小于 400nm 和大于 800nm 区域的光是肉眼看不到的光，称为不可见光。在可见光区域内，不同波长的光显示的颜色也不同。食品的颜色系因含有某种色素，色素本身并无色，但它能从太阳光线的白色光中进行选择性吸收，余下的则为反射光。故在波长 800nm 至波长 400nm 之间的可见光部分，亦即红、橙、黄、绿、青、蓝、紫中的某一色或某几色的光反射刺激视觉而显示其颜色的基本属性，明度、色调、饱和度是识别每一种色的三个指标。对于判定食品的品质亦可从这三个基本属性全面地衡量和比较，这样才能准确地判断和鉴别出食品的质量优劣，以确保购买优质食品。

（1）明度　即颜色的明暗程度。物体表面的光反射率越高，人眼的视觉就越明亮，这就是说它的明度也越高。人们常说的光泽好，也就是说明度较高。新鲜的食品常具有较高的明度，明度的降低往往意味着食品的不新鲜。例如因酶致褐变、非酶褐变或其他原因使食品变质时，食品的色泽常发暗甚至变黑。

（2）色调　即红、橙、黄、绿等不同的颜色，以及如黄绿、蓝绿等许多中间色，它们是由于食品分枝结构中所含色团对不同波长的光线进行选择性吸收而形成的。当物体表面将可见光谱中所有波长的光全部吸收时，物体表面为黑色，如果全部反射，则表现为白色。当对所有波长的光都能部分吸收时，则表现为不同的灰色。黑白系列也属于颜色的一类，只是因为对光谱中各波长的光吸收和反射是没有选择性的，它们只有明度的差别，而没有色调和饱和度这两种特性。色调对于食品的颜色起着决定性的作用，由于人眼的视觉对色调的变化较为敏感，色调稍微改变对颜色的影响就会很大，有时可以说完全破坏了食品的商品价值和食用价值。色调的改变可以用语言或其他方式恰如其分地表达出来（如食品的退色或变色），这说明颜色在食品的感官鉴别中有着重要的意义。

（3）饱和度　即颜色的深浅、浓淡程度，也就是某种颜色色调的显著程度。当物体对光谱中某一较窄范围波长的光的反射率很低或根本没有反射时，表明它具有很高的选择性，这种颜色的饱和度就较高。越饱和的颜色和灰色不同，当某波长的光成分越多时，颜色也就越不饱和。食品颜色的深浅、浓淡变化对于感官鉴别而言也是很重要的。

2. 食品的气味与嗅觉在鉴别中的意义

食品本身所固有的、独特的气味，即是食品的正常气味。嗅觉是指食品中含有挥发性物质的微粒子浮游于空气中，经鼻孔刺激嗅觉神经所引起的感觉。人的嗅觉比较复杂，亦很敏感。同样的气味，因个人的嗅觉反应不同，故感受喜爱与厌恶的程度也不同。同时嗅觉易受周围环境的影响，如温度、湿度、气压等对嗅觉的敏感度都具有一定的影响。人的嗅觉适应性特别强，即对一种气味较长时间的刺激很容易顺应。但在适应了某种气味之后，对于其他气味仍很敏感，这是嗅觉的特点。

食品的气味大体上由以下途径形成。

（1）生物合成　食品本身在生长成熟过程中，直接通过生物合成的途径形成香味成分表现出香味。例如香蕉、苹果、梨等水果香味的形成，是典型的生物合成产生的，不需要任何外界条件。本来水果在生长期不显现香味，成熟过程中体内一些化学物质发生变化，产生香味物质，使成熟后的水果逐渐显现出水果香。

（2）直接酶作用　酶直接作用于香味前体物质，形成香味成分，表现出香味。例如当蒜的组织被破坏以后，其中的蒜酶将蒜氨酸分解而产生蒜气味。

（3）氧化作用　也可以称为间接酶作用，即在酶的作用下产生氧化剂，氧化剂再使香味前体物质氧化，生成香味成分，表现出香味。如红茶的浓郁香气就是通过这种途径形成的。

（4）高温分解或发酵作用　通过加热或烘烤等处理，使食品原来存在的香味前体物质分解而产生香味成分。例如芝麻、花生在加热后可产生诱人的香味。发酵也是食品产生香味的重要途径，如酒、酱中的许多香味物质都是通过发酵而产生的。

（5）添加香料　为保证和提高食品的感官品质，引起人的食欲，在食品本身没有香味、香味较弱或者在加工中丧失部分香味的情况下，为了补充和完善食品的香味，可有意识地在食品中添加所需要的香料。

(6) 腐败变质　食品在储藏、运输或加工过程中，会因发生腐败变质或污染而产生一些不良的气味。这在进行感官鉴别时尤其重要，应认真仔细地加以分析。

3. 食品的滋味与味觉在鉴别中的意义

因为食品中的可溶性物质溶于唾液或液态食品直接刺激舌面的味觉神经，发生味觉。当对某种食品的滋味发生好感时，则各种消化液分泌旺盛而食欲增加。味觉神经在舌面的分布并不均匀，舌的两侧边缘是普通酸味的敏感区，舌根对于苦味较敏感，舌尖对于甜味和咸味较敏感，但这些都不是绝对的，在感官评价食品的品质时应通过舌的全面品尝方可决定。

味觉与温度有关，一般在 10~45℃ 范围内较适宜，尤其 30℃ 时为敏锐。随温度的降低，各种味觉都会减弱，尤以苦味最为明显，而温度升高又会发生同样的减弱。味道与呈味物质的组合以及人的心理也有微妙的关系。味精的鲜味在有食盐时尤其显著，这是咸味对味精的鲜味起增强作用的结果。另外还有与此相反的消减作用，食盐和砂糖以相当的浓度混合，则砂糖的甜味会明显减弱甚至消失。当尝过食盐后，随即饮用无味的水，也会感到有些甜味，这是味的变调现象。另外还有味的相乘作用，例如在味精中加入一些核苷酸时，会使鲜味有所增强。

在选购食品和感官鉴别其质量时，常将滋味分类为甜、酸、咸、苦、辣、涩、浓、淡、碱味及不正常味等。

(四) 食品质量感官鉴别的基本方法

食品质量感官鉴别的基本方法，其实质就是依靠视觉、嗅觉、味觉、触觉等来鉴定食品的外观形态、色泽、气味、滋味和硬度（稠度）。不论对何种食品进行感官质量评价，上述方法总是不可缺少的，而且常常是在理化和微生物检验方法之前进行。

二、感官检验的统计方法

模糊数学是运用数学方法研究和处理模糊性现象的一门数学新分支。它以"模糊集合"论为基础。应用模糊数学法评价食品感官质量是一种较为新颖的方法。"最大隶属度判别法"和"双权法"是目前较为普遍采用的两种评价食品感官质量的方法。在自然科学或社会科学研究中，存在着许多定义不很严格或者说具有模糊性的概念。这里所谓的模糊性，主要是指客观事物的差异在中间过渡中的不分明性，如某一生态条件对某种害虫、某种作物的存活或适应性可以评价为"有利、比较有利、不那么有利、不利"；灾害性霜冻气候对农业产量的影响程度为"较重、严重、很严重"等。这些通常是属于模糊的概念，为处理分析这些"模糊"概念的数据，便产生了模糊集合论。

模糊数学提供了一种处理不肯定性和不精确性问题的新方法，是描述人脑思维处理模糊信息的有力工具。所谓模糊现象，是指客观事物之间难以用分明的界限加以区分的状态，它产生于人们对客观事物的识别和分类之时，并反映在概念之中。外延分明的概念，称为分明概念，它反映分明现象。外延不分明的概念，称为模糊概念，它反映模糊现象。模糊现象是普遍存在的。在人类一般语言以及科学技术语言中，都大量地存在着模糊概念。例如，高与矮、美与丑、清洁与污染、有矿与无矿，甚至像人与猿、脊椎动物与无脊椎动物、生物与非生物等这样一些对立的概念之间，都没有绝对分明的界限。一般说来，分明概念是扬弃了概念的模糊性而抽象出来的，是把思维绝对化而达到的概念的精确和严格。然而模糊集合不是简单地扬弃概念的模糊性，而是尽量如实地反映人们使用模糊概念时的本来含意。这是模糊数学与普通数学在方法论上的根本区别。

(一) 最大隶属度判别法

1. 模糊诊断原理

模糊诊断的方法是通过某些征兆的隶属度来求出各种故障原因的隶属度。

设诊断对象可能表现的征兆有 m 种，表之为 x_1，x_2，$\cdots$，x_m；可能出现的故障原因有 n 种，表之为 $y_1, y_2, \cdots, y_n$。

故障征兆模糊向量：$X = (\mu_{x_1}, \mu_{x_2}, \cdots, \mu_{x_m})$

$\mu_{x_i}(i = 1, 2, \cdots, m)$ 是对象具有症状 x_i 的隶属度。

故障原因模糊向量：$Y = (\mu_{y_1}, \mu_{y_2}, \cdots, \mu_{y_n})$

$\mu_{y_j}(j = 1, 2, \cdots, n)$ 是对象具有故障 y_j 的隶属度。

则 Y 与 X 具有模糊关系：

$$Y = X \cdot R$$

这就是故障原因与征兆之间的模糊关系方程。式中，"·"是模糊算子；R 是体现诊断专家经验知识的模糊关系矩阵，$[R] = [r_{ij}]_{m \times n}$。

2. 最大隶属原则

经过模糊运算 $Y = X \cdot R$ 后，假设得到故障原因模糊向量 $Y = (y_1, y_2, \cdots, y_n)$，对这个结果的处理方法很多，用最大隶属度原则表示为：设 $\mu_{y_i} = \max(\mu_{y_1}, \mu_{y_2}, \cdots, \mu_{y_n})$，则认为故障原因是 y_i。

这种方法最简单，只要在推理结论的模糊集合中取隶属度最大的那个元素作为输出量即可。不过，要求这种情况下其隶属函数曲线一定是正规凸模糊集合（即其曲线只能是单峰曲线）。如果该曲线是梯形平顶的，那么具有最大隶属度的元素就可能不止一个，这时就要对所有取最大隶属度的元素求其平均值。例如，对于"水温适中"，按最大隶属度原则，若有两个元素 40 和 50 具有最大隶属度 1.0，那就要对所有取最大隶属度的元素 40 和 50 求平均值，执行量应取：$\mu_{\max} = (40 + 50)/2 = 45$。

模糊数学中用"隶属度"来刻画某一事物隶属于某一种类的程度。隶属度最大为 1 即对某种规定性的完全肯定，最小为 0 即对某种规定性的完全否定，一般介于二者之间。比如，最优秀图书的优质程度的隶属度是 1，最坏图书的优质程度的隶属度是 0，而优质隶属度为 0.85 的图书就是通常所说的好书。

(二) 双权法

所谓"双权"就是把食品的色、香、味等感官指标各自的比重（所占分数/100）当作一组权数，再利用分数段，在各个单项中（色、香、味等感官指标）所占的比重作为第二组权数，形成双权。再按统计学加权法原理进行计算，得出食品评分的一种方法，就叫"双权法"。

现在国家拟将酒进行分级：特级（90～100 分），一级（80～90 分），二级（70～80 分），三级（60～70 分）。某酒样经小组品尝评为一级酒，现用双权法评分，结果见表 3-3 和表 3-4。

计算得分方法如下：

色得分 $= 0.1 \times (1 \times 95) = 9.5$

香得分 $= 0.25 \times (0.1 \times 65 + 0.4 \times 75 + 0.5 \times 85) = 19.75$

味得分 $= 0.5 \times (0.2 \times 75 + 0.6 \times 85 + 0.2 \times 95) = 42.50$

体得分 $= 0.15 \times (0.4 \times 75 + 0.5 \times 85 + 0.1 \times 95) = 12.30$

表 3-3 酒质评审表 　　　　　　　　　　　　　　　年　　月　　日

评酒分数阶段	60分以下	60～70分	70～80分	80～90分	90～100分	得分
均值	55	65	75	85	95	
指标权重						
色 0.1(10/100)						
香 0.25(25/100)						
味 0.5(50/100)						
体 0.15(15/100)						
评审结果	评语					总分：
评酒地点	评酒人单位			姓名		

表 3-4 酒质评审结果表 　　　　　　　　　　　　　　　年　　月　　日

评酒分数阶段	60分以下	60～70分	70～80分	80～90分	90～100分	得分
均值	55	65	75	85	95	
指标权重						
色 0.1(10/100)					1	9.5
香 0.25(25/100)		0.1	0.4	0.5		19.75
味 0.5(50/100)			0.2	0.6	0.2	42.50
体 0.15(15/100)			0.4	0.5	0.1	12.30
评审结果	评语					总分：84.05
评酒地点	评酒人单位			姓名		

注：各组权数之和应为1。

评审结果总得分＝Σ（色＋香＋味＋体）
　　　　　　　＝Σ（9.5＋19.75＋42.50＋12.30）
　　　　　　　＝84.05

由此可见，尝评定级与双权法评分相吻合。

三、关于感官检验的几个问题

（一）食品质量视觉鉴别需注意事项

这是判断食品质量的一个重要感官手段。食品的外观形态和色泽对于评价食品的新鲜程度、食品是否有不良改变以及蔬菜、水果的成熟度等有着重要意义。视觉鉴别应在白昼的散射光线下进行，以免灯光隐色发生错觉。鉴别时应注意整体外观、大小、形态、块形的完整程度、清洁程度，以及表面有无光泽、颜色的深浅等。在鉴别液态食品时，要将它注入无色的玻璃器皿中，透过光线来观察，也可将瓶子颠倒过来，观察其中有无夹杂物下沉或絮状物悬浮。

（二）食品质量嗅觉鉴别需注意事项

人的嗅觉相当敏感，甚至用仪器分析的方法也不一定能检查出的极轻微的变化，用嗅觉鉴别却能够发现。当食品发生轻微的腐败变质时，就会有不同的异味产生。如核桃的核仁变质所产生的酸败而有哈喇味，西瓜变质会带有馊味等。食品的气味是一些具有挥发性的物质形成的，所以在进行嗅觉鉴别时常需稍稍加热，但最好是在 15～25℃ 的常温下进行，因为食品中的气味挥发性物质常随温度的高低而增减。在鉴别食品时，液态食品可滴在清洁的手掌上摩擦，以增加气味的挥发，识别畜肉等大块食品时，可将一把尖刀稍微加热刺入深部，拔出后立即嗅闻气味。

食品气味鉴别的顺序应当是先识别气味淡的、后鉴别气味浓的，以免影响嗅觉的灵敏度。在鉴别前禁止吸烟。

（三）食品质量味觉鉴别需注意事项

感官鉴别中的味觉鉴别对于辨别食品品质的优劣是非常重要的。味觉器官不但能品尝到食品的滋味如何，而且对于食品中极轻微的变化也能敏感地察觉。做好的米饭存放到尚未变馊时，其味道即有相应的改变。味觉器官的敏感性与食品的温度有关，在进行食品的滋味鉴别时，最好使食品处在 20～45℃ 之间，以免温度的变化会增强或减低对味觉器官的刺激。对几种不同味道的食品进行感官评价时，应当按照刺激性由弱到强的顺序，最后鉴别味道强烈的食品。在进行大量样品鉴别时，中间必须休息，每鉴别一种食品之后必须用温水漱口。

（四）食品质量触觉鉴别需注意事项

凭借触觉来鉴别食品的松、软、硬、弹性（稠度）等，以评价食品品质的优劣，也是常用的感官鉴别方法之一。例如，根据鱼体肌肉的硬度和弹性，常常可以判断鱼是否新鲜或腐败，评价动物油脂的品质时，常需鉴别其稠度等。在感官鉴定食品硬度（稠度）时，要求温度在 15～20℃，因为温度的升降会影响食品状态的改变。

（五）食品质量感官鉴别适用的范围

凡是作为食品原料、半成品或成品的食物，其品质优劣与真伪评价，都适用于感官鉴别。而且食品的感官鉴别，既适用于专业技术人员在室内进行技术鉴定，也适合广大消费者在市场上选购食品时应用。可见，食品感官鉴别具有广泛的适用范围。

（六）鉴别后的食品其食用与处理原则

鉴别和挑选食品时，遇有明显变化者，应当立即做出能否供给食用的确切结论。对于感官变化不明显的食品，尚需借助理化指标和微生物指标的检验，才能得出综合性的鉴别结论。因此，通过感官鉴别之后，特别是对有疑虑和争议的食品，必须再进行实验室的理化和微生物检验，以便辅助感官鉴别。尤其是混入了有毒、有害物质或被分解蛋白质的致病菌所污染的食品，在感官评价后，必须做上述两种专业鉴定，以确保鉴别结论的正确性。并且应提出该食品是否存在有毒、有害物质，阐明其来源和含量、作用和危害，根据被鉴别食品的具体情况提出食用或处理原则。

食品的食用或处理原则是在确保人民群众身体健康的前提下，尽量减少国家、集体或个人的经济损失，并考虑到物尽其用的问题，具体方式通常有以下四种。

（1）正常食品　经过鉴别和挑选的食品，其感官性状正常，符合国家卫生标准，可供食用。

（2）无害化食品　食品在感官鉴别时发现了一些问题，对人体健康有一定危害，但经过处理后，可以被清除或控制，其危害不会影响到食用者的健康，如高温加热、加工复制等。

（3）条件可食食品　有些食品在感官鉴别后，需要在特定的条件下才能供人食用。如有些食品已接近保质期，必须限制出售和限制供应对象。

（4）危害健康食品　在食品感官鉴别过程中发现的对人体健康有严重危害的食品，不能供给食用。但可在保证不扩大蔓延并对接触人员安全无危害的前提下，充分利用其经济价值，如作工业使用。但对严重危害人体健康且不能保证安全的食品，如畜、禽患有烈性传染病，或易造成在畜禽肉中蔓延的传染病，以及被剧毒物质或被放射性物质污染的食品，必须在严格的监督下毁弃。

（七）食品质量感官鉴别常用的一般术语及其含义

- 酸味：由某些酸性物质（例如柠檬酸、酒石酸等）的水溶液产生的一种基本味道。
- 苦味：由某些物质（例如咖啡因等）的水溶液产生的一种基本味道。
- 咸味：由某些物质（例如氯化钠）的水溶液产生的基本味道。
- 甜味：由某些物质（例如蔗糖）的水溶液产生的一种基本味道。
- 碱味：由某些物质（例如碳酸氢钠）在口中产生的复合感觉。
- 涩味：由某些物质（例如多酚类）产生的使皮肤或黏膜表面收敛的一种复合感觉。
- 风味：品尝过程中感受到的嗅觉、味觉和三叉神经感觉特性的复杂结合。它可能受触觉的、温觉的、痛觉的和（或）动觉效应的影响。
- 异常风味：非产品本身所具有的风味（通常与产品的腐败变质相联系）。
- 沾染：与该产品无关的外来味道、气味等。
- 味道：能产生味觉的产品的特性。
- 基本味道：四种独特味道的任何一种，即酸味的、苦味的、咸味的、甜味的。
- 厚味：味道浓的产品。
- 平味：一种产品，其风味不浓且无任何特色。
- 乏味：一种产品，其风味远不及预料的那样。
- 无味：没有风味的产品。
- 风味增强剂：一种能使某种产品的风味增强而其本身又不具有这种风味的物质。
- 口感：在口腔内（包括舌头与牙齿）感受到的触觉。
- 后味、余味：在产品消失后产生的嗅觉和（或）味觉。它有时不同于产品在嘴里时的感受。
- 芳香：一种带有愉快内涵的气味。
- 气味：嗅觉器官感受到的感官特性。
- 特征：可区别及可识别的气味或风味特色。
- 异常特征：非产品本身所具有的特征（通常与产品的腐败变质相联系）。
- 稠度：由机械的方法或触觉感受器，特别是口腔区域受到的刺激而觉察到的流动特性。它随产品的质地不同而变化。
- 硬：描述需要很大力量才能造成一定的变形或穿透的产品的质地特点。
- 结实：描述需要中等力量可造成一定的变形或穿透的产品的质地特点。
- 柔软：描述只需要小的力量就可造成一定的变形或穿透的产品的质地特点。
- 嫩：描述很容易切碎或嚼烂的食品的质地特点。常用于肉和肉制品。
- 老：描述不易切碎或嚼烂的食品的质地特点。常用于肉和肉制品。
- 酥：修饰破碎时带响声的松而易碎的食品。
- 有硬壳：修饰具有硬而脆的表皮的食品。
- 无毒、无害：不造成人体急性、慢性疾病，不构成对人体健康的危害；或者含有少量有毒有害物质，但尚不足以危害健康的食品。在质量感官鉴别结论上可写成"无毒"字样。
- 营养素：正常人体代谢过程中所利用的任何有机物质和无机物质。
- 色、香、味：食品本身固有的和加工后所应当具有的色泽、香气、滋味。

知识七 检验采样

一、采样工具和容器

采样时使用的工具、容器、包装纸等都应该是清洁的，不应带入任何杂质或被检部分。应在盛装样品的容器上贴上标签，注明样品名称、采样地点、采样日期、样品批号、采样方法、采样数量、分析项目和采样人。

（一）采样工具

（1）一般常用工具 包括钳子、螺丝刀、小刀、剪刀、镊子、罐头及瓶盖开启器、手电筒、蜡笔、圆珠笔、胶布、记录本、照相机等。

（2）专用工具 如长柄勺，适用于散装液体样品采集；玻璃或金属采样器，适用于深型桶装液体食品采样；金属探管和金属探子，适用于采集袋装的颗粒或粉末状食品；采样铲，适用于散装粮食或袋装的较大颗粒食品；长柄匙或半圆形金属管，适用于较小包装的半固体样品采集；电钻、小斧、凿子等可用于已冻结的冰蛋；搅拌器，适用于桶装液体样品的搅拌。

（二）盛样容器

盛装样品的容器应密封，内壁光滑、清洁、干燥，不含有待鉴定物质及干扰物质。容器及其盖、塞应不影响样品的气味、风味、pH 值及食物成分。

（1）盛装液体或半液体样品常用防水防油材料制成的带塞玻璃瓶、广口瓶、塑料瓶等；盛装固体或半固体样品可用广口玻璃瓶、不锈钢或铝制盒或盅、搪瓷盅、塑料袋等。

（2）采集粮食等大宗食品时应准备四方搪瓷盘供现场分样用；在现场检查面粉时，可用金属筛筛选，检查有无昆虫或其他机械杂质等。

二、样品的运送

采好的样品应放在干燥洁净的容器内，密封、避光存放，并在尽可能短的时间内送至实验室。运送途中要防止样品漏、散、损坏、挥发、潮解、氧化分解、污染变质等。气温较高时，样品宜低温运送。送回实验室后要在适宜条件下保存。

如果送检样品经感官检查已不符合食品卫生标准或已有明显的腐败变质，可不必再进行理化检验，直接判为不合格产品。

三、采样的原则及目的

（一）采样的原则

（1）代表性 在大多数情况下，待鉴定食品不可能全部进行检测，而只能抽取其中的一部分作为样品，通过对样品的检测来推断该食品总体的营养价值或卫生质量。因此，所采的样品应能够较好地代表待鉴定食品各方面的特性。若所采集的样品缺乏代表性，无论其后的检测过程和环节多么精确，其结果都难以反映总体的情况，常可导致错误的判断和结论。

（2）真实性 采样人员应亲临现场采样，以防止在采样过程中的作假或伪造食品。所有采样用具都应清洁、干燥、无异味、无污染食品的可能。应尽量避免使用对样品可能造成污染或影响检验结果的采样工具和采样容器。

（3）准确性 性质不同的样品必须分开包装，并应视为来自不同的总体；采样方法应符合要求，采样的数量应满足检验及留样的需要；可根据感官性状进行分类或分档采样；采样记录务必清楚地填写在采样单上，并紧附于样品。

（4）及时性 采样应及时，采样后也应及时送检。尤其是检测样品中水分、微生物等易受环境因素影响的指标，或样品中含有挥发性物质或易分解破坏的物质时，应及时赴现场采样并尽可能缩短从采样到送检的时间。

（二）采样的目的

食品采样检验的目的在于检验试样感官性质上有无变化，食品的一般成分有无缺陷，加入的添加剂等外来物质是否符合国家的标准，食品的成分有无掺假现象，食品在生产运输和储藏过程中有无重金属、有害物质和各种微生物的污染以及有无变化和腐败现象。由于人们在分析检验时采样很多，其检验结果又要代表整箱或整批食品的结果，所以样品的采集是检验分析中的重要环节的第一步，采取的样品必须代表全部被检测的物质，否则以后样品处理及检测计算结果无论如何严格准确也是没有任何价值的。

四、采样步骤

分为以下三步：

（1） 获取检样，从大批物料的各个部分采集少量的物料，称检样；将所有获取的检样综合在一起，称原始样品。

（2） 将原始样品进行均匀化处理，并从中抽取其中的一部分，供化验室分析用的称为平均样品。

（3） 从平均样品中准确抽取一部分，进行某项检测的样品称为试验样品。

采集数量应能反映该样品的卫生质量和满足检验项目对试样量的要求，具体采样方法因分析对象的性质而异。

由于食品种类繁多，有罐头类食品，有乳制品、蛋制品和各种小食品（糖果、饼干类）等。另外食品的包装类型也很多，有散装的（比如粮食），还有袋装的（如食糖）、桶装的（蜂蜜）、听装的（罐头、饼干）、木箱或纸盒装的（禽、兔和水产品）和瓶装的（酒和饮料类）等。食品采集的类型也不一样，有的是成品样，有的是半成品样品，有的还是原料类型的样品，尽管商品的种类不同，包装形式也不同，但是采取的样品一定要具有代表性，也就是说采取的样品要能代表整个班次的样品结果，对于各种食品取样方法中都有明确的取样数量和方法说明。

五、样品分类

（1）客观样品 在日常的卫生监督管理工作过程中，为掌握食品卫生质量，对食品企业生产销售的食品应进行定期或不定期的抽样检验。这是在未发现食品不符合卫生标准的情况下，按照日常计划在生产单位或零售店进行的随机抽样。通过这种抽样，有时可发现存在的问题和食品不合格的情况，也可积累资料，客观反映各类食品的卫生质量状况。为此目的而采集供检验的样品称为客观样品。

（2）选择性样品 在卫生检查中发现某些食品可疑或可能不合格，或消费者提供情况或投诉时需要查清的可疑食品和食品原料；发现食品可能有污染，或造成食物中毒的可疑食物；为查明食品污染来源、污染程度和污染范围或食物中毒原因；以及食品卫生监督部门或企业检验机构为查清类似问题而采集的样品，称为选择性样品。

（3）制定食品安全标准的样品 为制定某种食品安全标准，选择较为先进、具有代表性的工艺条件下生产的食品进行采样，可在生产单位或销售单位采集一定数量的样品进行检测。

六、采样

（一）采样准备

采样前必须审查待鉴定食品的相关证件，包括商标、运货单、质量检验证明书、兽医卫生检疫证明书、商品检验机构或卫生防疫机构的检验报告单等。还应了解该批食品的原料来源、加工方法、运输保藏条件、销售中各环节的卫生状况、生产日期、批号、规格等；明确采样目的，确定采样件数，准备采样用具，制定合理可行的采样方案。

（二）现场调查

了解并记录待鉴定食品的一般情况，如种类、数量、批号、生产日期、加工方法、储运条件（包括起运日期）、销售卫生情况等。观察该批食品的整体情况，包括感官性状、品质、储藏、包装情况等。进行现场感官检查的样品数量为总量的 $1\%\sim5\%$。有包装的食品，应检查包装物有无破损、变形、受污染；未经包装的食品要检查食品的外观，有无发霉、变质、虫害、污染等。并应将这些食品按感官性质的不同及污染程度的轻重分别采样。

（三）采样方法

采样就是从整批产品中抽取一定量具有代表性样品的过程。采样一般皆取可食部分；不同食品应使用不同的采样方法。

（1）液体、半液体均匀食品 采样以一池、一缸、一桶为一个采样单位，搅拌均匀后采集一份样品；若采样单位容量过大，可按高度等距离分上、中、下三层，在四角和中央的不同部位每层各取等量样品，混合后再采样；流动液体可定时定量从输出的管口取样，混合后再采样；大包装食品，如用铝桶、铁桶、塑料桶包装的液体、半液体食品，采样前需用采样管插入容器底部，将液体吸出放入透明的玻璃容器内作现场感官检查，然后将液体充分搅拌均匀，用长柄勺或采样管取样。

（2）固体散装食品 大量的散装固体食品，如粮食、油料种子、豆类、花生等，可采用几何法、分区分层法采样。几何法就把一堆物品视为一种几何立体（如立方体、圆锥体、圆柱体等），取样时首先把整堆物品设定或想象为若干体积相等的部分，从这些部分中各取出体积相等的样品混合为初级样品。对在粮堆、库房、船舱、车厢里堆积的食品进行采样，可采用分层采样法，即分上、中、下三层或等距离多层，在每层中心及四角分别采取等量小样，混合为初级样品。对大面积平铺散装食品可先分区，每区面积不超过 $50m^2$，并各设中心、四角 5 个点，两区以上者相邻两区的分界线上的两个点为共有点，例如两区共设 8 个点、三区共设 11 个点，以此类推。边缘上的点设在距边缘 $50cm$ 处。各点采样数量一致，混合为初级样品。对正在传送的散装食品，可从食品传送带上定时、定量采取小样。对数量较多的颗粒或粉末状固体食品，需用"四分法"采样，即把拟取的样品（或初级样品）堆放在干净的平面瓷盘、塑料盘或塑料薄膜上，然后从下面铲起，在中心上方倒下，再换一个方向进行，反复操作直至样品混合均匀。然后将样品平铺成正方形，用分样板画两条对角线，去掉其中两对角的样品，剩余部分再按上述方法分取，直到剩下的两对角样品数量接近采样要求为止。袋装初级样品也可事先在袋内混合均匀，再平铺成正方形分样。

（3）完整包装食品 大桶、箱、缸的大包装食品于各部分按总件数开平方来取一定件数样品，然后打开包装，使用上述液体、半液体或固体样品的采样方法采样；袋装、瓶装、罐装的定型小包装食品（每包＜500g），可按生产日期、班次、包装、批号随机采样；水果可取一定的个数。

（4）不均匀食品　蔬菜、鱼、肉、蛋类等食品应根据检验目的和要求，从同一部位采集小样，或从具有代表性的各个部位采取小样，然后经过充分混合得到初级样品。肉类应从整体各部位取样（不包括骨及毛发）；鱼类，大鱼从头、体、尾各部位取样，小鱼可取2～3条；蔬菜，如葱、菠菜等可取整棵，茭白、青菜等可从中心剖开成2个或4个对称部分，取其中1个或2个对称部分；蛋类，可按一定个数取样，也可根据检验目的将蛋黄、蛋清分开取样。

（5）变质、污染的食品及食物中毒可疑食品　可根据检验目的，结合食品感官性状、污染程度、特征等分别采样，切忌与正常食品相混。

（四）采样数量

采样数量应能反映该食品的卫生质量和满足检验项目对样品量的需要，一式三份，分别供检验、复验与备查或仲裁用，每份样品一般不应少于0.5kg。同一批号的完整小包装食品，250g以上的包装不得少于6个，250g以下的包装不得少于10个。

（五）采样记录

做好现场采样记录，其内容包括：检验项目、品名、生产日期或批号、产品数量、包装类型及规格、储运条件及感官检查结果；还应写明采样单位和被采样单位名称、地址、电话，采样日期、容器、数量，采样时的气象条件，检验项目、标准依据及采样人等。无采样记录的样品，不应接受检验。采样后填写采样收据一式两份，由采样单位和采样人签名盖章并分别保存。还应填写送检单，内容包括样品名称、生产厂名、生产日期、检验项目、采样日期，有些样品应简要说明现场及包装情况，采样时做过何种处理等。

七、样品的制备与保存

样品制备的目的，在于保证样品十分均匀，使人们在分析的时候，取任何部分都能代表全部被测物质的成分。

（一）样品的制备方法

根据被测物的性质和检测要求，制备方法有下面几种。

① 摇动或搅拌（液体样品、浆体、悬浮液体），用玻璃棒、电动搅拌器、电磁搅拌等。

② 切细或搅碎（固体样品）。

③ 研磨或用捣碎机。对于带核、带骨头的样品，在制备前应该先取核、取骨、取皮，目前一般都用高速组织捣碎机进行样品的制备。

（二）保存

采取的样品，为了防止其水分或挥发性成分散失以及其他待测成分含量变化，应在短时间内进行分析，尽量做到当天样品当天分析。

样品在保存过程中可能会有以下几种变化。

（1）吸水或失水　原来含水量高的易失水，反之则吸水。含水量高的易发生霉变，细菌繁殖快，保存样品用的容器有玻璃容器、塑料容器、金属容器等，原则上保存样品的容器不能同样品的主要成分发生化学反应。

（2）霉变　特别是新鲜的植物性样品，易发生霉变，当组织有损坏时更易发生褐变，因为组织受伤时，氧化酶发生作用，使之变成褐色，对于组织受伤的样品不易保存，应尽快分析。

例如，茶叶采下来时，先脱活（杀青）即加热，脱去酶的活性。

（3）细菌 为了防止细菌污染，最理想的方法是冷冻，样品的保存理想温度为－20℃，有的为了防止细菌污染可加防腐剂，例如甲醛，牛乳中可加甲醛作为防腐剂，但量不能加得过多。

 【目标检测】

1. 简述检验和质量检验的概念。
2. 简述质量检验的要求和功能。
3. 简述质量检验计划的概念。
4. 简述质量检验计划的基本内容有哪些？
5. 简述质量检验计划的编制原则。
6. 简述检验流程图是如何进行编制的？
7. 简述检验站的基本概念。
8. 简述检验手册和检验指导书的概念。
9. 质量特性分析表的概念和编制依据是什么？
10. 质量检验人员的要求是什么？
11. 质量检验的类型有哪些？
12. 简述标准和标准化的概念。
13. 简述标准的分类。
14. 简述抽样检验的分类。
15. 简述不合格品的控制程序。

PPT   习题   思维导图

项目四
食品质量保持

【学习目标】

1. 掌握食品质量保持的途径和方法。
2. 掌握食品在保藏期间的物理化学变化特点。
3. 了解食品在流通过程中的质量变化，掌握引起食品质量变化的因素。
4. 掌握食品质量保持在实际中的应用。

【思政小课堂】

食品的质量会受到多种因素的影响，在内因方面主要包括食品本身的抗病能力、食品的加工与处理以及食品的包装等；在外因方面主要是环境对食品质量变化的影响，主要包括环境温度、相对湿度和气体成分等因素的影响。

1996 年夏季，某天下午 3 时左右，一工厂陆续出现以腹痛、呕吐、腹泻及发热为主要症状的患者，至夜间 11 时左右达到高峰，直至次日清晨 7 时才没有新的病例出现，发病人数共达 120 人。

患者中大部分最先出现腹部绞痛，随后发生恶心，多为 1～3 次，个别患者在 5 次以上，继之发生频繁的腹泻，多在 1～8 次，个别患者一昼夜达 32 次。大便为水样，伴有黏液；半数患者发热，体温在 37～39℃。

全部患者当日早、中、晚餐均在厂内用餐，但在厂内进食中餐或晚餐者则无一人发病，因此调查者对当天早餐食物与发病关系进行较详细的了解。全部患者当日早餐均食用了咸黄瓜和（或）炖黄鱼，食用其中之一者也发病，但仅食用稀饭与馒头者未发病。进一步调查发现：该食堂在一个月前购买鲜黄瓜约 100kg，用自来水冲洗后以 7.5kg 盐于缸内腌制，厨师于事件发生前一日晚取黄瓜冲洗，并且使用当天切过黄鱼的刀板，将黄瓜切成小块，放于盆内，盖上纱罩，置于室温 27～28℃的厨房内过夜，次日早餐出售。继续调查得知，当时买来的黄瓜放在曾放过海蟹的筐内用水冲洗。而炖黄鱼为前一日晚餐所剩，盛过剩余黄鱼的盆曾盛过生鱼，临用时曾用自来水冲洗片刻。即晚餐未能售出的黄鱼，用盛过生鱼的盆盛放且置于 27℃的室内过夜，次日早餐期间，厨师将鱼放入锅内加热不足 10min，即取出售卖。

调查者对可疑食物以及患者呕吐物、腹泻物及血液进行了取样化验，并将阳性细菌进行了血凝集试验和动物试验，其结果如下：

① 在可疑食物咸黄瓜、炖黄鱼汤中以及在患者粪便中均未分离出沙门菌、葡萄球菌及条件致病菌，但在食盐培养基中分离出大量副溶血弧菌。

② 将分离的菌体与 6 名中毒患者第 2 日的血清做定量凝集反应，其滴定度最低为 40倍，最高为 160 倍，而健康人血清其滴定度仅为 10～20 倍，盐水对照完全不凝集。

③ 将此培养菌株制成 1×10^8 个/mL 的生理盐水，取 0.5mL，进行小白鼠腹腔内注射，

24h 内动物全部死亡。

因此得出，此事件属细菌性食物中毒，具体原因待查；且是早餐引起的中毒，导致中毒的食物可能是黄瓜和黄鱼。

以上案例告诉人们，在食品加工、储存等各个环节要严格遵守卫生制度，做好食具、容器和工具的消毒，避免生熟交叉污染；食品食用前要充分加热以杀灭病原体和破坏毒素；在低温或通风阴凉处储存食品以抑制细菌繁殖和毒素的形成。

【必备知识】

知识一 食品质量保持的重要性

食品在储藏过程中，其质量会发生或多或少、或快或慢的变化。绝大多数食品来源于植物界和动物界，不仅含有大量水分，而且含有丰富的营养成分。它们多属于性质稳定的物质，既容易受到微生物的污染，也容易发生化学变化和物理变化；许多食品还含有很多酶类，因此容易引起形形色色的酶促反应，所有这一切都会导致食品质量的变化。

一、食品质量与质量保持

食品质量在保藏过程中的变化是难以避免的，但其变化的速度受到多种环境因素的影响，并遵循一定的变化规律。人们通过控制各种环境因素和利用变化规律就可以达到保持食品质量的目的。

1. 食品质量变化的热力学规律

食品质量变化所遵循的规律之一是热力学规律。研究这一规律的基础是热力学的基本原理和耗散结构的基本理论，主要研究食品体系的状态和结构，从体系的有序变化和无序变化的角度来研究食品体系的稳定性、食品质量的变化方向和变化趋势，而不研究食品质量的变化速度。

（1）有序和无序的概念 有序是指体系内各种联系的秩序性和规律性，无序是指体系内各种联系的混乱性和无规律性。

一个孤立体系中熵的自发增加与该体系混乱度的增加是相关的，并证明熵和混乱的对数成正比，即

$$S = k \ln \Psi$$

式中，S 表示体系的熵；k 表示玻耳兹曼常数；Ψ 表示混乱度。

由上式可见，若熵值变大，则体系的混乱度增加，无序度增强；若熵值变小，则体系的混乱度减小，有序度增强。

（2）有序的特点

① 具有秩序性和规律性：有序表现为体系的秩序性和规律性，并由这种秩序性和规律性表现出体系的方向和状态。

从方向性看，有序的方向和无序的方向相反。沿着有序的方向，联系的规律由低级向高级发展，有序化表现为时空越来越不均匀，其组织结构也越来越复杂，并出现功能的多样化。如各种动植物随着发育的不断成熟，各种细胞、组织和器官相继形成，并发挥越来越多的功能，同时整个体系拥有越来越多的独立性，具有更多的可能性和能够克服更多的偶然

性。例如，一个发育良好的苹果就具有较强的抗病性和耐储性。

从状态来看，有序表现为体系的稳定和有条不紊，与系统互相协调，诸功能井然有序。

② 具有连续性：体系有序化的过程是由低级向高级、由简单到复杂、由有序度较低到有序度较高的发展过程，各种原料食品和加工食品的形成都是遵循这一过程。

③ 有层次性：例如，一块新鲜的肌肉（横纹肌）是由很多肌纤维组成的，每一纤维束是由一条条肌纤维组成，每一条肌纤维是由多根肌原纤维组成，每一根肌原纤维又是由大量的肌肉微丝组成。在上述每一层次都有其自身的结构和排列的顺序。

(3) 无序的特点

① 从体系状态看，它失去了整体性，因此整个功能紊乱、比例失调、排列错乱、结构涣散或解体。如水果在不适宜的条件下储藏就容易出现这种状态，主要是由于果胶水解、细胞分离、组织解体；若周围氧气严重不足还会引起无氧呼吸，使果实体内积累乙醇、乙醛，导致果实功能紊乱，出现生理病害。

② 从体系发展的方向看，它是指一种极其混乱的状态，如气体运动、布朗运动等都是朝着无序化方向发展，表现为熵的增加，混乱度增大。当食品保藏不当时，会引起微生物的大量繁殖，最后导致食品完全解体、变质腐败。

2. 体系的状态

(1) 平衡态 当一个体系不受外力作用或处于不变的外力场时，经过一定时间（可能十分漫长），将达到一个宏观性质不随时间变化的状态，这就是热力学中所描述的体系处于平衡状态。处于平衡状态的体系，其分子和原子仍处于不断的运动中，但这种运动的平均效果不变，因而表现为体系的宏观性质不变，因此热力学描述的平衡状态是一种动态平衡。如食品中水分的蒸气压和环境水蒸气压相等时，食品中水的蒸发和凝结就达成动态平衡。当微生物处于等渗溶液时，其体内的渗透压和外界的渗透压相等，表现为渗透平衡。

达到平衡态的体系将长久保持这个状态，只有受到外力作用时，平衡才会遭到破坏。

(2) 趋向平衡态 当食品的水蒸气压和环境的水蒸气压不相等时，水蒸气将会沿着蒸气压降低的方向运动，导致食品对水蒸气进行吸收或解吸，这一过程要进行到食品与环境的水蒸气压相等时为止。也就是说，水蒸气运动的方向是朝着食品和环境水蒸气压达成平衡的方向。例如食品冷库的温度为 0℃，外界的温度为 30℃，宏观来看，温度由墙外 30℃ 逐渐下降到墙内 0℃ 是比较有序的，但这种情况在没有库内制冷的情况下是不可能维持的。由于分子热运动的结果，热量将由墙外流向墙内，使库房温度逐渐升高，最终墙内外温度要相等（可能需要很长时间），即趋向热平衡。人们把这种现象称为趋向平衡态。

在体系趋向平衡态的过程中，体系将尽可能靠近分子完全无序的状态，因此不会形成新的组织和结构，不可能自发形成宏观的有序结构。

(3) 远离平衡态 趋向平衡态是自然界的一种规律，即根据熵原理，混乱度达到最大。远离平衡态则是另一种情况，它是在"强制力"保持一定的情况下，迫使体系远离平衡时的状态。在这种状态下，新的有序结构有可能形成。这个所谓的"强制力"可以不同的形式存在，对于活的动植物而言，应为含有它们所需要的营养素和化学能的食物、饲料、肥料以及水和氧等，动植物体通过同化作用把外界的物质和能量转变为自身需要的物质和能量，同时向环境排出废物、二氧化碳和热量。因此，在这个"强制力"的作用下，体系和环境进行着物质和能量的交换，它们并不处于平衡的状态。各种农作物和家禽由于不断从外界获得适于自身生长发育的物质和能量，因此它们并不处于趋向平衡的状态，而是处于远离平衡的状态，所以能够形成新的有序结构。

对于非生物界而言，上述的"强制力"则以各种不同的形式出现。如前所述，食品冷库外高温环境的热量会自动向冷库内传递，以达到库内外热平衡状态，但是在强制力的作用下，仍然可以维持库内的低温，冷库墙内外的温度就能够维持从低到高的有序排列。

3. 体系的结构

（1）平衡结构　平衡结构为体系结构的一种，是属于不能再继续进行有序化的一种死的结构。例如巧克力、蛋糕、冰糖、夹心面包等加工食品和其他所有没有生命力的组织结构（房屋、各种家具和各式各类的服装等）。

平衡结构越是处于不与外界发生关系的孤立体系中，就越能维持自己的存在。许多无生命力的食品，通过真空、低温或低水分活度储藏，就可能延长其储藏寿命，若受到外界因素如微生物、氧、光线等的干扰越多，其储藏寿命就越短。

（2）耗散结构　无序度的增加和能量的耗散是许多自发过程的普遍特征。为了描述这一特征，物理学家引入熵的概念，并确立熵增加原理，即热力学第二定律，预言任何自发的物理过程和化学过程总是导致熵的增加，体系向着平衡态的方向发展。如果时间足够长，体系最终会达到一个具有极大熵值的平衡态，即一个宏观静止的、分子排列最混乱的状态。

但是生物界的发展过程通常呈现出另一番景象，进化的结果总是导致种类的繁多、功能和结构的复杂化，即有序的增加。在过去很长的一段时间里，人们认为非生命科学和生命科学受制于不同的规律。后来许多科学家陆续发现，即使在非生物界，也可以找到自发形成有序结构的例子。

20 世纪 60 年代，以比利时物理学家和化学家普利高京（I. Pirgogine）为首的布鲁塞尔学派首先注意到非平衡态和不可逆过程可以起到积极作用。体系处于远离平衡的状态中，在适当的条件下，有可能形成宏观有序结构。这是一种活的有序结构，为了和死的有序结构（平衡结构）相区别，普利高京把这种开放的和远离平衡的条件下，在与外界环境交换物质和能量的过程中，通过能量的耗散和内部的非线性动力学机制来形成和维持的宏观时空有序结构称为耗散结构。

（3）状态和结构的关系　体系在平衡态附近时，其发展过程主要表现为趋向平衡态，并伴随无序的增加和结构的破坏；而在远离平衡状态下，体系的发展过程可以经受突变，导致结构的形成和有序的增加。

（4）质量变化的基本方向　无论是植物性食品还是动物性食品都来源于自然界。它们在生长期间，必须从外界吸收自身需要的养分、水和空气，作为物质和能量的来源。

以水果为例，在生长阶段，果实和环境间物质和能量交换是一个非平衡的开放体系，并且远离热力学平衡体系。在这一体系中，熵的变化是由两方面组成的，一方面是由于果实异化作用所引起的熵变，即体内复杂、高级的有机物被降解为二氧化碳和水等并释放到大气中去，这一过程导致熵的增加；另一方面果实又源源不断地从果树活动中吸收营养成分和水分，从空气中获得二氧化碳，作为物质和能量的来源，可以认为这是果实从外界获得的负熵源。若前者用 dis 表示，后者用 des 表示，则整个果实的熵变（ds）可写成：

$$ds＝dis＋des$$

在果实生长过程中，式中的 dis 为正值，des 为负值。当 des 的绝对值大于 dis 时，整个果实的熵变为负值，意味着果实有可能进行有序化，因此在这一条件下，树上的果实可由小到大。当果实成熟不再长大时，由于体内异化作用仍不断地进行，dis＞0，果实要维持现状，ds 必须为 0，所以仍需要养分供应，以保证其负熵源，使得 des＋dis＝0。

当果实采摘之后，不能再获得所需的养分，即切断其负熵源，des＝0，而果实的异化作用并没有停止，整个果实的熵变：

$$ds＝dis＋des＞0$$

果实从采摘之后到被消费之时，其熵变总为正值，熵增大说明自身的有序度在减小、无序度在增大，这一过程属于自发过程，完全遵循热力学第二定律。

上述过程对于植物性食品的演变具有普遍意义。对于动物性食品来说，屠宰后的动物体（禽、畜、鱼肉）其负熵源被切断，即 des＝0；而异化作用在悄悄地进行，它虽然不像水果、蔬菜那样进行呼吸作用，但体内的酶仍然在活动，生化反应并没有停止，大分子有机物降解为小分子物质的过程在进行，混乱度增加，dis＞0，其熵变 ds 为正值。

热力学第二定律是自然界的普遍规律，不仅动植物性的原料食品在储藏中的变化遵循熵增加原理，加工食品变化也是如此。在储藏过程中，大分子物质不断降解为数量更小的小分子物质，有序结构不断演变为无序结构。随着混乱度的增加，食品的稳定性不断减弱，在品质方面表现为营养价值及色、香、味、形等品质随着时间的延长而逐渐下降。

4. 食品质量变化的动力学规律

食品在储藏和加工过程中各种化学和生物化学变化与温度、时间、pH 值、食品组成、水分活度、反应速率等都有关系。温度是影响食品储藏加工中化学变化的主要因素，而在高温或低温下，由于酶失活或活性被抑制，温度对质量变化影响不明显。

时间是影响食品加工储藏过程中质量的第二个因素。特别是在食品的储藏中，需要了解不同食品在特定质量水平的保质期，以及各种化学和微生物学反应随时间变化的规律和变化速率常数。此外，保藏过程中各种反应的相互影响、竞争和共同作用都影响食品质量。

pH 值和水分活度都能影响许多化学反应和酶催化反应的速率。当在极端 pH 值时，微生物生长和酶促反应能够受到极大程度地限制。可能极小的 pH 变化导致食品品质的显著改变。在中等水分含量的食品中，无论在化学、生物化学和酶促反应，以及大多数的微生物反应中速率都是较大的；而在低水分活度的食品中，大多数反应速率都很慢。当然也有例外，对于脂类的氧化和类胡萝卜素的降解脱色不符合这个规律。

食品的成分不同决定参加反应的类型不同，因为各类反应的活化能和碰撞速率依赖组成物质的结构和性质。此外，注意环境中的其他因素也影响食品加工和储藏过程中的质量变化。

二、影响食品质量保持的因素

食品的化学成分不仅决定食品的品质和营养价值，还决定食品的性质和变化，而食品的性质和变化则是研究食品保藏的主要依据。

在各种食品的组成成分中，有某些成分是相同的。根据各种食品成分的共同性，可分为天然成分和非天然成分，天然成分又可分为无机成分和有机成分；非天然成分是指由人工合成的各种食品添加剂，也包括加工过程中的污染物质。无机成分如水和矿物质；有机成分最主要的有蛋白质、糖类、脂类、维生素等，其中，蛋白质、糖类、脂类和维生素为四大基本营养素。

（一）蛋白质

蛋白质存在于一切生物的原生质内，是生物体系生命现象的体现者。运动、生长、繁殖、遗传都是生命现象，而生命现象的最本质的特征就是蛋白质的不断自我更新，即通过摄食和排泄来实现的新陈代谢。

从食品科学的角度来看，蛋白质除了保证食品营养价值外，在决定食品的色、香、味及质地等特性上也起着重要的作用。因此，了解蛋白质的结构和性质及其在食品保藏过程中所发生的变化，对保藏方法的选择和研究有着重要的指导意义。

1. 蛋白质的组成

蛋白质是由氨基酸以肽键连接组成的高分子化合物。其构成元素除了 C、H、O、N 之外，还有 S、P、Fe、I 等。蛋白质中 N 的含量平均为 16%，所以当测定出食品中的 N 含量后，就可求出该食品中所含粗蛋白的数量。

当人体从食物中摄取蛋白质后，经消化后分解为各种氨基酸而由肠壁吸收，供给构成身体的组织，其多余部分氨基酸在酶参与下，分解产生热量作为身体的热源。各种蛋白质的分子量相差很大，构成蛋白质的氨基酸都是 α-氨基酸。

构成蛋白质的常见氨基酸共有 20 种，如甘氨酸、赖氨酸、天冬氨酸等。人体所需的氨基酸中，部分氨基酸可由人体其他氨基酸转化而来，但也有些氨基酸必须从食物中摄取，如果食物中缺乏这种氨基酸，就会影响机体的正常生长和健康，这些氨基酸称为必需氨基酸（EAA）。人的必需氨基酸有赖氨酸、苯丙氨酸、缬氨酸、蛋氨酸、色氨酸、亮氨酸、异亮氨酸及苏氨酸 8 种，此外，组氨酸对于婴儿营养来讲也是必需的。

2. 氨基酸的分类

根据蛋白质的分子组成，蛋白质可分为两类：简单蛋白质和结合蛋白质。简单蛋白质是仅含有氨基酸的蛋白质；而结合蛋白质是由氨基酸和非蛋白质成分组成，结合蛋白质中的非蛋白质成分称为辅基，根据辅基不同又可分为核蛋白、脂蛋白、糖蛋白、磷蛋白、血红素蛋白、金属蛋白等。

蛋白质也可根据其空间形状分为纤维蛋白和球蛋白。胶原蛋白、角蛋白、弹性蛋白、丝心蛋白等属于纤维蛋白；而溶菌酶、混合蛋白、肌动蛋白等属于球蛋白。

此外，还可根据蛋白质的来源分为动物来源的蛋白质和植物来源的蛋白质。

3. 蛋白质的功能性质

蛋白质的功能性质是指在食品加工、储藏和销售过程中，蛋白质对人们所期望的食品的感官品质作出贡献的那些物质的物理化学性质，主要包括以下几方面。

(1) 蛋白质的水合性质　蛋白质的许多功能和水合作用有关，例如水吸收作用（又称水亲和性）、溶胀、湿润性、持水性、分散性、黏度等。蛋白质的水合作用是通过蛋白质的肽键，或由亲水基团的氨基酸侧链同水分子之间的相互作用来实现的。

(2) 蛋白质的溶解性　蛋白质的许多功能特性都与蛋白质的溶解度有关，特别是增稠、起泡、乳化和凝胶作用。目前不溶性蛋白质在食品中的应用非常有限。

蛋白质中氨基酸的疏水性和离子性是影响蛋白质溶解性的主要因素。疏水基团相互作用增强了蛋白质与蛋白质之间的相互作用，使蛋白质在水中的溶解度降低。离子相互作用则有利于蛋白质-水相互作用，可使蛋白质分散在水中，从而增强了蛋白质在水中的溶解度。

(3) 蛋白质的界面性质　蛋白质的界面性质表现在其优良的乳化性和起泡性方面。

许多食品，如牛乳、冰激凌、豆奶、黄油等属于乳胶体，蛋白质成分在稳定这些胶体体系中通常起着重要的作用。天然的乳状液是靠着脂肪球"膜"来稳定，这种膜是由三酰甘油、磷脂、不溶性蛋白和可溶性蛋白的连续吸附层所构成。蛋白质吸附在分散的油滴和连续的水相之间的界面上，氨基酸侧链的离子化可提供稳定乳化的静电斥力。

(4) 黏度　蛋白质体系的黏度和稠度是流体食品的主要功能性质，例如饮料、肉汤、汤汁、沙司和稀奶油。了解蛋白质分散体的流体性质，对于确定加工的最佳操作过程同样具有实际意义。例如，泵传送、混合、加热、冷却和喷雾干燥，都包括质和热的传递。

(5) 凝胶作用　变性的蛋白质分子聚集并形成有序的蛋白质网络结构的过程称为凝胶作用。胶凝是某些蛋白质的一种很重要的功能性质，在许多食品的制备中起着重要作用，包括各种乳品、果冻、凝胶蛋白、各种加热的碎肉或鱼制品、面包面团的制作等。蛋白质凝胶作用不仅可用来形成固态黏弹性凝胶，而且还能增稠，提高吸水性和颗粒黏结、乳状液或泡沫的稳定性。

大多数情况下，热处理是蛋白质胶凝的必需条件，然后必须冷却，略微酸化也有助于凝胶的形成。此外，添加盐类，特别是钙离子可以提高凝胶速率和凝胶强度。

(6) 面团的形成 小麦蛋白是众多食品蛋白质中唯一具有黏性面团特性的蛋白质。其中的面筋蛋白，主要包含麦醇蛋白和麦谷蛋白，是面团形成的主要因素。小麦面粉发酵时，其中的面筋蛋白能够捕捉气体形成黏弹性面团。此外，面筋蛋白中，还含有淀粉粒、戊聚糖、极性和非极性脂质及可溶性蛋白质，所有这些成分都有助于面团网络和面包质地形成。

(7) 风味形成 食品中存在的醛、醇、酮、酚和氧化的脂肪酸可以产生豆腥味、酸味或苦味或涩味。这些物质能与蛋白质结合，当烹调或咀嚼时，它们会释放出来并能被感受到，所以某些蛋白质制剂必须进行除去异味的脱臭步骤。与此相反，蛋白质又能作为需要风味的载体。例如，人们制造人造肉，使组织化的植物蛋白产生肉的风味。

(二) 糖类

糖类化合物是自然界分布广泛、数量最多的有机化合物之一，是食品的主要组成成分之一，也是绿色植物进行光合作用的直接产物。糖类在人体中的主要功能是提供热量，糖类经消化水解变成单糖（主要是葡萄糖）被人体吸收，单糖再经完全水解放出热量，提供生命活动所需。当葡萄糖在人体血液中含量较高时，可合成糖原或转化为脂肪储存在体内。

糖类化合物按其组成分为单糖、寡糖和多糖。单糖是一类结构最简单的糖，是不能再被水解的糖单位，根据其所含碳原子的数目分为戊糖和己糖等；根据官能团的特点又分为醛糖和酮糖。

谷物、蔬菜和果实以及可供食用的其他植物都含有糖类化合物。而蔗糖在植物中含量较少，大量的膳食蔗糖一般来自经过加工的食品。在加工食品中添加的蔗糖一般是从甜菜或甘蔗中分离得到的。谷物只含有少量的游离糖，大部分游离糖被输送至种子，转变为淀粉。甜玉米具有甜味是因为采摘时蔗糖尚未全部转变为淀粉。

淀粉是植物中最普遍的糖类化合物，甚至树木的木质部分也存在淀粉，而以种子、根、块茎中含量最丰富。天然淀粉的结构紧密，在低相对湿度的环境中容易干燥，同水接触又很快变软，并且能够水解成葡萄糖。

动物产品所含的糖类化合物比其他食品少，肌肉和肝脏中的糖原是一种葡聚糖，结构与支链淀粉相似，以与淀粉代谢相同的方式进行代谢。乳糖存在于乳汁中，牛乳中含有 4.8%、人乳中含有 6.7%、市售液体乳清中为 5%。工业上采取从乳清中结晶的方法制备乳糖。

(三) 脂类

脂类化合物是人类食品的三大重要成分之一，不仅是很好的热量来源，而且还提供人体无法合成而必须从植物油脂中获得的必需脂肪酸（如亚油酸、亚麻酸等），以及提供各种脂溶性维生素（维生素 A、维生素 D、维生素 K、维生素 E）。此外，油脂还是很重要的热媒介质（如煎炸食品），并具有造型功能（如制作蛋糕或其他食品上的造型图案等），可赋予食品良好的风味和口感，增加消费者的食欲。

脂类是一大类天然有机化合物，除含有 95% 左右的脂肪酸甘油酯外，还含有少量组成成分非常复杂的非甘油酯成分，包括磷脂、固醇、三萜醇、脂肪烃、色素、脂溶性维生素等，但它们都具有下列共同的特点：不溶于水而溶于乙醚、石油醚、氯仿、酒精、苯、四氯化碳、丙酮等有机溶剂；多数水解时生成游离脂肪酸；都是由生物体产生并能为生物体所利用的。

在植物组织中脂类主要存在于种子或果仁中，在根、茎、叶中含量较少。动物体中脂类主要存在于皮下组织、腹腔、肝和肌肉内的结缔组织中。许多微生物细胞中也能积累脂肪。目前，人类食用和工业用的脂类主要来源于植物和动物。

1. 脂类的分类

根据脂类的化学结构及其组成，可将脂类分为简单脂类、复合脂类和衍生脂类。

食品中最丰富的脂类化合物是脂酰甘油类。根据动物和植物脂肪和油的组成，酰基甘油习惯上可分为乳脂、月桂酸酯、植物奶油、油酸-亚油酸酯、亚麻酸酯、动物脂肪、海产动物油脂等。

2. 油脂（脂肪）的构成

脂肪大部分由三个脂肪酸分子与一个甘油分子所组成的酯，称为三酰甘油。根据分子中烃基是否饱和，脂肪酸可以分为饱和脂肪酸和不饱和脂肪酸。饱和脂肪酸的烃链完全为氢所饱和，如软脂酸、硬脂酸等；不饱和脂肪酸的烃链含有双键，如油酸含有一个双键、亚油酸含有两个双键、亚麻酸含有三个双键、花生四烯酸含有四个双键。一般动植物油脂中，饱和脂肪酸和不饱和脂肪酸常常同时存在。

3. 油脂的重要性质

（1）酯解　即脂类化合物在酶作用下或加热条件下发生水解，释放出游离脂肪酸。活体动物组织中的脂肪实际上不存在游离脂肪酸，然而动物在屠宰后由于酶的作用可生成游离的脂肪酸，动物脂肪在加热精炼过程中使脂肪水解酶失活，可减少游离脂肪酸的含量。

乳脂水解释放出短链脂肪酸，使生牛乳产生酸败味，如果添加微生物和乳脂酶能产生某些典型的干酪风味。控制和选择酯解也用于加工其他食品，如酸乳和面包的加工。

与动物脂肪相反，成熟的油料种子在收获时油脂将发生明显水解，并产生游离脂肪酸，因此大多数植物油在精炼时需要碱中和。在油炸食品过程中，食品中大量水分进入油脂，油脂又处在较高温度条件下，因此酯解成为较重要的反应。

（2）脂类氧化　脂类氧化是食品酸败的主要原因之一，它使食用油脂、含脂肪酸食品产生各种异味和臭味，统称为酸败。另外，氧化反应能降低食品的营养价值，某些氧化产物可能具有毒性。当然在某些情况下，脂类进行有限氧化是需要的，例如产生典型的干酪或油炸食品香气。

（3）热分解　油脂经长时间加热会发生黏度增高、酸价提高的现象。在高温下，脂肪可发生部分水解，然后聚集或缩合成分子量更大的物质，不仅味感变劣，丧失营养，甚至还有致癌性，因此对于煎炸食品，油的加热温度和使用时间必须加以控制。

（4）乳化　油脂中甘油的烃基和脂肪酸的羧基都具有亲水性，只是由于它是非极性分子，所以不溶于水。如果加入蛋白质、卵磷脂、固醇、单硬脂酸甘油酯等同一分子中兼有极性和非极性基的成分时，则脂肪可以以微粒形式分散于水中，这种现象称为乳化。利用液体剪切、超声波等物理方法，也能产生乳化现象，但得到的乳浊液不稳定。乳化的相反过程称为破乳。

（四）维生素

食品中维生素和矿物质的含量是评价食品营养价值的重要指标。人类在长期进化过程中，不断地发展和完善对营养的需要，在摄取的食物中，不但需要蛋白质、糖类化合物和脂肪，而且需要维生素和矿物质，如果维生素或矿物质供给量不足，就会出现营养缺乏的症状或患某些疾病。

食品在储藏或加工过程中维生素的含量会大大降低，所以通常用合成的维生素去补偿食物中原有维生素的含量。维生素分两大类：水溶性维生素与脂溶性维生素，这些维生素的化学结构各不相同，都有其特殊的生理功能。有的维生素参与细胞的物质与能量代谢过程，这些维生素常常起着辅酶的作用；有的维生素则专一地作用于高等有机体的某些组织。而维生素摄入过多，尤其是脂溶性维生素，会引起严重的毒害作用，所以在食品加工中加入维生素时要严格控制。食品中有些物质称为维生素原，它们能在人体和动物体内转化为维生素。

维生素在食品中的含量非常少，再加上食品经过储藏、运输、加工处理后，维生素都会有不同程度的损失。因此，食品在加工过程中除应必须保持营养素损失最小和食品安全外，还应该考虑加工前的各种条件对食品中营养素含量的影响，如成熟度、生长环境、土壤情况、肥料使用、水的供给、气候变化、光照时间和强度，以及采后或屠宰后的处理等因素对营养素含量的影响。

知识二　食品质量保持的途径

一、食品包装与质量保持

现代食品包装技术是食品生产、流通和消费的产物，它和现代化食品流通条件与销售市场是相应发展的。现代食品包装发展总的趋势是自动化、机械化和环保。

1. 食品包装需满足的要求

食品包装除了保障食品安全外，还是保障食品的色、香、味等感官质量的重要手段。在现代发达的商业领域，食品包装还对食品的促销起重要的作用。因此，作为食品的包装，至少应满足如下几点要求。

（1）强度要求　由于食品在包装完成之后还要经过堆放、运输、储存等流通过程才能到达消费者手中，这就要求食品包装具有一定的强度，在流通过程中不会破损。

（2）阻透性要求　食品包装的阻隔性要求是由食品本身的特性决定的，不同的食品对其包装阻隔性特性的要求也不一样。食品包装的阻隔性一方面保证外部环境中的各种细菌、尘埃、光、气体、水分等不能进入包装内的食品中，另一方面是保证食品中所含的水分、油脂、芳香成分等对食品质量必不可少的成分不向外渗透，从而达到保证包装食品不变质的目的。还有一些食品要求包装材料对气体的阻隔要有选择性，例如，果蔬保鲜包装，通过控制材料的孔隙大小，可以有选择地透过 O_2 和 CO_2，从而控制包装食品的呼吸强度，达到果蔬保鲜的目的。

（3）安全卫生要求　食品的包装材料在具备必要的阻透性的同时，必须保证包装材料自身的安全无毒和无挥发性物质产生，也就是要求包装材料自身具有稳定的组织成分。另外，在包装工艺的实施过程中，也不会产生与食品成分发生化学反应的物质和化学成分。在储藏和转移的过程中也不会因气候和正常环境因素的变化而发生化学变化。

（4）耐温性要求　食品加工过程中大都要经过热处理，有的是包装后进行高温处理，如罐头食品和蒸煮类各种食品；有的是热灌装，如许多热灌饮料。还有许多食品保质期很长，如达到或超过一年，这种常温保存食品储存过程中难免会经过炎热的夏天，气温连续在30℃以上，这些都要求食品的包装具有一定的耐温性。随着食品和加工工艺的不同对耐温性的要求也有所不同。

（5）避光性要求 光照对于食品质量和营养的保持十分不利。尤其是紫外线的照射会使食品中的油脂氧化导致酸败，使食品中天然色素氧化而使食品的色泽发生变化，会促进食品中 B 族维生素和维生素 C 的损失。另外，光照还会使食品发生氨基酸分解，糖熔化等不利于食品质量保持的物理和化学变化。因此，对于好的食品包装，避光性也很重要。

（6）安全性要求 由于食品是日常消费品，要经过流通环节才能到达消费者，这就要求食品包装要适于放置、搬运、陈列和方便购买，不能带有伤人的棱角或毛刺，尽量有专设的手提装置，以方便购买。还要考虑到，打开包装时，即使不正确操作，也不至于对消费者造成伤害。

（7）促销性要求 促销性是食品包装的重要功能之一。促销性要求食品包装材料要具有易于印刷、易于造型、易于着色、自重轻等特点。在这方面，塑料无疑具有得天独厚的优势。

（8）便利性要求 便利的包装经常是消费者选择某种食品的重要理由。包装的便利包括使用便利，如调味品的包装；形态便利，如新推出的奶片（干吃奶粉）；场所便利，如外出食用的旅游、休闲食品要求具有质量轻、体积小、开启方便等特点；此外，还有携带便利、计量便利、操作便利、选择便利等方面的要求。

2. 塑料包装与纸包装分析

现代食品包装发展的物质基础是包装材料。目前纸、塑料、金属和玻璃仍然是食品包装材料的主角；绿色包装材料将会有较大的发展空间。

世界上几乎所有国家用来包装食品和药物的材料是塑料制品，但让人们担心的是，在一定的介质、环境和温度条件下，塑料中的聚合物单体和一些添加剂会溶出，并且极少量地转移到食品和药物中，从而引起急性或慢性中毒，严重的甚至会致畸、致癌。同时由于世界上每年消耗的塑料制品很多，人们使用完后随手丢弃，由于塑料很难腐烂，这也让环保业面临极大挑战。

在现代包装工业体系中，纸与纸容器已经占有非常重要的地位。在我国，纸包装材料占包装材料总量的 40% 左右，从发展趋势来看，纸包装的用量会越来越大。纸包装材料之所以在包装领域中地位凸显，是因为它有一系列独特的优点，例如加工性能好、印刷性能优良、具有一定的机械性能、便于复合加工、卫生安全性好、原料来源广泛、容易形成大批量生产、品种多样、成本低廉、重量较轻、便于运输，废弃物可回收利用；而塑料用作包装材料是现代技术发展的重要标志，其原材料来源丰富、成本低廉、性能优良，成为近 40 年来世界上发展最快、用量巨大的包装材料，但是塑料包装材料用于食品包装有很明显的缺点，存在着某些卫生安全方面的问题及包装废弃物对环境污染的问题。

消费者倾向纸包装，并且在人们环保意识不断增强的今天，他们对包装的要求也越来越高，以再生材料作原料的包装也越来越受到人们的欢迎。

美国百分之百再生纸板联盟做了一个市场调查，调查表明，越来越多的美国消费者要求用 100% 再生纸板作消费品的包装。调查对象：随机访问 400 名家庭消费品购买者，调查他们对环保、对使用 100% 再生纸板进行包装的公司的看法。调查内容：人们的环保意识和对包装上再生符号的了解程度，并从产品包装质量、产品吸引力和使用性能三个方面比较了用再生纸板包装和新纸板包装的五种商品。调查结果：半数以上的消费者比较看重产品采用再生纸板包装的企业。在同样情况下，也更愿意购买用再生纸板包装的家用消费品。

消费者希望能有更多的纸质包装采用再生纸板，能有更多的包装打上 100% 再生的符号。85％的消费者认为，用再生包装材料"有利于孩子们的未来"，80％的消费者认为购买100％再生纸板包装的产品是"为环保作贡献"。

消费者对使用100％再生纸板的企业评价较高，认为使用再生纸板的企业具有环保责任感。在产品质量、吸引力和使用性能对比方面，过半数的消费者认为，使用再生纸板和使用新的纸板进行包装，质量没有差别，甚至前者更好，产品吸引力也没有大的差别。

同时塑料包装也亟待改进，有资料显示，塑料用于食品包装的量占塑料总产量的1/4，可以这样说，用于食品包装的塑料一出现，就有垃圾产生。在超市及商场，很多食品包装均是塑料做的。膨化食品的塑料充气包装可防潮、防氧化、保香味、阻隔阳光照射、防止受挤压，但那么大的包装在资源上是极大的浪费；还有方便面的包装，塑料包装远远多于纸质碗（或桶）的包装，市场上碗或桶装方便面的销售价一般高于同质量袋装方便面销售价的1/3，但由于这种包装方式食用方便，尤其在外出旅游时，开盖后直接冲热水泡即可食用，不必带其他盛装容器，所以很受消费者欢迎。

3. 现代生物技术在食品包装中的应用

（1）生物酶工程在食品包装中的应用 生物酶是一种催化剂，它可用于食品包装而产生特殊的保护作用。研究表明，食品（包括很多生鲜食品和农副产品）都是由于生物酶的作用而产生变质糜烂的。可用于食品包装的酶的种类很多，这里重点介绍三种酶在食品包装中的应用。

由于微生物污染导致的腐败变质和氧化是食品腐变的两大重要因素，除氧是食品保藏中的必要手段，葡萄糖氧化酶具有对氧非常专一的理想抗氧作用，采用该酶进行处理是一种理想的除氧方法，对于已经发生的氧化变质作用，它可以阻止进一步发展，或者在未变质时，它能防止发生。国外已采用各种不同的方式将其应用于茶叶、冰激凌、奶粉、罐头等产品的除氧包装中，并设计出各种各样的片剂、涂层、吸氧袋等用于不同的产品中以除氧。每瓶啤酒只需加入10单位葡萄糖氧化酶，就可使总氧从2.5mg/L降为0.05mg/L，去氧达98％，去氧效果之佳为其他同类产品所无法比拟的，增加了保质期。

细胞壁溶解酶（溶菌酶）最大的特点是消除某些微生物的繁殖，而让某些有益细菌得以繁殖。其在食品包装上用作防腐剂，对人体无毒害，可以替代一些对人体有害的化学防腐剂。该溶解酶用于清酒的防腐中，研究发现，15mg/kg溶菌酶防腐效果与250mg/kg的水杨酸相等，还可有效防止水杨酸对胃肠的刺激，是一种良好的防腐剂。该溶解酶在含食盐、糖等的溶液中稳定，耐酸、耐热性强，可用于水产、香肠、奶油、生面条的保藏，有效延长保藏期。

可将溶菌酶固定在食品包装材料上，生产出有抗菌功效的食品包装材料，以达到抗菌保鲜目的。肉制品软包装如果在产品真空包装前添加一定量的溶菌酶（1％～3％），然后进行巴氏杀菌，可获得很好的保鲜效果，同时可以有效防止高温灭菌处理后制品脆性变差甚至产生蒸煮味。

郑州工程学院的彭海萍利用转谷氨酰胺酶修饰小麦面筋蛋白制备食用包装膜，研究发现，转谷氨酰胺酶的聚合作用可增加蛋白质热稳定性等功能，酶的添加量控制在0.2％～0.3％，包装膜的机械性能和阻隔性能都可达到包装要求，适宜作食品的内包装纸。

（2）基因工程在食品包装中的应用 塑料作为四大包装材料之一，由于其质轻、强度好，用量逐年递增。但由于用石油产品制成的传统塑料，其废弃物很难降解，造成白色污染，因此，可降解塑料成为当今的研究热点。可生物降解塑料是环境友好的，可替代石化聚合物的新型材料。聚β-羟基脂肪酸酯（PHA）是一类微生物合成的大分子聚合物，其结构简单，是可生物降解材料研究的热点，而聚β-羟基丁酸（PHB）是PHA中最典型的一种。

从 1926 年发现 PHB 至今，人们对其生物降解性和应用做了大量研究，被认为是化学合成塑料的理想代替品，在工业、农业及医学领域中被广泛应用。目前 PHB 的生产成本依然太高，用细菌发酵生产 PHB 的成本至少是化学合成聚乙烯的 5 倍，这严重限制了 PHB 在商业上的应用。为降低 PHB 的生产成本，提高 PHB 与传统塑料的市场竞争力，可向植物体内引入 PHB 生物合成途径，以植物为表达载体，利用 CO_2 及光能合成 PHB，这是大规模廉价生产 PHB 的一种很有前景的方法，用转基因植物来生产 PHB 是降低生产成本的较好选择。我国中科院植物研究所宋艳茹研究小组对转基因马铃薯生产 PHB 进行研究，他们利用聚合酶链式反应（PCR）技术，从真养产碱杆菌 H16 染色体 DNA 中扩增并克隆了调控 PHB 生物合成的 *phbB* 和 *phbC* 基因。

John 等人从纤维的改性出发，研究了 PHB 合成基因在棉花中的表达情况。另外，利用蓝细菌生产 PHB 也是很有研究前景的，它的生长周期短、繁殖快，成本更低。

总之，现代食品包装的好坏直接影响到销售。虽然现代食品包装不能代表食品的内在质量，但良好的包装可以保证食品质量，延长食品货架期。随着食品工业产品大幅度增长，如啤酒，5 年增长了 16.8%，到 2015 年比 2000 年增长了 51%，因此，啤酒的罐装设备以及瓶、罐和桶等包装材料都要相应增加。其次是方便食品，发展速度相当快，潜在需求量大，其品种多种多样，对包装的需求无疑是新型的、最大的。此外，还有乳制品，年均递增 15%。综上所述，发展现代食品包装需要食品工业的发展来带动。随着不同食品有不同特性从而对包装要求的不同、包装材料和包装机械的不断发展以及食品及现代食品包装形式的多样化，可以预料，将会出现越来越多的现代食品包装新技术和新方法。

二、食品保藏与质量保持

食品在储藏过程中往往由于本身和外界的环境影响，会发生各种变化。其中有属于酶引起的生理变化和生物学变化，有属于微生物污染造成的变化，还有属于外界环境温湿度影响而出现的各种物理变化等。所有这些变化都会使食品质量和数量方面受到损失。弄清楚食品在储藏中的各种变化，就能确定适宜的储存方法和条件。

在储藏、流通期间，食品品质的降低主要与食品外部的微生物一再侵入、在食品中繁殖所引起的复杂的化学和物理变化有关。此外，也与食品成分间相互反应、食品成分和酶之间的纯化学反应、食品组织中原先存在的酶引起的生化反应等有关。因此保藏的意义就在于，在制造和储存之间，灭杀食品中存在的微生物和酶，避免外部微生物的污染并阻止食品中微生物的繁殖；利用物理或化学处理来阻止酶或非酶化学反应，以保持食品品质，达到保存食品的目的。

（一）食品在储存中的颜色变化

食品的颜色是由各种色素构成的，其中有动植物自有的天然色素，椰油由于加工中酶、热的作用而产生的色素，另外还有添加的某些食用色素等。这里着重阐述动植物体内的天然变色和食品褐变。

1. 动物色素的变化

家畜、禽肉以及某些红色的鱼肉中都含有肌红蛋白和残留血液中的血红蛋白。肌红蛋白与血红蛋白的化学性质相似，它们都呈紫红色，与氧结合能形成氧合肌红蛋白，呈鲜红色。新鲜的肉类多呈鲜红色或紫红色，但是当肉类的新鲜度降低后因氧化形成羟基肌红蛋白或羟基血红蛋白而呈暗红或暗褐色，失去肉类原有的鲜艳颜色。所以，从畜肉、禽肉的颜色变化，能反映出其新鲜度。肌红蛋白的氧化变色对于肉制品的质量影响较大，为了防止这种变色，一般在肉类加工过程中加入起色剂硝酸钠，利用硝酸钠生成的一氧化碳与肌红蛋白结合生成稳定的鲜红色亚硝基肌红蛋白而保持肉制品的鲜艳颜色。但是这种起色剂用量过多也能产生亚硝胺，而亚硝胺是一种能诱发癌症的物质，因此，在肉类加工过程中对硝酸钠的用量需按食品安全标准规定加以控制。

2. 植物色素的变化

植物色素主要有叶绿素、类胡萝卜素和花青素等。这些色素在植物食品加工、储藏过程中都会发生变化而改变它们的天然颜色。

叶绿素有叶绿素 a 和叶绿素 b 两种，叶绿素 a 为蓝绿色，叶绿素 b 为黄绿色。叶绿素在碱性条件下比较稳定，在酸性条件下易分解。因其耐热性弱，加热则分解生成黑褐色的植物黑质（脱镁叶绿素），绿色蔬菜经炒、煮、腌制后会发生这种变化。如果在植物食品中增加适量的碳酸氢钠，使 pH 值在 7.0~8.5 之间，就可以生成比较稳定的叶绿素酸钠盐，使产品仍然保持绿色。另外，叶绿素在低温或干燥状态时性质也较稳定，所以低温储藏和脱水都能保持较好的鲜绿色。

3. 褐变

褐变是食品中比较普遍的一种变色现象，尤其以天然食品进行加工或储藏时，因受机械损伤，容易发生褐变。褐变不仅影响食品的颜色，而且降低食品的营养和风味。食品加工中所发生的致使加工品变褐的现象称为褐变，可分为酶促褐变和非酶促褐变两类。

从现象上看食品变成褐色、棕色等不同颜色，但本质上都是酶促或非酶促的结果。

(1) 非酶促褐变　非酶促褐变是食品加工储藏过程中广泛存在的最常见、最基本的反应之一。这种类型的褐变常伴随热加工及较长期的储存而发生，在乳粉、蛋粉、脱水蔬菜及水果、肉干、鱼干、玉米糖浆、水解蛋白、麦芽糖浆等食品中都经常发生。

非酶促褐变有 3 种类型的机制在起作用：羰氨反应褐变作用；焦糖化褐变作用；抗坏血酸氧化褐变作用。

① 羰氨反应褐变作用：羰氨反应是由食品成分中氨基和羰基化合物的反应而得名。1912 年，法国化学家美拉德（Maillard）发现，当甘氨酸和葡萄糖混合液在一起加热时会形成褐色的所谓"类黑色素"。这种反应后来被称为美拉德反应，简称羰氨反应。目前羰氨反应还没有确切的定义，其反应的途径较复杂，有些问题至今尚未弄清楚。只是已知参与羰氨反应的主要是以葡萄糖、乳糖、麦芽糖等为代表的还原糖，以及游离氨基酸与蛋白质、肽、胺等的游离氨基。羰氨反应是食品在加热或长期储藏后发生褐变的主要原因。

② 焦糖化褐变作用：焦糖化作用是指糖类在没有含氨基化合物存在的情况下加热到其熔点以上，也会变为黑褐色的色素物质，这种作用称为焦糖化作用。

糖在受强热的情况下，生成两类物质：一是糖类的脱水产物，即焦糖或称为酱色；另一类是裂解产物，是一些挥发性的醛、酮等产物。

在一些食品中（如焙烤、油炸食品等），焦糖化作用控制得当，可以使产品得到悦人的色泽和风味。

③ 抗坏血酸褐变作用：抗坏血酸褐变在果汁及果汁浓缩物的褐变中起着相当一部分作用，尤其在柑橘汁的变色中起着主要作用。实践证明，柑橘类果汁在储藏过程中色泽变暗，放出 CO_2 和抗坏血酸含量降低，是抗坏血酸自动氧化的结果。

从营养学的观点讲，当一种氨基酸或一部分蛋白质链参与羰氨反应时，显然会造成氨基酸的损失，这种破坏对必需氨基酸来说显得特别重要，其中以含有游离 ε-氨基的赖氨酸最为敏感，因而最容易丧失。其他氨基酸如碱性的 L-组氨酸和 L-精氨酸，对羰氨反应同样也很敏感。这是因为碱性氨基酸侧链上有相对呈碱性的氮原子存在，所以比其他氨基酸对降解反应更敏感，因此，如果食品已发生羰氨反应，其所含的氨基酸及其营养价值都会有一些损失，特别是碱性氨基酸，其中尤以 L-赖氨酸在褐变时损失最大。

控制食品在储藏中发生羰氨反应的程度是十分重要的，这不仅是因为反应超出一定限度会给食品的风味带来不利影响，而且还因为降解产物可能属于有害物质。这类反应形成的类黑精前体产物可能导致亚硝胺或其他致突变物质的形成，这些产物的毒性还有待进一步研究。

（2）酶促褐变 酶促褐变发生在新鲜植物组织中。水果或蔬菜在采收脱离母体后，组织仍然在进行活跃的新陈代谢活动，在酶的作用下形成褐色物质，称为机能性褐变。若植物组织发生机械损伤（如削皮、切开、压伤、虫咬、磨浆、受热或冻伤等），便会影响氧化还原作用的平衡，迅速发生氧化产物的积累，产生褐变，这类反应需要和氧气的接触，由酶所催化，称为酶促褐变。

果蔬切面和氧气接触后，外层潮湿表面上抗坏血酸立刻被氧化掉，继而在多酚氧化酶的作用下，邻苯二酚被氧化形成邻苯醌，而羟基醌聚合时就出现了组织破损表面常见的褐色素。

（二）脂肪酸败

前已提及，脂类氧化是食品败坏的主要原因之一，它使食用油脂、含脂肪食品产生各种异味和臭味，统称为酸败。另外，氧化反应能降低食品的营养价值，某些氧化产物可能具有毒性，但在某些情况下，脂类进行有限氧化是必需的。天然油脂暴露在空气中会自发地进行氧化作用，发生酸臭或口味变苦的现象，其原因是脂肪中的不饱和烃链被空气中的氧所氧化，生成过氧化物，过氧化物继续分解产生的低级的醛和羧酸，会使食品产生令人不快的嗅觉和味觉。当然饱和脂肪酸也会酸败，但速度较慢。

脂肪酸败的另一个原因是在微生物产生的酶的作用下分解成甘油和游离脂肪酸。游离脂肪酸在酶的进一步作用下，生成具有苦味及臭味的低级酮类；同时，甘油也被氧化成具有特臭的 1,2-丙醚醛。

脂肪酸的自动氧化，从不饱和结构的性质看，是在脂肪酸双键的位置处引起的。碘价高的油脂酸败速度快，特别是具有甲基共轭双键的脂肪酸，如亚油酸、亚麻酸、花生四烯酸等最容易引起自动氧化，而这些脂肪酸在营养学上是必需脂肪酸。

酸败油脂不仅降低风味，而且营养价值也显著降低。长期用于饲料中会使动物体重降低，甚至死亡。人体摄取酸败油脂会引起腹痛、腹泻、呕吐等急性中毒症状。若人体在生活中经常微量摄取，则可引起肝硬化、动脉硬化等病症，严重威胁人体健康，影响人类的寿命，因此必须引起重视。

（三）食品储存中的生理生化和生物学变化

1. 呼吸作用

呼吸作用是新鲜食品（菜、果）储存中最基本的生理变化，它是鲜活食品中有机成分（主要是糖类）在氧化还原酶作用下逐步降解为二氧化碳和水的过程，此过程中同时还产生热量，实际上是有机物进行的生物氧化过程。

菜、果的呼吸作用分为有氧呼吸和无氧呼吸两种类型。有氧呼吸是在供氧条件下进行的，以糖作为呼吸基质，其化学反应式如下：

$$C_6H_{12}O_6 + 6O_2 \Longrightarrow 6CO_2 + 6H_2O + 2820kJ$$

无氧呼吸是在无氧条件下进行的，其化学反应式如下：

$$C_6H_{12}O_6 \Longrightarrow 2C_2H_5OH + 2CO_2 + 117kJ$$

从菜、果的储存来讲，不论哪种类型的呼吸作用都要消耗养分，而且呼吸热的产生往往加速食品腐败变质。尤其是无氧呼吸产生的乙醇还会引起活细胞中毒，造成生理病害，缩短储存期限，故应尽量防止无氧呼吸。但是，应该看到正常呼吸作用是鲜活生物最基本的生理活动，它是一种自卫反应，有利于抵抗微生物的侵害，所以在食品储藏中应做到保持较弱的有氧呼吸，防止无氧呼吸，这是鲜活食品进行储藏需要掌握的基本原理。

影响鲜活食品呼吸强度的外界条件主要是温度和空气成分。一般外界温度升高时，呼吸强度也是随之加强，但外界温度低于 0℃ 时因酶的活性受到阻碍而使呼吸强度急剧下降。鲜活食品进行呼吸适宜温度为 25～35℃，所以降低环境温度是储藏蔬菜、水果的主要措施。空气中二氧化碳的比例大小对于呼吸强度有着显著的影响，空气中含氧量增加则呼吸强度加强，相反适量增加二氧化碳（或氮气）的比例，则可以减弱呼吸强度。目前采用的气调储藏法，就是改变空气成分而达到减弱鲜活食品呼吸强度的比较适宜的储藏方法。

2. 后熟作用

后熟是果实、瓜类和以果实供食用的蔬菜类的一种生物学性质，它是果实、瓜类等鲜活食品脱离母株后成熟过程的继续。

后熟中酶会引起一系列生理生化变化，如淀粉水解为单糖而产生甜味、叶绿素分解消失、类胡萝卜素和叶青素显露而呈现红、黄、紫等颜色。鞣质聚合而原来果胶质水解，降低它们的硬度等。总之，果实、瓜类的后熟能改进色、香、味及适口的硬度等方面的食用品质，达到食用的成熟度。但是果实、瓜类后熟是生理衰老的变化。当它完成后熟后，则很难继续储存，容易腐败变质，因此，作为储藏的果实、瓜类应该在它成熟前采收，采取控制储存的条件来延其后熟程度，以达到延长储存期的要求。

影响后熟作用的主要因素有高温、氧气和某些有刺激性气味的物质（如乙烯、乙醇）等。因此，在储藏中要求采用适宜的低温和掌握适量的通风，以延缓后熟过程和延长储存期。

3. 萌发和抽薹

萌发与抽薹是两年或多年生蔬菜打破休眠状态由营养生长期向生殖生长期过渡时发生的一种变化，主要发生在那些变态的根、茎、叶等作为食用的蔬菜，如马铃薯、洋葱、大蒜、萝卜、大白菜等。萌发与抽薹的蔬菜，其营养成分大量消耗，组织变得粗老，食用品质大为降低。在储存中采取延长蔬菜的休眠状态，是防止萌发与抽薹的有效措施，低温可以延长蔬菜的休眠状态。此外还可以采用植物生长素，如抑芽丹（顺丁烯二酰肼）以及利用 γ 射线辐照等也能延缓休眠期和抑制蔬菜萌发与抽薹。

4. 蒸腾与发汗

蒸腾是指由于鲜活商品含水量大，造成储存期间水分蒸发而发生萎蔫（细胞膨压降低）的现象。蒸腾过多，会使商品质量减轻，自然损耗大，降低鲜嫩品质；蒸腾过高，水解酶的活性加强，使复杂有机物水解为简单物质（如淀粉、蔗糖）。发汗是由于空气湿度超过饱和点时商品表面出现的"结露"现象。发汗对商品储存极为不利，会给微生物的侵蚀提供机会，特别是在商品的伤口部分很容易引起腐烂。

5. 僵直

僵直是畜、禽、鱼死后发生的生化变化，其特点是肌肉失去原有的柔软性和弹性，变得僵硬，如手握鱼头其尾部挺直而不下弯就是僵直的表现。

畜、禽、鱼的僵直与肌肉中肌糖原酵解产生乳酸和三磷酸腺苷、磷酸肌酸的分解等有密切关系，这些成分的分解都会增加肌肉中酸性成分的积累，降低肌肉 pH 值，从而使原来呈松弛状态的肌肉因肌纤蛋白和肌球蛋白的结合形成无伸展性的肌凝蛋白质，丧失肌肉的弹性变为僵直状态。

畜、禽、鱼类死后僵直，因动物种类、致死原因和温度等不同而异。一般鱼类的僵直先于畜、禽类；带血致死的先于放血致死的；温度高的又先于温度低的。处于僵直的鱼是新鲜度高的鲜鱼，营养价值大；而僵直期的畜、禽肉因弹性差、难煮烂，缺乏香味，消化率低，不适于食用。但是从储存角度而言，僵直期的 pH 值低，腐败微生物难以发展；肌肉组织致密，主要成分尚未分解变化，基本上保持了肉类和鱼类的原有营养价值，所以适合冷冻储存。

6. 软化

软化是畜、禽、鱼肉僵直后进一步的变化，其特点是肌肉由硬变软，恢复弹性；由于蛋白质和三磷酸腺苷分解使肌肉多汁，产生芳香的气味和滋味。软化是使畜肉形成食用品质所必需的肉类成熟作用。由于鱼类含水量多、组织细嫩，属于冷血动物，带有水中的微生物等原因，经过软化后很快就会腐败变质，因此应防止其死后发生软化。

软化是由于肌肉中所含的自溶酶使蛋白质分解的结果，也叫蛋白质自溶现象。一般受温度的影响较大，高温能加速软化，低温能延缓软化，当降温至 0℃ 时则可停止软化，因此冷冻储存可以防止畜、禽、鱼肉的软化。

（四）淀粉老化

在淀粉粒中，淀粉分子彼此排列紧密，它们在羟基间通过氢键形成极为致密的疏水性微胶粒构造。这种存在状态的淀粉即为 β-淀粉。β-淀粉无异味，酶易作用，难以消化，同时碘的吸附性也较差。

（五）微生物引起的品质变化

食品中存在的微生物是导致食品不耐储藏的主要原因。一般来说，食品原料都带有微生物，在食品的采收、运输、加工和保藏过程中，食品也有可能污染微生物。在一定条件下，微生物会在食品中生长、繁殖，使食品失去原有的营养价值和感官品质，甚至产生有害和有毒的物质。

细菌、真菌和酵母都有可能引起食品变质，其中细菌是引起食品腐败变质的主要微生物。酵母菌和真菌引起的变质多发生在酸性较高的食品中，一些酵母菌和真菌对渗透压的耐性也较高。在肉类食品中可能存在肉毒杆菌分泌的肉毒素，它具有很大的毒性且难以发觉；蛋品中常会含有沙门菌；油脂类食品及原料中因黄曲霉的生长而产生黄曲霉毒素，属于致癌性物质。

三、食品运销与质量保持

（一）流通过程中食品的质量变化

食品质量主要包括营养质量、卫生质量、感官质量（即食品的色、香、味、形、质）。食品在流通过程中其质量会发生一系列变化，下面介绍质量的变化趋势和各种影响因素。

不同食品有不同的质量变化。食品的原料主要来源于生物界，当这些生物体被采收或屠宰之后，它们就不能从外界获得物质来合成自身的成分，虽然同化作用已结束，但是异化作用并没有停止。例如，蔬菜、水果和鲜蛋等食品的呼吸作用和其他生理活动仍在进行，体内的营养成分不断被消耗；畜、禽、鱼肉等生鲜食品虽然不像蔬菜、水果那样进行呼吸，但体内的酶仍然在活动，一系列生化反应在悄悄进行，较为稳定的大分子有机物逐渐降解为稳定性较弱的小分子物质。食品内部各种各样的化学变化和物理变化都以不同的速度在进行着，引起蛋白质变性、淀粉老化、脂肪酸败、维生素氧化、色素分解，有的变化还会产生有毒物质等。新鲜食品的水分散失或干燥食品吸附水分也会导致食品质量的下降；含有丰富水分和营养物质的食品是微生物生长活动良好的培养基，当其他环境条件适宜时，微生物就会迅速生长繁殖，把食品中的大部分物质降解为小分子物质，引起食品腐败、霉变和发酵等各种劣变现象，从而使食品的质量急速下降。

上述所有的变化都具有一个共同的特点，即食品中稳定性较高的大分子物质分解为稳定性较低的小分子物质，使食品的结构发生变化，原来的有序结构不断变为无序结构，也就是朝着无序化方向发展，导致食品的稳定性不断减弱，在质量方面表现为营养价值和感官品质逐渐降低。

食品质量的变化趋势是自身的无序化，这种变化又是不可逆的、积累的，因此食品质量变化的趋势与其在流通中经历的时间有密切关系。这种趋势与时间的关系可分为下面 3 种类型。

1. 食品的质量逐渐下降

在一定的环境条件下，食品的品质随着时间的延长而逐渐下降，但质量下降的速度是不均匀的。一般是随着时间的延长而加速，特别是达到某一阶段后，食品的质量急速下降。例如，蔬菜、水果在储藏中一经呼吸高峰后就会迅速老化，硬度下降，风味变差；许多生鲜食品和加工食品由于微生物的繁殖和水分含量变化等原因，经过一段时间，质量就会发生明显劣变，如出现异味，甚至发霉、腐败。当然，不同的食品及所处的环境不同，它们质量下降的速度是不一样的，有的几天、几周就会发生劣变，如鱼、虾、菜、果；有的几个月、几年甚至更长时间，其质量都没有明显的变化，如某些干燥食品和罐头。

2. 食品的质量先上升后下降

畜、禽肉在屠宰之后的一段时间内，为其后熟过程，体内酶的活动使肌肉变得多汁芳香，并有利于人体消化，因此在这段时间里，食品质量是逐渐提高的。但随着时间的延长，肉品就进入自溶软化阶段，品质逐渐下降。一些低度酒和某些具有后熟性能的果品，在生产或采摘后的一段时间里，质量也是逐渐上升的，但经过这段时间后，质量就随时间的延长逐渐下降。这一类食品，无论在质量提高阶段，还是在质量下降阶段，其质量变化速度也都与食品种类和所处环境条件具有密切的关系。

上述两种变化类型的食品，在质量发生改变之前或开始进入下降的时候，就必须进行适当的处理或改变贮藏环境条件，如畜、禽肉必须变常温为低温，进行冷藏或冻藏，以防品质急剧下降。而低度酒和某些属于第一类型的食品应该消费掉。

3. 食品的质量逐渐上升

许多高度酒在生产之前，酒的质量随着储存时间的延长而提高。其主要原因是酒中所发生的酯化反应是一种缓慢的可逆反应，因此酒中酯的含量随着时间延长而增多，酒的品质也随之提高。但质量的提高也并非与储存时间成正比例关系，在储存初期，酶反应速度快，质量上升的速度也较快，如白酒在储藏的前 3 年内质量上升速度较快；后来酶化反应的速度减慢，质量的增加也就十分缓慢。因此这类食品也应该确定适宜的储藏期，既保证达到必需的质量标准，又有利于促进商品流通。

（二）食品质量变化速度的影响因素

食品在流通中质量下降是一个总趋势，但是质量下降的速度要受到多种因素的影响。这些因素可归纳为内因和外因两个方面。

1. 内因

在内因方面主要包括食品的抗病能力、食品的加工与处理以及食品的包装等。

(1) 食品的抗病能力　食品的抗病能力既与食品的种类、品种有密切关系，又与它们在生长期间的发育、管理等因素有关。不同种类的食品因组织结构、化学结构和生物学特性不同，对外界微生物的抵抗能力不同，内部所发生的物理变化和化学变化的速度也不同，因此不同种类的食品在流通中质量下降速度也不一样。许多食品来源于植物界和动物界，如果它们在生长期间发育良好，除食用品质较佳外，还具有较强的抗病能力，采收或屠宰后，质量下降速度也较慢。例如，发育正常又实行无伤采收的果品，其抗病性就比发育不正常、有机械损伤的果品强很多；家畜屠宰前的饲养、管理与屠宰后肌肉微生物的感染率也有关系。研究表明，饲养良好、屠宰前得到适当休息的家畜，屠宰后肌肉微生物的感染要比管理不善的家畜低很多，显然感染率低的质量下降速度就比较慢。

(2) 食品加工与处理　食品加工通过改变食品的组成、结构、状态或环境条件，使食品中微生物和酶受到抑制，各种化学反应和物理变化的速度减慢，从而减少食品质量下降的速度。通常采用的方法有：冷加工、干制、浓缩、脱水、盐腌、糖渍、盐渍、烟熏、气调、涂抹、辐照、杀菌密封、防腐剂处理等。有些食品加工之前还要进行前处理，如脱水蔬菜在干制之前要经过热烫，以破坏酶的活性、减少叶绿素的变化和维生素 C 的损失；冷藏的水果出库之前要经过回热，防止蒸汽在水果表面凝结，减少微生物的污染。食品加工除了可以增强食品在流通中的稳定性外，还有其他许多目的，如增加食品的花色品种、提高食品的营养价值、改善食品的色泽、增加香气和滋味、改进食品方便性等。

(3) 食品的包装　食品包装在食品流通中起着许多方面的重要作用，其中最重要的作用是维护食品质量。例如，防潮包装可防止食品含水量的变化；脱臭、充氮或真空包装可防止食品发生氧化腐败；气调包装可减少包装袋内果品、蔬菜的呼吸强度；加热密封包装可杀死微生物、破坏酶活性，而且还可以防止微生物的再次污染等。因此食品有一个良好的包装，就可以大大减轻食品质量下降的速度。

2. 外因

在外因方面主要是环境对食品质量变化速度的影响，主要包括环境温度、相对湿度和气体成分等因素的影响。

(1) 环境温度　温度是影响食品在流通中稳定性最重要的因素，它不仅影响食品中发生的化学变化和酶促反应，以及由此引起的食品的呼吸作用和后熟过程、生鲜食品的僵直过程和软化过程，它还影响着与食品质量关系密切的微生物的生长繁殖过程，影响着食品中水分的变化及其他物理变化过程。简而言之，温度影响着食品在流通过程中的质量变化速度。一般地说，温度升高，微生物的繁殖速度加快，其他变化速度也加快，导致食品质量下降速度加快。温度每升高 $10℃$，食品质量下降速度大约增加 1 倍，或者说，环境温度每降低 $1℃$，食品质量下降的速度大约减慢 10%。因此，食品在流通中保持低温状态是食品保鲜最普遍采用的方法。

(2) 相对湿度　环境相对湿度对食品质量变化速度的影响，是因为它直接影响食品水分含量和水分活度。当环境相对湿度小于食品水分活度时，食品水分就逐渐逸出，水分活度下降直至与相对湿度相等为止；环境相对湿度大于食品的水分活度时，环境的水蒸气就转入食品，使食品的水分活度增大，最后也是两者达到相等为止。水分在食品中具有重要的作用，它既是构成食品质量的要素，也是影响食品在流通中稳定性的重要因素。各种食品都有一个合理的含水量，过高或过低对食品质量及其稳定性都是不利的，它不仅会影响食品营养成分、风味物质和外观形态的变化，而且还会影响微生物的生长发育和繁殖，因此，食品的含水量，特别是食品的水分活度与食品质量变化具有十分密切的关系。一般地，含水量充足、水分活度高的新鲜食品应在相对湿度低的环境中储存，以防止吸附水分。采用防潮包装是防止食品在流通中水分变化的重要措施。

(3) 气体成分　气体成分对食品质量变化具有重要影响。正常空气中含有 21％氧气，它具有很强的反应能力，会使食品的许多成分产生氧化反应，导致食品的质量发生劣变。例如，食品中脂肪的氧化酸败、水果和蔬菜中酚类物质的酶促褐变、蛋白质还原性褐变和某些维生素的氧化都是由于氧气作用的结果，氧气的浓度越低，上述氧化反应的速度就越慢，对食品质量的影响也就越轻。在食品流通中，为了减慢或避免食品成分的氧化作用，常常采用脱氧包装、充氮包装、真空包装等方法，或在包装中使用脱氧剂，有的则在食品中添加抗氧化剂。

果品、蔬菜的呼吸作用在维持自身的生命活动、抵御微生物的入侵方面具有积极的作用，但呼吸作用不断消耗呼吸底物，使果蔬的营养价值、质量、外观和风味发生不可逆转的变化。由于呼吸作用随着环境氧气分压的增减而增强或减弱，因此，果品、蔬菜在流通中可以通过降低环境氧气分压来减弱其呼吸作用，以减慢果蔬质量的下降速度。但是氧气的分压也不能降得太低，否则会出现无氧呼吸，导致果蔬产生生理病害。因此，在实践中要根据果蔬种类和品种确定适宜的储藏温度和合理的气体成分，一般氧气含量在 1％～3％。适量的二氧化碳可抑制呼吸作用，但不能过高，否则也会引起果蔬出现生理病害。同时还要注意排除环境中的乙烯，因为乙烯会促进果蔬的后熟，加快质量的下降速度。

气体成分之所以与食品质量变化有密切关系，除上述原因外，还因为它对微生物的生长繁殖具有明显的影响。对于好氧微生物，由于它们在生命活动中需要氧气，必须在有利于氧分子存在的条件下才能进行正常新陈代谢，所以在其他条件适宜时，若空气中氧气充足，这类微生物就会迅速生长繁殖，若环境中氧气不足或被除去，它们的生长繁殖就会被抑制。如蔬菜腌制时把产品浸泡在菜卤中，使之与氧气隔绝，就能防止好氧微生物的污染。厌氧微生物的生命活动不需要分子态氧，氧气对这类微生物反而有毒害作用，如许多梭状芽孢杆菌只能在无氧条件生长，氧气可以抑制这类微生物。对于兼性微生物，它们既能在有氧条件下生长，又能在无氧条件下活动。如酵母在有氧条件下迅速生长繁殖，产生大量菌体；在无氧条件下，则进行发酵，产生大量乙醇。由于氧气与微生物生长繁殖关系复杂，所以在实践中如利用氧气来抑制微生物的活动就要考虑食品的种类和它可能作用的微生物类型。

四、食品卫生与质量保持

食品卫生学是研究食物中含有的或混入食物中的各种有害因素对人体健康安全的危害及其预防措施。各种各样的有害因素既包括化学因素也包括生物因素。

食品卫生所涉及的化学因素主要指化学性食物中毒，指食用被某些化学物质污染的食物所引起的中毒现象。污染食物的化学物质非常多，通常包括一些有毒金属、非金属及其化合物、农药等。

1. 重金属对食物的污染

食物中重金属以汞、铅、镉最为重要。重金属进入人体后，可与生物体的组织蛋白结合，从而使蛋白质变性，产生毒性，尤其重金属所结合的蛋白质是酶蛋白，引起酶蛋白变性，会严重影响机体的生命活动。

重金属对食物的污染途径一般有两条：

　　一是农产品及食品在保藏、加工、运输、销售过程中，由于使用不合格的加工机械、储存或包装容器以及食品添加剂等渠道进入食品；

　　二是农药的使用及工业"三废"的排放，引起环境中重金属含量增高，进而通过食物链污染食物。

2. 农药对食物的污染

　　为了防治农作物的田间害虫，提高产量和质量，常常要喷洒农药。农药污染是一个富集的过程，即当动物食用饲料时，农药随饲料进入动物体内，或水生小动物吞食了含农药的浮游生物后又被较大的水生动物吞食。在构成连锁关系的食物链中，食物链上端的动物体内农药富集量最高，其危害性最大。尤其是生产中滥用农药，已对食物污染及人体健康构成严重威胁。

3. 食物中毒

　　食物中含有的生物性有毒和有害物质许多可以引起中毒，也影响食品的质量。各种生物性食物中毒包括细菌性食物中毒、真菌性食物中毒、动物性食物中毒和植物性食物中毒。下面针对各种中毒的原因、中毒机理及其对人体的危害进行简单介绍。

　　(1) 细菌性食物中毒　细菌性食物中毒指人摄入被致病细菌或其毒素污染了的食物后，发生的急性和亚急性疾病。细菌性食物中毒最常见，我国每年发生的细菌性食物中毒事件占食物中毒事件总数的 $30\%\sim90\%$，人数占食物中毒总数的 $60\%\sim90\%$。

　　近年有关食物中毒统计资料显示，细菌性食物中毒较常见的依次为沙门菌、嗜盐杆菌、变形杆菌和大肠杆菌感染，葡萄球菌和肉毒杆菌感染为罕见。本病因细菌种类不同，则产生的症状体征和病情亦不同，这是本病又一特点。

　　① 中毒发生原因：细菌性食物中毒发生的主要原因包括：动物在屠宰或植物在收获、运输、储存、销售等过程中受到致病菌的污染；被致病菌污染的食物在高温下存放，食品中丰富的营养成分使致病菌大量生长繁殖和产生毒素；食品在食用前未烧熟煮透，或熟食受到生食交叉污染，或从业人员的带菌污染；食品加工过程中环境的卫生状况差，使食品原料或半成品被致病菌污染，杀菌不彻底时，残留的致病菌在流通过程中继续繁殖而产生污染。

　　② 中毒的机理及危害：细菌性食物中毒的发病机理一般是细菌在肠道内繁殖引起肠黏膜的炎症反应或产生内外毒素，引起人体出现中毒症状。

　　(2) 真菌性食物中毒　真菌性食物中毒是指人摄入了含有真菌产生的真菌毒素的食物而引起的中毒现象。粮食和食品营养丰富，在储存、流通和消费过程中，只要周围环境条件合适，霉菌就能生长繁殖，进而污染食物。易被霉菌污染的食物主要有小麦、大米、玉米、面粉、豆粉、脱脂乳粉、花生、甘蔗和冷冻肉等。综合世界许多地区的检测报告，在检出的真菌中，污染谷物、面粉、乳粉和花生的主要是青霉和曲霉，污染肉类的主要是美丽枝霉和毛霉。下面介绍常见的真菌性食物中毒。

　　① 霉变甘蔗中毒：目前市场上的甘蔗大多是冬储春售。由于储存条件不合适或甘蔗堆中温度偏高等原因，甘蔗易受霉菌污染而发生霉变，食后可能发生中毒。霉变甘蔗肉质呈浅棕色，质地疏松，闻之有轻度霉味。霉变甘蔗中毒的潜伏期很短，最短时仅十几分钟。发病初期为一时性的消化功能紊乱，出现恶心、呕吐、腹痛和腹泻，有时大便为黑色。随后出现神经系统症状，轻者可很快恢复，重者继而进入昏迷，救治不及时可死于呼吸衰竭，幸存者留下神经系统后遗症，导致残疾，此种中毒现在没有特效治疗方法。

　　② 黄曲霉毒素中毒：黄曲霉毒素是黄曲霉和寄生曲霉的代谢产物，目前已经确定结构

的黄曲霉毒素有 30 多种。受此毒素污染的食物主要有粮食及其制品,例如花生粒和花生油、大米、玉米、棉子等。

黄曲霉毒素毒性极强,其毒性比氰化钾大 10 倍、比砒霜大 68 倍。此毒素损伤主要是肝脏,而且有明显的致癌作用,其致癌力是二甲基偶氮苯的 900 倍以上、是二甲基亚硝胺的 75 倍。黄曲霉毒素与人类肝癌的关系尚难以得到直接证据,但从肝病流行学调查研究中发现,凡食物中黄曲霉毒素污染严重而且摄入量高的地区,人群中肝癌发病率也高。

③ 赤霉病麦中毒:麦类赤霉病是粮食作物的一种重要的病害,食用赤霉病麦会引起食物中毒。引起赤霉病的病原菌为几种镰刀菌,其中主要是禾谷镰刀菌。其产生的毒素有两类,一类是引起呕吐作用的赤霉病麦毒素,另一类是具有雌性激素作用的玉米赤霉烯酮。

④ 蕈菌中毒:蕈菌又称蘑菇,具有很高的食用价值,有的还能药用。但也有些蕈类含有毒素,误食即引起中毒。毒蕈是有毒的野生蘑菇,有 80 余种。毒蕈含有众多毒素,主要有毒蕈碱、类阿托品样毒素(如扑蝇蕈、斑毒蕈)、溶血毒素(如马鞍蕈)、肝毒素(如白帽蕈、绿帽蕈)、神经毒素(如牛肝蕈)等。由于毒素种类不同,故潜伏期长短不一,中毒症状各异,也可互相兼见,主要损害多脏器、血液和神经系统。按各种毒蕈中毒的主要表现,大致分为四型:

① 胃肠炎型;

② 神经精神型;

③ 溶血型;

④ 中毒性肝炎型。

(3) 动物性食物中毒 动物性食物中毒是指一些动物本身含有某种天然有毒有害成分,或者由于储藏措施不当形成某种有毒有害物质,被人食用后引起的不良反应。食品主要有将天然含有有毒成分的动物或动物的某一部分当作食品,如河豚中毒、鱼胆中毒、动物甲状腺中毒等。

(4) 植物性食物中毒 植物性食物中毒指一些食用植物本身含有某种天然有毒有害成分,或者由于储藏保管技术不当形成某种有毒有害物质,被人食用后引起不良反应。一般因误食有毒植物或有毒的植物种子,或烹调加工方法不当,没有把有毒物质去掉而引起。植物性食物中毒的种类较多,依其化学结构可分为毒苷类、生物碱类、有毒植物蛋白和毒酚类。最常见的植物性食物中毒为菜豆中毒,还有可引起死亡的马铃薯、曼陀罗、银杏、苦杏仁、桐油等。

4. 其他或原因不明的食源性疾病

由于食源性致病因子的复杂性,食源性疾病暴发时经常不能获得相关样品用于实验室分析以及实验室分析技术的局限性,食源性疾病的实验室确诊率受到很多限制。

上面分析了影响食品卫生的几个主要因素,从中可以看出食品卫生对于人类健康非常重要,因此我们在种植、加工、储藏和运输过程中一定要注意保持食品的质量。

【目标检测】

1. 影响食品质量保持的因素是什么?

2. 食品包装的要求是什么?

3. 食品在储存中主要发生什么变化?

4. 简述食品储存中的生理生化和生物学变化。

5. 食品受到重金属污染主要有什么危害？

6. 如何对食品质量进行保持？

7. 什么是非酶促褐变及其类型？

8. 简述酶促褐变的概念。

PPT　　　　　思维导图

项目五
质量管理七种工具

【学习目标】

掌握质量管理"老七种工具"和"新七种工具"的原理、绘制步骤及应用。

【必备知识】

知识一　质量数据

一、产品质量的波动

在生产过程中，尽管所用的设备是高精度的，操作是很谨慎的，但产品质量还会有波动。因此，反映产品质量的数据也相应地表现出波动，即表现为数据之间的参差不齐。例如，同一批麦粒的几何尺寸不可能完全相等；同一批淀粉的物理性能各有差异；同一批水果的酸甜度互不相同等。总之，我们所收集到的数据都具有这样一个基本特征，即它们毫不例外都具有分散性。数据的分散性乃产品质量本身的差异所致，是由生产过程中条件变化和各种误差造成的。即使条件相同、原料均匀、操作谨慎，生产出来的产品质量数据也是不会相同的，但这仅仅是数据特征的一个方面。另一方面，如果我们收集数据的方法恰当，数据又足够多，经过仔细观察或适当整理，将会发现它们都在一定范围内围绕着一个中心值分散，越靠近中心值，数值出现的机会越多；而离中心值越远，出现的机会就越少。

如果在同样生产条件下抽取几批数据，它们的分散情况是十分相似的，这就是数据的既分散又有规律的特性，这种规律性，称为"统计规律性"。了解数据的统计规律性，有助于分析产品质量，提出改进产品质量的措施。

二、数据的分类

无论食品的加工、生产、储藏、运输还是销售过程，都会遇到各种各样的数据。这些数据，有的是可以测量出来的，如重量、温度、时间、pH 值等；有的是可以直接数出来的，如啤酒瓶个数、水果上的色斑数、成品箱数、废品件数等；有的既不能测量也不能直接数出来，如白酒的色、香、味以及型等，但可以通过评分的办法来评定。尽管质量数据形形色色，而且多种多样，但按其性质和使用目的的不同，可分为两大类，即计量值数据和计数值数据。

1. 计量值数据

计量值数据是可以连续取值的数据，通常是使用量具、仪器进行测量而取得的。如长度、温度、重量、时间、压力、化学成分等。如对于长度，在 1～2mm 之间，就可以连续测出 1.1mm、1.2mm、1.3mm 等数值；而在 1.1~1.2mm 之间，还可以进一步连续测出 1.11mm、1.12mm、1.13mm 等数值。

2. 计数值数据

计数值数据是不能连续取值，而只能以个数计算的数据。这类数据一般不用测量工具进行测量就可以"数"出来，它具有离散性。如不合格品数、罐头瓶数、发酵罐数等。

计数值数据还可以细分为计件值数据和计点值数据。计件值数据是指按件计数的数据，如不合格品件数等；计点值数据是指按点计数的数据，如菌落斑点数、单位缺陷数等。

计量值数据与计数值数据的划分并非绝对的。如细菌的直径大小，用测量工具检查时所得到的质量特性值的数据是计量值数据；而用按点计数检查时，得到的就是以个数表示产品质量的计数值数据。

计数值为离散性数据，虽以整数值来表示，但它不是划分计数值数据与计量值数据的尺度。计量值是具有连续性的数据，往往表现为非整数，但也不能由此得出只要是非整数值就一定是计量值数据的结论。例如：大麦吸水率为 67.5%，是一个非整数，但此数据的取得并非是测量工具取得的结果，也不具备连续性质，而是通过计算大麦吸水率=(大麦吸水后质量－原大麦质量)/原大麦质量×100%得到的，它是计数值的相对数性质的数据。

对于上述相对数性质的数据，判断其是计数值数据还是计量值数据，通常依照分子的数据性质来确定。如分子数据的性质是计数值，则其分数值为计数值；如分子数据的性质为计量值，则其分数值为计量值。

三、质量数据的收集方法

1. 收集数据的目的

① 掌握和了解生产现状。如调查食品质量特性值的波动，推断生产状态。

② 分析质量问题，找出产生问题的原因，以便找到问题的症结所在。

③ 对加工工艺进行分析、调查，判断其是否稳定，以便采取措施。

④ 调节、调整生产。如测量 pH 值，然后使之达到规定的标准状态。

⑤ 对一批加工食品的质量进行评价和验收。

2. 收集数据的方法

运用现代科学方法开展质量管理，需要认真收集数据。在收集数据时，应当如实记录，根据不同的数据，选用合适的收集方法。在质量管理中，主要通过抽样法或试验法获得数据。

(1) 抽样法 收集数据一般采用的是抽样方法，即先从一批产品（总体）中抽取一定数量的样品，然后经过测量或判断，做出质量检验结果的数据记录。

收集的数据应能客观地反映被调查对象的真实情况。因此对抽样总的要求是随机抽取，即不挑不拣，使一批产品里每一件产品都有均等的机会被抽到。

(2) 试验法 试验法是用来设计试验方案，分析试验结果的一种科学方法，它是数理统计学的一个重要分支。这种方法能在考察范围内以最少的试验次数和最合理的试验条件取得最佳的试验结果，并根据试验所获得的数据，对产品或某一质量指标进行估计。

四、数据的特征值

在质量管理统计方法中，数据的特征值可分为两类：一类是表示数据集中位置的特征值，如平均值和中位数；一类是表示数据离散程度的特征值，如极差、标准偏差、方差等。

（一）常用的几个重要特征值

1. 平均值

平均值（$\overline{x}$）是最常用、最基本的特征值之一，其计算公式为：

$$\overline{x} = \frac{x_1 + x_2 + x_3 + \cdots + x_n}{n} = \frac{1}{n}\sum_{i=1}^{n} x_i$$

2. 中位数

将一组数据从小到大顺序排列，位于中间位置的数为中位数，常用符号 $\widetilde{x}$ 表示。

设一组数据从小到大依次排列，记为 x_1，x_2，x_3，$\cdots$，x_n，其中 x_1 为最小值，x_n 为最大值，则中位数 $\widetilde{x}$ 的计算公式为：

$$\text{当 } n \text{ 为奇数时} \qquad \widetilde{x} = x_{\frac{n+1}{2}};$$

$$\text{当 } n \text{ 为偶数时} \qquad \widetilde{x} = \frac{1}{2}\left[x_{\frac{n}{2}} + x_{\frac{n}{2}+1}\right]$$

式中　$x_{\frac{n+1}{2}}$——第 $\dfrac{n+1}{2}$ 个数的数值；

　　　$x_{\frac{n}{2}}$——第 $\dfrac{n}{2}$ 个数的数值；

　　　$x_{\frac{n}{2}+1}$——第 $\dfrac{n}{2}+1$ 个数的数值。

在质量管理中，平均值 $\overline{x}$ 和中位数 $\widetilde{x}$ 表示质量分布中心，即表明产品的平均质量水平，它们代表大部分数据所取得的数值的大小。当质量形成波动时，大部分质量密集在平均值或中位数的上下附近。因此，平均值或中位数是反映质量稳定程度的一个参数。

（二）表示数据离散程度的特征值

1. 极差

极差（R）是指一组数据中最大值与最小值之差，其计算公式为：

$$R = \chi_{\max} - \chi_{\min}$$

例如，样本数据为 3、5、8、12，极差 $R = 12 - 3 = 9$。

极差常被应用于描述数据离散程度比较直观而且计算简单的场合。但由于它的计算只用了一组数据中的两个极端值（最大值与最小值），当样本较大时，它损失的质量信息较多，因而不能精确地反映出数据离散程度，故只适用于小样本的条件下。

2. 方差与标准偏差

方差是一组数据中的每一个数值与平均值之差的平方和的平均值，通常记作 s^2，即

$$s^2 = \frac{1}{n}\left[(x_1 - \overline{x})^2 + (x_2 - \overline{x})^2 + \cdots + (x_n - \overline{x})^2\right] = \frac{1}{n}\sum_{i=1}^{n}(x_i - \overline{x})^2$$

式中　$x_1, x_2, x_3, \cdots, x_n$——一组样本值；

　　　n——样本大小；

　　　$\overline{x}$——样本均值。

标准偏差 s 是方差 s^2 的平方根，它的实际意义与方差完全一样，是反映一组数据离散程度的特征值。所不同的是，标准偏差 s 的量纲与平均值的量纲完全一样，也和数据本身的量纲一样。标准偏差的计算公式为：

$$s = \sqrt{\frac{1}{n}\sum_{i=1}^{n}(x_i - \overline{x})^2}$$

方差和标准偏差也常定义为：

$$s^2 = \frac{1}{n-1}\sum_{i=1}^{n}(x_i - \overline{x})^2$$

$$s = \sqrt{\frac{1}{n-1}\sum_{i=1}^{n}(x_i - \overline{x})^2}$$

知识二　质量管理老七种工具

所谓质量管理"老七种工具"，就是在开展质量管理活动中收集和分析质量数据、分析和确定质量问题、控制和改进质量水平常用的 7 种方法，包括分层法、排列图法、因果分析图法、统计分析表法、直方图、控制图和散布图，这些方法不仅科学，而且实用。

一、统计分析表法

1. 统计分析表的概念

统计分析表又叫检查表、核对表，是用来统计分析质量问题的各种统计报表。通过这些统计表可以进行数据的搜集、整理并粗略分析影响质量的原因。统计分析表往往与分层法同时使用，这样可以使影响质量的原因更加清楚。

2. 统计分析表的种类

统计分析表被人们经常使用，在社会实践中其种类成百上千。在质量管理活动中，根据调查对象、目的的不同大致可分为以下几种类型。

① 工序分布检查表。

② 不合格项检查表。

③ 缺陷位置检查表。

④ 缺陷原因检查表。

⑤ 工作质量调查表。

⑥ 顾客需求调查表。

⑦ 顾客意见调查表。

⑧ 顾客满意度调查表。

3. 统计调查表的用途

调查表的作用是系统地搜集资料、积累信息、确认事实并可对数据进行粗略的整理和分析。在质量管理活动中，统计调查表主要用于：

① 选择质量管理小组活动课题或质量改进的目标；

② 为质量分析进行现状调查；

③ 为应用排列图、直方图、控制图、散布图等工具做前提性工作；

④ 为寻找问题的原因、解决对策广泛征求意见；

⑤ 为检查质量活动的效果或总结质量经营的结果搜集信息资料。

4. 统计调查表的应用步骤

① 明确搜集资料的目的和所需搜集的资料。

② 确定负责人和对资料的分析方法。

③ 设计格式，并报批。

5. 应用统计调查表时的注意事项

① 不论哪种调查表，在设计格式时，均应包括调查者、调查时间和调查地点几个栏目。

② 调查表设计完成后，应检查栏目是否不足或多余，是否存在概念不清或不便于记录的现象。

③ 必要时，应评审或修改调查表的格式。

④ 在调查做记录时，应力求准确、清楚，可由其他人或组长对调查结果进行复核。

二、排列图法

1. 排列图的概念

排列图法是找出影响产品质量主要因素的一种有效方法。排列图又称为巴雷特图，最早是由意大利经济学家巴雷特用排列图分析社会财富分布的状况，他发现当时意大利80%财富集中在20%的人手中，后来人们发现很多场合都服从这一规律，于是称之为Pareto定律。后来美国品质管制专家朱兰博士运用巴雷特图的统计图加以延伸将其用于品质管制。

排列图是由两个纵坐标、一个横坐标、几个直方块和一条折线所构成，如图5-1所示。排列图的横坐标表示影响产品质量的因素或项目，按其影响程度的大小，从左至右依次排列。排列图的左纵坐标表示频数（如件数、金额、工时、吨位等），右纵坐标表示频率（以百分比表示），直方块的高度表示某个因素影响大小，从高到低，从左到右，顺序排列。折线表示某个影响因素大小的累积百分数，是由左到右逐渐上升的，这条折线就称为巴雷特曲线。

2. 排列图的画法

① 收集一定期间的数据。本例中收集了某厂4～6月曲轴主轴颈车削加工不合格品数260个。

② 将收集的数据进行整理，并填入统计表，如表5-1所示。

表 5-1　　曲轴主轴颈车削加工不合格产品数统计表

序号	项目	不合格品数(频数)/件	累计不合格品数(累计频数)/件	频率/%	累计频率/%
1	轴颈有刀痕	154	154	59.2	59.2
2	轴向尺寸超差	80	234	30.8	90
3	弯曲	9	243	3.5	93.5
4	轴颈车小	7	250	2.7	96.2
5	开档大	3	253	1.1	97.3
6	其他	7	260	2.7	100
	合计	260			

③ 计算各类项目的累计频数、频率及累计频率，如表5-1所示。

如计算序号2的累计频数、频率及累计频率，具体方法如下：

$$累计频数 = 序号1的频数 + 序号2的频数 = 154 + 80 = 234;$$

$$频率 = \frac{序号2的频数}{不合格品总数} \times 100\% = \frac{80}{260} \times 100\% = 30.8\%;$$

$$累计频率 = \frac{序号2的累计频数}{不合格品总数} \times 100\% = \frac{234}{260} \times 100\% = 90\%;$$

或 累计频率＝序号 1 的频率＋序号 2 的频率＝59.2％＋30.8％＝90％。

④ 按一定的比例画出两个纵坐标和一个横坐标。左纵坐标代表频数，右纵坐标代表累计频率。

⑤ 按各项目不合格品数的大小，依次在横坐标上画出柱形条。

⑥ 按右纵坐标的比例，找出各类项目的累计频率点，从原点 0 开始，逐一连接各点，画出巴雷特曲线。

⑦ 在柱形条的上方注明各自的频数，在累计频率点旁注明累计频率值。

⑧ 在排列图的下方要注明排列图的名称、收集数据的时间、绘图者等。按上述步骤绘制的排列图，如图 5-1 所示。

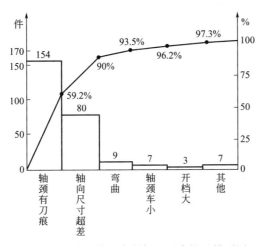

图 5-1 曲轴主轴颈车削加工不合格品排列图

3. 排列图的观察分析

排列图的观察分析，主要是找关键的少数。一般前 2～3 项（累计频率约 80％）为 A 类，是主要问题；累计频率 80％～90％为 B 类，是次要项；累计频率 90％～100％为 C 类，是一般项。其中，A 类应作为主要分析的对象，对其采取必要的措施，以求解决问题。

4. 绘制排列图应注意的事项

(1) 要做好因素的分类 在画排列图时，不仅是为了找出某项特定产品的质量问题，而且要在合理分类的基础上，分别找出各类的主要矛盾及其相关关系。

(2) 主要因素不能过多 一般找出主要因素以 2 项为宜，最多不超过 3 项。当采取措施解决了这些主要因素之后，原先作为次要的因素则上升为主要因素，可以再通过画排列图来分析处理。

(3) 数据要充足 为了找到影响产品质量因素的规律，必须收集充足的数据，以便从大量数据中找出统计规律来。当件数不多时，最好做全面分析，必要时也可采用随机抽样分析法。

(4) 适当合并一般因素 不太重要的因素可以列出很多项，为简化作图，常将这些因素合并为其他项，放在横坐标的末端。

(5) 合理选择计量单位 对于同一项质量问题，由于计量单位不同，主次因素的排列顺序有所不同。要看哪一种计量单位能更好地反映质量问题的实质，便采用哪一种。

(6) 重新画排列图 在采取措施之后，为验证其实施效果，还要重新画排列图，以便进行比较。

（7）排列图的适用范围　由于排列图法可以指出进行改善工作的重点，因此，不仅适用于各行业、各类型的工业企业的质量改进活动，而且也适用于各种企事业单位以及各方面的工作。只要想进行改善工作，就可以用排列图找出主要影响因素，以便重点进行有成效的改善。

使用排列图法，不仅可以使所分析的问题主次因素分明、系统、形象，而且能逐步培养用数据说话的科学分析习惯。排列图可根据不同的目的灵活运用，通常应用时主要的形式有：分析主要缺陷形式；分析造成不合格品的主要工序原因；分析产生不合格品的关键工序原因；分析不合格品的主次地位；分析经济损失的主次；用于对比采取措施前后的效果等。

三、因果分析图法

1. 因果分析图的概念

因果分析图又叫特性要因图。按其形状，有人又叫它为树枝图或鱼刺图。某个质量问题的产生往往不是一种或几种原因造成的，常常是多种复杂因素综合作用的结果。要从这些复杂的因素中理出头绪，找到其中真正起作用的关键因素并非易事。只有借助科学的方法，通过层层深入分析、研究，才能奏效。因果图就是寻找质量问题产生原因的简便、有效的一种工具，如图 5-2 所示。

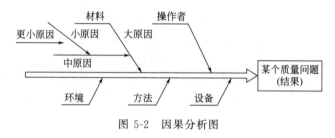

图 5-2　因果分析图

从图 5-2 可以看出，因果分析图的"果"，指的是中间大箭头所指的方框中的质量特性（大原因），即质量问题，"因"是与中间大箭头成 60°夹角的中箭头（中原因）及与中箭头成 60°夹角的小箭头（小原因）。

2. 因果分析图使用步骤

（1）确定分析对象　把要分析的质量特性问题，填入主干线箭头指向的方块中。

（2）记录分析意见　把大家针对质量特性问题所提出的各种原因，用长短不等的箭线排列在主干线的两侧。属于大原因的，用较长的箭线指向主干线；属于某大原因内次一级的中原因，用略短的箭线指向该大原因的箭线；属于小原因的箭线指向与它关联的中原因的箭线。

（3）检查有无遗漏　即对所分析的种种原因检查一下，看有无遗漏，若有遗漏可及时补上。

（4）记上必要事项　注明绘图者、参加讨论分析人员、时间等可供参考事项。

例如，某食堂满意度不高，其原因可能与人员、设备、材料和环境有关。每一类原因可能又是由若干个因素造成的。与每一因素有关的更深入的考虑因素还可以作为下一级分支。当所有可能的原因都找出来以后，就完成了第一步工作，下一步工作就是要从中找出主要原因（图 5-3）。

3. 绘制因果分析图的注意事项

① 影响产品质量的大原因，通常从五个大方面去分析，即人、机器、原材料、加工方

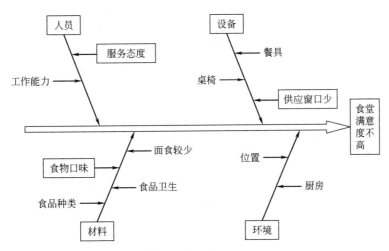

图 5-3 因果分析图

法和工作环境。每个大原因再具体化成若干个中原因，中原因再具体化为小原因，越细越好，直到可以采取措施为止。

② 讨论时要充分发挥民主，集思广益。别人发言时，不准打断，不开展争论。各种意见都要记录下来。

③ 应到现场落实主要原因的项目，再制订出措施去解决。

④ 采取措施后，应用排列图检查其效果如何。

四、分层法

1. 分层法的概念

分层法又叫分类法，是分析影响质量（或其他问题）原因的方法。我们知道，如果把很多性质不同的原因搅在一起，是很难理出头绪的。其解决办法是把搜集来的数据按照不同的目的加以分类，把性质相同、在同一生产条件下搜集的数据归在一起。这样，可使数据反映的事实更明显、更突出，便于找出问题，对症下药。

2. 分层法的类型

(1) 按不同时间分 如按不同的班次、不同的日期进行分类。

(2) 按操作人员分 如按新工人、老工人、男工、女工、不同工龄分类。

(3) 按使用设备分 如按不同的机床型号、不同的工夹具等进行分类。

(4) 按操作方法分 如按不同的切削用量、温度、压力等工作条件进行分类。

(5) 按原材料分 如按不同的供料单位、不同的进料时间、不同的材料成分等进行分类。

(6) 按不同的检测手段分类。

(7) 其他分类 如按不同的工厂、使用单位、使用条件、气候条件等进行分类。

总之，分层的目的是把不同质的问题分清楚，便于分析问题找出原因。所以，分类方法多种多样，并无任何硬性规定。

3. 分层法的用途

分层法的作用主要是归纳整理所搜集到的统计数据。具体可用于：

① 对生产或工作现场发生的问题进行归类分析；

② 为寻找较佳的解决问题的方法、实施质量改进提供途径。

例如，表 5-2 列出了某轧钢厂某月份的生产情况数字。如果只知道甲、乙、丙班共轧钢 6000t，其中轧废钢为 169t，仅这个数据，则无法对质量问题进行分析。如果对废品产生的原因等进行分类，则可看出甲班产生废品的主要原因是"尺寸超差"，乙班的主要原因是"轧废"，丙班的主要原因是"耳子"。这样就可以针对各自产生废品的原因采取相应的措施。

表 5-2　某轧钢厂某月份废品分类　　　　　　　　　　　　　　　　　　　　　　　单位：件

废品项目	废品数量			合计
	甲班	乙班	丙班	
尺寸超差	30	20	15	65
轧废	10	23	10	43
耳子	5	10	20	35
压痕	8	4	8	20
其他	3	1	2	6
合计	56	58	55	169

4. 分层法的应用步骤

① 搜集数据；
② 将搜集到的数据根据目的的不同选择分层标志；
③ 分层与归类；
④ 画分层归类图。

五、直方图法

1. 直方图的概念

直方图，又称质量分布图。直方图法是指通过对生产过程中产品质量分布状况的描绘与分析，来判断生产过程质量的一种常用方法。

2. 直方图的绘制

(1) 收集数据　数据个数一般为 50 个以上，最低不少于 30 个。

(2) 求极差值　在原始数据中找出最大值和最小值。计算两者的差就是极差，即 $R = X_{max} - X_{min}$。

(3) 确定分组的组数和组距　先确定直方图的组数，然后以此组数去除极差，可得直方图每组的宽度，即组距 (h)。组数 k 的确定如表 5-3 所示。

例如，已知原始数据中，极差 $R = 57$，组数 $k = 10$，则 $h = R/k = 57/10 = 5.7 \approx 6$，组距一般取测量单位的整数倍，以便于分组。

表 5-3　样本个数与组数

样本个数 n	推荐组数 k	一般使用 k
50～100	6～10	
100～250	7～12	10
250 以上	10～20	

(4) 确定各组界限值　分组的组界值要比抽取的数据多一位小数，以使边界值不致落入两个组内，因此先取测量值单位的 1/2。例如，测量单位为 0.001mm，组界的末位数应取

0.001mm/2＝0.0005mm。然后用最小值减去测定单位的1/2，作为第一组的下界值；再将此下界值加上组距，作为第一组的上界值，依次加到最大一组的上界值（即包括最大值为止）。为了计算的需要，往往要决定各组的中心值（组中值）。每组的上下界限值相加除以2，所得数据即为组中值，组中值为各组数据的代表值。

（5）制作频数分布表　将测得的原始数据分别归入到相应的组中，统计各组的数据个数，即频数。各组频数填好以后检查总数是否与数据总数相符，避免重复或遗漏。

3. 直方图的观察分析

直方图的观察、判断主要从以下两方面进行。

（1）形状分析　观察直方图的图形形状，看是否属于正常的分布。分析工序是否处于稳定状态，判断产生异常分布的原因。直方图有不同的形状，如图5-4所示。

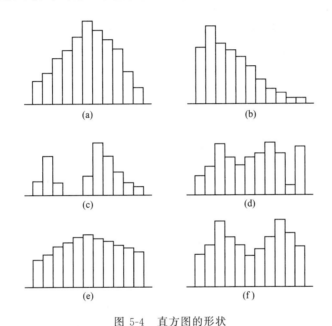

图 5-4　直方图的形状

（a）标准型；（b）偏态型；（c）孤岛型；（d）锯齿型；（e）平顶型；（f）双峰型

① 标准型 ［图 5-4(a)］：又称对称型。数据的平均值与最大值和最小值的中间值相同或接近，平均值附近的数据频数最多，频数在中间值向两边缓慢下降，并且以平均值为轴左右对称。这种形状是最常见的。这时判定工序处于稳定状态。

② 偏态型 ［图 5-4(b)］：数据的平均值位于中间值的左侧（或右侧），从左至右（或从右至左）数据分布的频数增加后突然减少，形状不对称。一些有形位公差等要求的特性值是偏向型分布，也有的是由于加工习惯而造成的。例如，由于加工者担心产生不合格品，在加工孔时常常偏小，而呈左偏型；加工轴时常常偏大，而呈右偏型。

③ 孤岛型 ［图 5-4(c)］：在直方图的左边或右边出现孤立的长方形。这是测量有误，或生产中出现异常因素而造成的。如原材料一时的变化、刀具严重磨损或混入不同规格产品等。

④ 锯齿型 ［图 5-4(d)］：直方图如锯齿一样凹凸不平，大多是由于分组不当或是检测数据不准而造成的。应查明原因，采取措施，重新作图分析。

⑤ 平顶型 ［图 5-4(e)］：直方图没有突出的顶峰。这主要是在生产过程中有缓慢变化的因素影响而造成的。如刀具的磨损、操作者的疲劳等。

⑥ 双峰型 ［图 5-4(f)］：靠近直方图中间值的频数较少，两侧各有一个"峰"。当有两

种不同的平均值相差大的分布混在一起时，常出现这种形式。这种情况往往是由于把不同材料、不同加工者、不同操作方法、不同设备生产的两批产品混在一起而造成的。

（2）与规格界限比较分析 当工序处于稳定状态（即直方图为标准型）时，还需要进一步将直方图与规格界限（即公差）进行比较，以判断工序满足公差要求的程度。

① 理想型 ［图 5-5(a)］：直方图的分布中心 $\overline{x}$ 和公差中心 T_m 近似重合，其分布在公差范围内，且两边有些余量。这种情况，一般来说是很少出现不合格品的。根据概率计算，公差范围 T 大约等于数据标准偏差 s 的 8 倍，这是最理想的情况。

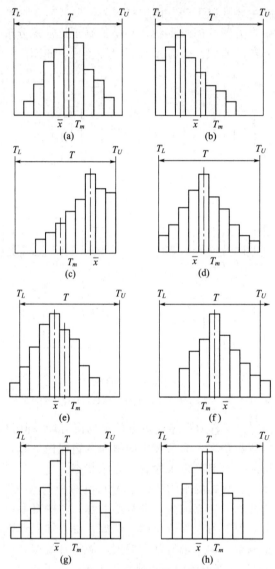

图 5-5　直方图分布与规格界限比较

（a）理想型；（b）偏心型（一）；（c）偏心型（二）；（d）无富余型；
（e）胖型（一）；（f）胖型（二）；（g）胖型（三）；（h）瘦型

② 偏心型 ［图 5-5(b)、图 5-5(c)］：直方图的分布在公差范围内，但分布中心和公差中心 T_m 有较大偏移。这种情况，工序如稍有变化，就可能出现不合格品。因此应调整，使分布中心 $\overline{x}$ 和公差中心 T_m 近似重合。

③ 无富余型［图 5-5(d)］：直方图的分布在公差范围内，两边均没有余地。这种情况应立即采取措施，设法提高工序能力，缩小标准偏差 s。

④ 胖型［图 5-5(e)～图 5-5(g)］：直方图的分布超过公差范围。图 5-5(e)、图 5-5(f)说明质量分布中心偏离，分散程度也大。这时应缩小分散程度，并把分布中心移到中间来。图 5-5(g) 说明加工精度不够，应提高加工精度，缩小标准偏差，也可从公差标准制定的严松程度来考虑。

⑤ 瘦型［图 5-5(h)］：直方图的分布在公差范围内，且两边有过大的余地。这种情况表明：虽然不会出现不合格品，但很不经济，属于过剩质量。除特殊精密、重要的零件外，一般应适当放宽材料、工具与设备的精度要求，或放宽检验频次以降低鉴别成本。

六、控制图法

1. 控制图的概念

控制图是对生产过程中的产品质量状况进行适时控制的统计工具，是质量控制中的最重要的方法。人们对控制图的评价是："质量管理始于控制图，亦终于控制图。"

早在 1924 年，休哈特博士就开始把数理统计应用于工业生产中，制作了世界上第一张工序质量控制图。自工序图问世以来，由于它把产品质量控制从事后检验改变为事前预防，为保证产品质量、降低生产成本、提高生产效率开辟了广阔的前景，因此它在世界各国得到了广泛的应用。我国已经制定了有关控制图的国家标准，即 GB/T 4091—2001，称为"常规控制图"。

2. 控制图的用途

① 分析判断生产过程的稳定性，从而使生产过程处于统计控制状态；

② 及时发现生产过程中的异常现象和缓慢变异，预防不合格品发生；

③ 查明生产设备和工艺设备的实际精度，以便作出正确的技术决定；

④ 为评定产品质量提供依据。

3. 基本格式

控制图的内容包括两部分。

（1）标题部分 包括产品名称、编号、质量特性、观测方法、规范界限或要求、收集数据时间、抽样间隔及数量、设备编号、观测仪器编号以及车间、操作员、检验员、控制图的名称等。通常将上述内容编成表格的形式，如表 5-4 所示。

表 5-4 控制图的标题形式

产品名称		工作令号		收集数据时间
质量特性		车间		
观测方法		规定日产量		设备编号
规范界限（或要求）		抽样	间隔	操作员
			数量	
规范编号		观测仪器编号		检验员
生产过程质量要求				

（2）控制图部分 控制图的基本格式如图 5-6 所示。

横坐标为样本序号，纵坐标为产品质量特性。图上有 3 条平行线：实线 CL，为中心线；虚线 UCL，为上控制界限线；虚线 LCL，为下控制界限线。

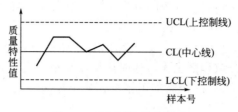

图 5-6 控制图的基本格式

在控制图上，把采取系统取样方式取得的子样质量特性值用点子描在图上的相应位置。若点子全部落在上下控制界限之间，且点子排列没有什么异常状况时，说明生产过程是处于稳定状态（控制状态）。否则，判定生产过程中出现异常因素，则应查明原因，设法消除。

4. 控制图的种类

控制图在实践中，根据质量数据通常可分为两大类 7 种。

（1）计量值控制图

① 平均值：极差控制图，一般用符号 X-R 图表示。

② 中位数：极差控制图，一般用符号 $\tilde{x}$-R 图表示。

③ 单值：移动极差控制图，一般用符号 X-Rs 图表示。

（2）计数值控制图

① 不合格品数控制图：一般用符号 Pn 图表示。

② 不合格品率控制图：一般用符号 P 图表示。

③ 缺陷数控制图：一般用符号 c 图表示。

④ 单位缺陷数控制图：一般用符号 U 图表示：

控制图的种类虽有不同，但它们的基本原理却是相同的。

七、散布图法

1. 散布图法的概念

散布图法，是指通过分析研究两种因素的数据之间的关系，来控制影响产品质量的相关因素的一种有效方法。

在生产实际中，往往是一些变量共处于一个统一体中，它们相互联系、相互制约，在一定条件下又可相互转化。有些变量之间存在着确定性的关系，它们之间的关系可以用函数关系来表达；而有些变量之间却存在着相关关系，即这些变量之间有关系，但又不能由一个变量的数值精确地求出另一个变量的数值。将这两种有关的数据列出，用点子打在坐标图上，然后观察这两种因素之间的关系。这种图就称为散布图或相关图。

2. 散布图的作图方法

在质量管理活动中，经常需要绘制散布图。现根据下面的实际问题，具体给出绘制散布图的步骤和注意事项。

（1）选定分析对象　分析对象的选定，可以是质量特性值与因素之间的关系，也可以是质量特性值与质量特性值之间的关系，还可以是因素与因素之间的关系。本例选定分析对象是钢的淬火温度和硬度，它们是因素和质量特性值之间的关系。

（2）收集数据，填入数据表　数据一般要在 30 组以上，且数据必须是对应的，并记录收集数据的日期、取样方法、测定方法等有关事项。

（3）坐标纸上建立直角坐标系

① 为便于分析相关关系，两个坐标数值的最大值与最小值之间的范围应基本相等。

② 若分析对象的关系属于因素与质量特性值的关系，则 x 轴表示因素，y 轴表示质量特性值。

③ 描点。把数据组（x，y）分别标在直角坐标系相应的位置上。如两组数据相同，则其点子必重合（图 5-7）。

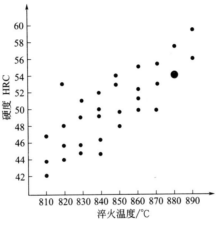

图 5-7　散布图

④ 检查。当散布图上出现明显偏离其他数据点时，应查明原因，以便决定是否删除或校正。

3. 散布图的观察分析

根据测量的两种数据作出散布图后，就可以从散布图上点子的分布状况看出两种数据之间是否有相关关系，以及关系的密切程度。散布图的常见形式有 6 种，如表 5-5 所示。

表 5-5　散布图的几种形式与分析

图　形	x 与 y 的关系	说　明
  （a）	强正相关。x 变大 y 也变大	x、y 之间，可以用直线表示。对此，一般控制 x，y 也得到相应的控制
  （b）	强负相关。x 变大时，y 变小；x 变小时，y 变大	

图　形	x 与 y 的关系	说　明
(c)	弱正相关。x 变大时，y 大致变大	除 x 因素影响 y 外，还要考虑其他的因素（一般可进行分层处理，寻找 x 以外的因素）
(d)	弱负相关。x 变大时，y 大致变小	
(e)	不相关，x 与 y 无任何关系	不必要计算其相关系数 r
(f)	x 与 y 不是线性关系	

知识三　质量管理新七种工具

相对于"老七种工具"，人们将关联图、KJ 法、系统图、矩阵图、矩阵数据解析法、PDPC 法以及箭条图统称为"新七种工具"。一般说来，"老七种工具"的特点是强调用数据说话，重视对制造过程的质量控制；而"新七种工具"则基本是整理、分析语言文字资料（非数据）的方法，着重用来解决全面质量管理中 PDCA 循环的 P（计划）阶段的有关问题。因此，"新七种工具"有助于管理人员整理问题、展开方针目标和安排时间进度。整理问题，可以用关联图法和 KJ 法；展开方针目标，可用系统图法、矩阵图法和矩阵数据分析法；安排时间进度，可用 PDPC 法和箭条图法。"新七种工具"的提出不是对"老七种工具"的替代，而是对它的补充和丰富。

20 世纪 70 年代以来，特别是 1973 年"石油危机"后，日本一些质量管理专家学者、公司经理提出"要转向思考性的 TQC"。而思考性的 TQC 则要求在开展全面质量管理时应注意如下几点。

① 要注意进行多元评价。

② 不要满足于"防止再发生"，而要注意树立"一开始就不能失败"的观念。

③ 要注意因地制宜地趋向于"良好状态"。

④ 要注意突出重点。

⑤ 要注意按系统的概念开展活动。

⑥ 要积极促"变"，进行革新。

⑦ 要具备预见性，进行预测。

由此，对于质量管理的方法也提出了如下新的要求。

① 要有利于整理语言资料或情报。

② 要有利于引导思考。

③ 要有助于充实计划的内容。

④ 要有助于促进协同动作。

⑤ 要有助于克服对实施项目的疏漏。

⑥ 要有利于情报和思想的交流。

⑦ 要便于通俗易懂地描述质量管理的活动过程。

"新七种工具"就是在这样的要求下逐渐形成的。

一、关联图法

1. 关联图法的基本概念

关联图法是指用连线图来表示事物相互关系的一种方法，它也叫关系图法。如图 5-8 所示，图中各种因素（A、B、C、D、E、F、G）之间有一定的因果关系。其中因素 B 受到因素 A、因素 C、因素 E 的影响，它本身又影响到因素 F，而因素 F 又影响着因素 C 和因素 G……这样，找出因素之间的因果关系，便于统观全局、分析研究以及拟定出解决问题的措施和计划。

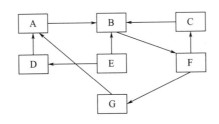

图 5-8　关联示意图

2. 关联图法的主要特点

① 适合于整理因素关系复杂的问题；

② 从计划阶段开始就能够以广阔的视野把握问题；

③ 可准确地抓住重点；

④ 容易协调大家的意见；

⑤ 不拘形式自由发表意见，便于探索问题的因果关系；

⑥ 能打破成见。

3. 关联图的形式

关联图的形式比较灵活，关联图的绘制形式一般有以下四种。

（1）中央集中型的关联图　它是尽量把重要的项目或要解决的问题安排在中央位置，把关系最密切的因素尽量排在它的周围，如图 5-9 所示。

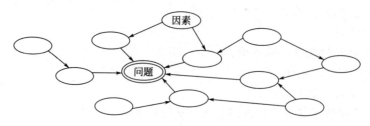

图 5-9　中央集中型的关联图

（2）单向汇集型的关联图　它是把重要的项目或要解决的问题安排在右边（或左边），把各种因素按主要因果关系，尽可能地从左（从右）向右（向左）排列，如图 5-10 所示。

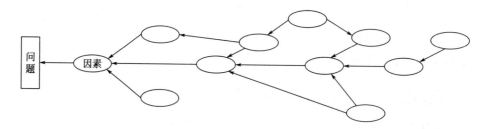

图 5-10　单向汇集型的关联图

（3）关系表示型的关联图　它是以各项目间或各因素间的因果关系为主体的关联图，如图 5-11 所示。

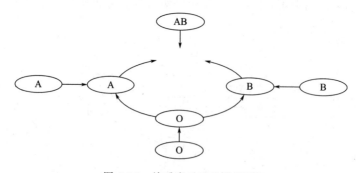

图 5-11　关系表示型的关联图

（4）应用型的关联图　它是以以上三种类型为基础而使用的图形。

关联图可以与其他的工具、技法组合起来应用，以增强其表现力。

① 与矩阵图相结合的形式：边框是矩阵图的两个因素，中间是各构成事项及它们之间的关系（见表 5-6）。

② 与 KJ 法相类似的形式：在中央集中型关联图的基础上，将相互关系密切的因素归为一类，如图 5-12 所示。

表 5-6　与矩阵图相结合的关联图

项目	部门A	部门B	部门C	部门D
I	活动项目1			2
II	3		4	
III	5	6		7
IV		8		9

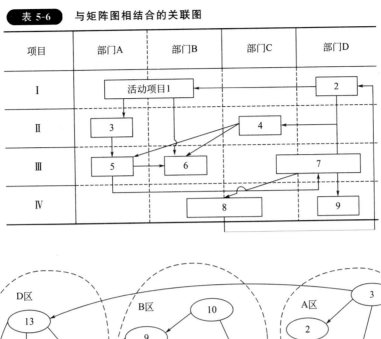

图 5-12　与 KJ 法相类似的关联图

③ 与系统图相结合的形式：一个系统图、一个关联图组合起来进行应用，对系统图末梢手段之间的关系予以表现，如图 5-13 所示。

4. 绘制关联图的步骤

① 提出认为与问题有关的各种因素。

② 用简明而确切的文字或语言加以表示。

③ 把因素之间的因果关系用箭头符号做出逻辑上的连接（不表示顺序关系，而是表示一种相互制约的逻辑关系）。

④ 根据图形，进行分析讨论，检查有无不够确切或遗漏之处，复核和认可上述各种因素之间的逻辑关系。

⑤ 指出重点，确定从何处入手来解决问题，并拟定措施计划。

⑥ 在绘制关联图时，对于各因素的关系是原因-结果型的，箭头的指向是从原因指向结果（原因→结果）；对于各因素间的关系是目的-手段型的，箭头的指向是从手段指向目的（手段→目的）。

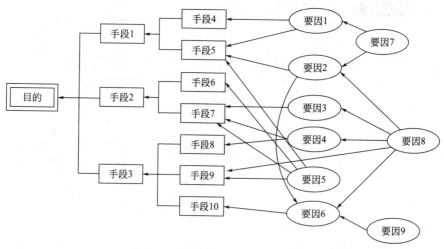

图 5-13　与系统图相结合的关联图

5.关联图的应用

关联图可用于以下方面。

① 制订质量管理的目标、方针和计划。

② 产生不合格品的原因分析。

③ 制订质量故障的对策。

④ 规划质量管理小组活动的展开。

⑤ 用户索赔对象的分析。

⑥ 为提高服务质量寻找改善的措施。

二、KJ 法

1. KJ 法的概念

KJ 法，又叫亲和图法、近似图解法，它是将收集到的大量有关某一特定主体的意见、观点、想法和问题，按它们之间相互亲近关系加以归类、汇总的一种图表技术方法。

KJ 法是日本川喜二郎提出的。"KJ"二字取的是川喜（KAWAJI）英文名字的第一个字母。这一方法是从错综复杂的现象中，用一定的方式来整理思路、抓住思想实质、找出解决问题新途径的方法。

KJ 法不同于统计方法，统计方法强调一切用数据说话，而 KJ 法则主要靠用事实说话、靠"灵感"发现新思想、解决新问题。KJ 法认为许多新思想、新理论往往是灵机一动、突然发现。但应指出，统计方法和 KJ 法的共同点都是从事实出发，重视根据事实考虑问题，两者的不同点如表 5-7 所示。

表 5-7　KJ 法与统计方法的不同点

统计方法	KJ 法
验证假设型	发现问题型
现象数量化,收集数值性资料（数据）	不需数量化,收集语言、文字类的资料（现象、意见、思想）
侧重于分析	侧重于综合
用理论分析（即数理统计理论分析）	凭"灵感"归纳问题

2. KJ 法的步骤

(1) 确定对象或用途　KJ 法适用于解决那种非解决不可、且又允许用一定时间去解决的问题。对于要求迅速解决、"急于求成"的问题，不宜用 KJ 法。

(2) 收集语言、文字资料　收集时，要尊重事实，找出原始思想（"活思想""思想火花"）。收集这种资料的方法有以下三种。

① 直接观察法：即到现场去看、听、摸，吸取感性认识，从中得到某种启发，立即记下来。

② 面谈阅览法：即通过与有关人谈话、开会、访问、查阅文献、集体 BS 法（Brain Storming，"头脑风暴"法）来收集资料。集体 BS 法，类似于中国的开"诸葛亮会"，"眉头一皱，计从心来"。

③ 个人思考法（个人 BS 法）：即通过个人自我回忆、总结经验来获得资料。

通常，应根据不同的使用目的对以上收集资料的方法进行适当选择，见表 5-8。

表 5-8　KJ 法的资料收集方法

使用目的	直接观察	面谈阅览	查阅文献	BS	回忆	检讨
认识新事物	◎	△	△	△	○	×
归纳思想	○	◎	○	○	○	◎
打破现状	◎	○	○	◎	◎	◎
脱胎换骨	△	◎	◎	×	○	○
参与计划	×	×	×	◎	○	○
贯彻方针	×	×	×	◎	○	○

注：◎ 常用；○ 使用；△ 不大使用；× 不使用。

在应用 KJ 法时，若要认识新事物，打破现状，就要用直接观察法；若要把收集到的感性资料提高到理论的高度，就要查阅文献。

(3) 制作卡片　把所有收集到的资料，包括"思想火花"，都写成卡片。

(4) 整理卡片

① 将有关联的卡片归为一组，一组最多归纳 10 张卡片，单张卡片不要勉强归入某组；

② 找出一张代表该组内容的主卡片；

③ 将主卡片放在最上面；

④ 按组将卡片中的信息登记、汇总。

(5) 将卡片分类　把同类卡片集中起来，并写出分类卡片。

(6) 根据不同的目的，选用上述资料片段，整理出思路，写出文章来。

3. KJ 法的应用

KJ 法一般用于以下情况。

① 认识新事物（新问题、新办法）。

② 整理归纳思想。

③ 从现实出发，采取措施，打破现状。

④ 提出新理论，进行根本改造，"脱胎换骨"。

⑤ 促进协调，统一思想。

⑥ 贯彻上级方针，使上级的方针变成下属的主动行为。

川喜认为，按照 KJ 法去做，至少可以锻炼人的思考能力。

三、系统图法

1. 系统图法的概念

系统图法是把要达到目的（目标）所需要的手段、方法按系统展开，它是系统地分析、探求实现目标的最好手段。

在质量管理中，为了达到某种目的，就需要选择和考虑某一种手段；而为了采取这一手段，又需考虑它下一级的相应的手段。这样，上一级手段就成为下一级手段的行动目的。如此地把要达到的目的和所需要的手段按照系统来展开，按照顺序来分解，作出图形（图5-14），就能对问题有一个全貌的认识。然后，从图形中找出问题的重点，提出实现预定目的的最理想途径。系统图法是系统工程理论在质量管理中的一种具体运用。

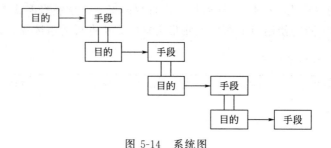

图 5-14　系统图

2. 系统图的绘制方法

① 确定（目的）目标。

② 提出手段和措施。

③ 评价手段和措施，决定取舍。

④ 绘制系统图。首先把程序中确定的目的置于图的左端，然后把为了达到的目的与必要的手段或措施之间的关系联系起来，在联系过程中要认真考虑各因素之间的逻辑关系。

⑤ 根据对象制订实施计划。这时要使系统图中最低级的手段进一步具体化、精炼化，并决定其实施内容、日程和承担的任务等事项。

3. 系统图法的应用

在质量管理中，系统图应用范围很广，主要用于以下几方面。

① 在新产品研制开发中，应用于设计方案的展开。

② 在质量保证活动中，应用于质量保证事项和工序质量分析事项的展开。

③ 应用于目标、实施项目的展开。

④ 应用于价值工程的功能分析的展开。

⑤ 结合因果分析图，使之进一步系统化。

⑥ 应用于探究部门职能、管理职能和提高效率。

⑦ 应用于安全与故障分析的展开。

⑧ 应用于组织战略规划的展开。

四、矩阵图法

1. 矩阵图法的概念

矩阵图是用于分析质量因素复杂关系的图表。矩阵图法是指借助数学上矩阵的形式，把与问题有对应关系的各个因素列成一个矩阵图；然后，根据矩阵图的特点进行分析，从中确定关键点（或着眼点）的方法。

这种方法先把要分析问题的因素分为两大群（如 R 群和 L 群），把属于因素群 R 的因素（R_1，R_2，…，R_m）和属于因素群 L 的因素（L_1，L_2，…，L_n）分别排列成行和列。在行和列的交点处表示 R 和 L 的各因素之间的关系，这种关系可用不同的记号予以表示（如用"○"表示有关系等）。

2. 矩阵图类型

（1）L 型矩阵图　这是一种基本的矩阵图。它是把若干成对的事项（目的-手段、结果-原因）用行和列排成二元表的形式的矩阵图（图 5-15）。

		B				
		b_1	b_2	b_3	…	b_n
A	a_1					
	a_2					
	a_3					
	…					
	a_n					

图 5-15　L 型矩阵图

（2）T 型矩阵图　它是由 A 因素和 B 因素、B 因素和 C 因素的两个 L 型矩阵图（其中 A 因素共用）组合起来的矩阵图（图 5-16）。

C	c_4				
	c_3				
	c_2				
	c_1				
A		a_1	a_2	a_3	a_4
B	b_1				
	b_2				
	b_3				
	b_4				

图 5-16　T 型矩阵图

（3）Y 型矩阵图　它是由 A 因素和 B 因素、B 因素和 C 因素、C 因素和 A 因素 3 个 L 型矩阵组成的图（图 5-17）。

（4）X 型矩阵图　它是 A 因素和 B 因素、B 因素和 C 因素、C 因素和 D 因素、D 因素和 A 因素四个 L 型矩阵组成的图（图 5-18）。

（5）C 型矩阵图　这是分别用 A、B、C 因素作边的立方体矩阵图（图 5-19），它的特征是以 A、B、C 各因素规定的三元空间上的点作为着眼点。

把这 5 种矩阵图组合起来，就可以进一步组合成各种矩阵图，也可以把系统图组合起来使用。

3. 矩阵图法的应用

矩阵图在质量管理中的应用主要有以下几个方面。

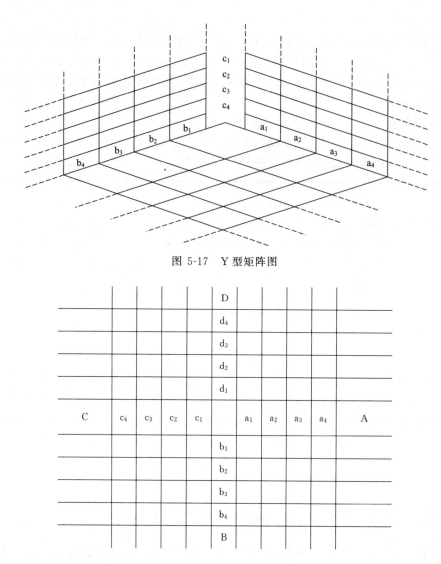

图 5-17　Y 型矩阵图

图 5-18　X 型矩阵图

① 应用于给定开发改进系列产品的着眼点。

② 以产品的质量保证和管理机构的联系，确定如何加强质量保证体系。

③ 提高质量评价机构的效率。

④ 分析不合格现象、原因分析、工序（发生源）之间的关系。

⑤ 制定产品打入市场的战略。

五、过程决策程序图法

1. PDPC 法的概念

过程决策程序图法（PDPC 法）是在制订计划阶段或进行系统设计时，事先预测可能发生的障碍（不理想事态或结果），从而设计出一系列对策措施，以最大的可能引向最终目标（达到理想结果）。该法可用于防止重大事故的发生，因此也称之为重大事故预测图法。

由于一些突发性的原因，可能会导致工作出现障碍和停顿，对此需要用过程决策程序图法进行解决。

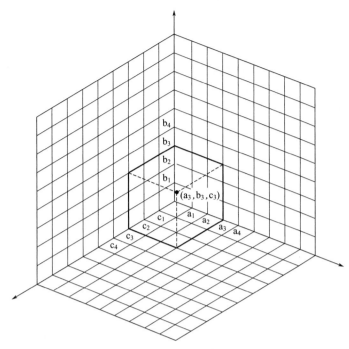

图 5-19 C型矩阵图

交叉点坐标（a_3，b_3，c_3）

PDPC 法具有如下特征：

① 从全局、整体掌握系统的状态，因而可作出全局性判断；

② 可按时间先后顺序掌握系统的进展情况；

③ 密切注意系统进程的动向，掌握系统输入与输出间的关系；

④ 情报及时，计划措施可被不断补充、修订。

2. PDPC 法的思路

（1）掌握系统的动态并依此判断全局 有的象棋大师可以一个人同时和 20 个人下象棋，20 个人可能还胜不了他一个人。这就在于象棋大师胸有全局，因此能够有条不紊，即使面对 20 个对手，也能有把握战而胜之。

（2）实现动态管理 PDPC 法具有动态管理的特征，它是在运动的，而不像系统图是静止的。

（3）实现可追踪性 PDPC 法很灵活，它既可以从出发点追踪到最后的结果，也可以从最后的结果追踪中间发生的原因。

（4）预测先知 PDPC 法可以预测那些通常很少发生的重大事故，并且在设计阶段，预先就制订出应付事故的一系列措施和办法。

换句话说，掌握了这些思考方法以后，所有的人都可以做到运筹帷幄，料事于先。

3. PDPC 法的步骤

① 确定要解决的课题。

② 召集相关人员讨论，提出达到理想状态的途径和措施。

③ 对提出的途径和措施列举出预测的结果，并提出方案行不通的备选方案和措施。

④ 将各方案按紧迫程度、所需工时、实施的可能性和难易程度进行分类，特别是对目前要采取的方案和措施，应根据预测的结果，明确首先应该做什么，并用箭头将其与理想状

态方向连接。

　　⑤ 决定各项方案实施的先后顺序。

　　⑥ 确定实施负责人及实施期限。

　　⑦ 不断修订 PDPC 图。在实施过程中可能会出现新的情况，需要定期检查 PDPC 的执行情况，并按照新的情况和存在的问题，重新修改 PDPC 图。

4. PDPC 法的应用

　　利用 PDPC 法，可以从全局和整体的角度掌握过程状态，以便作出全局性的判断。PDPC 法常用于以下几个方面：

　　① 应用于产品设计中的安全性、可靠性设计；

　　② 应用于对有关安全的重大事故的预测，并采取相应的措施；

　　③ 应用于保障交通运输安全的预防性措施；

　　④ 应用于制订目标管理中的实施计划；

　　⑤ 应用于制订预防制造工序中出现不良因素的措施；

　　⑥ 应用于找出或选择谈判过程中的对策。

六、矩阵数据解析法

1. 矩阵数据解析法的概念

　　矩阵数据解析法是把矩阵图中各因素之间的关系用一定量来表达，即在其交点上标出数据资料，把多种质量因素或多个变量之间的对应关系定量地加以表达，从而对大量数据进行预测、计算、整理、分析的方法。这种方法所用的主要计算方法叫"主成分分析法"，它是多变量质量分析的一种方法。

2. 矩阵数据解析法的步骤

　　下面举例说明如何进行矩阵数据解析法。

　　(1) 确定需要分析的各个方面　通过绘制亲和图得到以下几个方面：易于控制、易于使用、网络性能、和其他软件可以兼容、便于维护。确定它们的相对重要程度。

　　(2) 组成数据矩阵　用 Excel 或者手工做。把这些因素分别输入表格的行和列，如表5-9 所示。

表 5-9　矩阵数据解析法

	A	B	C	D	E	F	G	H
1		易于控制	易于使用	网络性能	软件兼容	便于维护	总分	权重/%
2	易于控制	0	4	1	3	1	9	26.2
3	易于使用	0.25	0	0.20	0.33	0.25	1.03	3.0
4	网络性能	1	5	0	3	3	12	34.9
5	软件兼容	0.33	3	0.33	0	0.33	4	11.6
6	便于维护	1	4	0.33	3	0	8.33	24.2
	总分之和						34.36	

　　(3) 确定对比分数　自己和自己对比的地方都打 0 分。以"行"为基础，逐个和"列"对比，确定分数。"行"比"列"重要，给正分。分数范围从 9 分到 1 分。打 1 分表示两个重要性相当。譬如，表 5-9 中第 2 行"易于控制"分别和 C 列"易于使用"比较，重要一

些，打 4 分；和 D 列"网络性能"比较，重要性相当，打 1 分。如果"行"没有"列"重要，给出重要分数的倒数。譬如，第 3 行的"易于使用"和 B 列的"易于控制"前面已经对比过了，前面是 4 分，现在取倒数，1/4＝0.25；与 D 列"网络性能"比，没有"网络性能"重要，反过来，"网络性能"比"易于使用"重要，打 5 分，现在取倒数，就是 0.20。实际上，做的时候可以围绕以 0 组成的对角线对称填写对比的结果就可以了。

(4) 加总分 按照"行"把分数加起来。在 G 列内得到各行的"总分"。

(5) 算权重分 把各行的"总分"加起来，得到"总分之和"。再把每行"总分"除以"总分之和"得到 H 列每个"行"的权重分数。权重分数愈大，说明这个方面越重要。从表 5-9 中可以看出，"网络性能"最重要，权重分数为 34.9 分；其次是"易于控制"，为 26.2 分。

3. 矩阵数据解析法的应用

矩阵数据解析法可以应用于市场调查以及预测产品的开发、规划和研究，以及工序分析等方面。只要存在一定的数据，就可以使用这种方法。其主要用途有以下几个方面：

① 分析含有复杂因素的工序；

② 从大量数据中分析不合格品产生的原因；

③ 从市场调查的数据中把握质量要求，进行产品市场定位分析；

④ 复杂的质量评价；

⑤ 感官特性的分类系统化；

⑥ 对对应曲线的数据进行分析。

七、箭条图法

1. 箭条图法的概念

箭条图法又称矢线图法，它是计划评审法在质量管理中的具体运用，使质量管理的计划安排具有时间进度内容的一种方法。它有利于从全局出发、统筹安排、抓住关键路线，集中力量，按时和提前完成计划。

2. 箭条图法的工作步骤

① 调查工作项目，把工作项目的先后次序由小到大进行编号。

② 用箭条"→"代表某项作业过程，如⓪→①、①→②等。箭杆上方可标出该项作业过程所需的时间数，作业时间单位常以日或周表示。

各项作业过程的时间可用经验估计法求出。通常，作业时间按 3 种情况进行估计：乐观估计时间，用 a 表示；悲观估计时间，用 b 表示；正常估计时间，用 m 表示。则经验估计作业时间＝$(a+4m+b)/6$。这种经验估计法，又称三点估计法。

例如，对某一作业过程的时间估计 a 为 2 天，b 为 9 天，m 为 4 天。则，用三点估计法求得的作业时间为 $(2+4\times4+9)/6=4.5$(天)。

③ 画出箭条图。

④ 计算每个结合点上的最早开工时间。某结合点上的最早开工时间，是指从始点开始顺箭头方向到该结合点的各条路线中，时间最长一条路线的时间之和。

⑤ 计算每个结合点上的最晚开工时间。某结合点上的最晚开工时间，是指从终点逆箭头方向到该结合点的各条路线中时间差最小的时间。

⑥ 计算富余时间，找出关键路线。富余时间，是指在同一结合点上最早开工时间与最晚开工时间之间的时差。有富余时间的结合点，对工程的进度影响不大，属于非关键工序。

无富余时间或富余时间最少的结合点，就是关键工序。把所有的关键工序按照工艺流程的顺序连接起来，就是这项工程的关键路线。

3. 箭条图的应用

① 制订详细的计划。

② 可以在计划阶段对方案进行仔细推敲，从而保证计划的周密性。

③ 进入实施阶段后，可根据情况的变化进行适当的调整。

④ 能够具体而迅速地了解某项工作工期延误对总体工作的影响，从而尽早采取措施。

 【目标检测】

1. 老七种工具包括哪些？分别说出每种工具的概念和操作步骤。

2. 新七种工具包括哪些？分别说出每种工具的概念和操作步骤。

PPT　　　　　习题　　　　　思维导图

项目六
食品现场质量管理

【学习目标】

1. 掌握现场质量管理工作的目标和内容。
2. 了解现场质量管理工作的具体内容。
3. 掌握"5S"基本理念及活动的实施过程。
4. 了解"5S"活动的管理方法。
5. 掌握"6S"活动的管理方法及实施过程。

【思政小课堂】

某检测组接到一个新分析样品，查看规程后发现其需要的一种化学试剂检测室没有，于是组长到二级库寻找，在试剂柜里也没有此试剂，只好找材料员领取。三天后才从材料员处领取，并进行分析。可若干天后，该组长在寻找其他化学试剂时，却又看到了该试剂，他马上意识到当时为什么没有找到，又花了那么多时间去领取，也把分析时间进行了拖延。这个问题需要重视起来。

以下的问题分析是：该公司试剂保管都存在哪些问题及由此会引起哪些方面的损失？分析得出：①库存管理不完善，没有执行"6S"；②没有看板管理。损失：①寻找的时间浪费；②再购的成本损失；③等待的损失；④库房空间的损失。

造成以上混乱的局面是试剂没有定点放置，没有明确标识，导致找寻时间过长，结果不能正常进行业务检查。如果按照"6S"管理进行，可以在第一时间找到所需要的试剂，不仅可以节约时间，还可以提高工作效率。

【必备知识】

生产现场是生产出产品的地方。食品是一种与人类健康有着密切关系的特殊产品。为了适应社会主义市场经济的需要，深入认识生产现场的作用，学习先进经验，抓好生产现场管理，是摆在企业面前的刻不容缓的任务。现场质量管理又称制造过程质量管理、生产过程质量管理，是全面质量管理中一种重要的方法。它是从原材料投入到产品形成整个生产现场所进行的质量管理。由于生产现场是影响产品质量的诸要素（人、机器、材料、方法、环境）的集中点，因此搞好现场质量管理可以确保生产现场生产出稳定和高质量的产品，使企业增加产量、降低消耗、提高经济效益。国内外许多企业应用现场质量管理这一方法，取得了稳定和提高产品质量的良好效果。

知识一　现场质量管理的目标和内容

一、现场质量管理的目标

生产现场管理，是指为了有效地实现企业的经营目标，对生产过程诸要素〔包括人（操作者、管理者）、机（设备、工艺装备）、料（原材料、辅助材料、零部件）、能（水、电、煤、气）、法（操作方法、工艺制度）、环（环境）、信（信息）等〕进行合理配置和优化组合，有机地结合达到一体化，通过生产过程的转换，成为质量优良、交货期可靠、成本低廉的适销对路产品的综合性管理。

现场质量管理的五大目标：提高品质（Q）；降低成本（C）；确保交货期（D）；确保人身安全（S）；提高员工士气（M）。下面对以上几点分别加以阐述。

（一）提高品质（Q）

品质是一个企业的生命，保障产品的品质就是保障一个企业生存的关键，从生产初期就应明确品质管理这一目标。企业的快速发展源于对产品以及品质保障理念的深入理解。

1. 完善品质保障控制的制度和系统

在生产之初，提前引入相关品质保障控制的制度和系统尤为重要。并且，用其他相关辅助方法解决工作中存在的问题，也是企业在生产过程中必不可少的重要环节。如建立庞大的QA（质量保证）、QC（质量控制）、IQC（进料检验）、EQA（室间质量评价）等组织系统，使品质得到有效的保障，随着品质的稳定、消费群体的认同，企业才能形成一个具有竞争力的品牌，而由于品牌好可以促进销售，品质好可以保障品牌，销售好又带来了高的利润，并且为保障品质奠定了物质基础，这样就形成了一个良性的循环，可以使企业的发展具备坚实的基础。所以说企业发展与品质保障是息息相关的，保障产品的品质就会带来经济效益和社会效益。

2. 确保食品安全

食品安全是食品企业的命脉，一方面要注重原料的管理，另一方面要注重生产过程的管理与控制。

在原料管理与供应商选择方面要求必须十分严格，目的是在源头保证产品质量安全，在此基础上，才能保证产品的品质，所以制定严格的供应商评鉴标准是非常必要的，内容涵盖供应商内部品质管理的各个方面，使企业与供应商同生存、共成长。要让供应商达到更高的标准，以完善供应商的生产和管理水平，使供应商更好地支持企业的发展，而这与企业对供应商的系统管理是分不开的。

原料的安全检测也是需要高度重视的环节，为了符合国内外大环境的要求，供应商必须依次按标准进行自检，让企业在生产中减少不必要的麻烦和因原材料所带来的产品问题。

3. 生产过程实行严格监控

在生产过程中，环境污染的问题在建厂之初就是企业需要考虑的问题，工厂所在地要建在不易受粉尘、有害气体、昆虫等污染源污染的区域，各工厂的厂区都要有防范外来污染、有害动物侵入的设施，生产区与生活区分开布置，厂区空地进行绿化，根据原辅料、半成品、成品等的性质不同，应分别设置储藏场所。

　　工厂要建立 ISO 9001 质量体系，通过明确关键控制点，对生产实行严格监控。例如在方便面生产中，棕榈油作为方便面生产的主要原料，其化学性质直接影响产品品质和产品安全，虽然棕榈油的化学性质较为稳定，但是在生产现场还是要将它列为管控重点，在生产时每班两次对它的酸价和过氧化值进行监控，使之稳定在企业制订的内部控制范围。之前有很多厂家曾经发生过生产用油超出内控标准，为保证产品安全将超标期间的产品全部报废的案例。而设备的保养就需要导入食品加工设备 TPM（total productive maintenance，全员生产维修）保养制度，从而使设备在最佳状态下运行。

4. 加强成品的检测

　　当成品下线后，成品的检测就需要确定详细的成品品质规格、检验项目、检验标准、抽样及检验方法，而检验方法则应以国家标准为准。如果有能力，在生产中还应用统计学的方法，对每条生产线产品统计 CPK 指标，监控其制程能力，使品质管理更具科学性。

（二）降低成本（C）

　　企业的产品成本管理，主要包括 7 个环节，即成本预测、决策、计划、控制、核算、分析和考核，其核心的内容是以成本核算为基础的成本控制和成本预测管理。企业降低成本的"六字诀"管理办法，即"人、市、物、链、算、测"。下面就"六字诀"进行阐述和分析。

1. 降低成本，"人"的因素第一

　　"人"的因素是一个动态的概念。首先，它是具有规范动作、富有责任心的人；其次，是自主行动，独立创造价值。作为企业来说，首先应具有规范动作、有组织观念、富有责任心、有群性本质的"人"，这是最基本的；其次是通过企业持续不断地检验，使人逐渐升华为主观能动、富有创业智慧的人。这一过程是一个不断进步、没有止境、无限延续的过程。

　　以企业的全员全面质量管理为例。全员全面质量管理，是企业员工面对具体的产品质量提出来的。传统的质量成本管理，其重点放在生产过程中要求人员严把质量关，如发现零部件、材料制作、加工精练程度有缺陷，在可能的条件下，追加人力、物力、财力，尽量进行质量缺陷的弥补。随着生产技术的发展，取而代之的是全员全面质量管理理念。这就是以产品质量零缺陷作为产品成本的出发点，它把重点放在操作人员的每一个加工程序的连续性的自我质量控制上。一个操作环节上发现问题，立即进行纠正，不允许有问题的产品转移到下一道工序。它要求每一个员工具有"人人讲节约，事事讲节约，时时讲节约"的管理意识。它贯穿于整个工艺流程的每一个环节、每一个程序，并充分发挥操作者的主观能动性。这就是"人"的因素的概念和要求。它在 20 世纪 60～70 年代的日本运用推广，创造了极其可观的经济效益。我国是 20 世纪 80 年代末引入全员全面质量管理理念，这为我国的企业改制和市场经济建设提供了行之有效的运行理念。

2. 降低成本的"市"的因素

　　"市"指市场应根据市场需求安排生产。市场需求包括变化着的市场容量、市场潜力、市场承载弹性等因素，这里主要指某种产品的市场占有或者控制份额。它既是一个静态的量——现实的量，也是一个不断转化为现实的量。适时生产系统要求实现"零存货"，这既是一个前提，又是一个基础。只有这样，才可以大量降低存货成本和仓储成本，节约支出。

　　"市"的因素，首先是一个量的因素，其次是一个动态的量的因素，再次是一个以"利"来衡量的量的因素，三者结合才是一个完整的"市"的因素。

3. 降低成本的"物"的因素

　　"物"是指产品设计所涵盖的全部需要的物化成本。即对产品性能、采用的材料、工艺流程和生产成本都有关键性影响的设计方案所花费的成本，这都属于"物"的因素。根据统

计，某一产品的成本有 60%～80%在产品的设计阶段就已经基本确定，产品投入生产以后，降低成本的潜力并不是很大。因此，成本管理模式的重心应放在产品的设计阶段。产品设计的第一步，就是根据市场需求估计出产品的销售价格，再由企业的目标利润和它的盈利率确定产品的目标利润和目标成本。确定目标成本后，设计人员和各个环节的操作人员就可以根据市场调查的结果进行设计。如果产品的全部作业成本低于目标成本，则该产品的设计是可行的；反之，则应重新设计作业链，对成本进行一次又一次的挤压，直到可行为止。产品设计的第二步必须考虑产品的科技含量。这就是全部的需要物化的成本，即"物"的因素。

4. 降低成本管理的"链"的因素

"链"是指全面降低作业成本链的管理。要建立理想作业链，就必须对企业的作业进行分析，在采用先进技术的基础上，减少链的长度，实现成本共享、资源共用、程序简化、操作流畅、环环相扣、耗费最低，并且使整个作业链在动态中仍能不断地获得更新和改进，这就是一个动态的"链"。"链"既指具体的工艺、车间、厂房连接，又指管理上的各个职能部门的连接与指令的绝对畅通。当然"链"应建立在安全的基础之上。总之，各个工艺连接得越紧凑，资源利用越充分，程序越简化，操作环环相扣，成本就越低，竞争优势就越大。

5. 降低成本的"算"的因素

工业企业生产经营活动分为供应、生产、销售三大环节，其中生产环节为组织产品生产所发生的直接材料、直接人工和制造费用，按产品对象形成产品生产成本，即为制造成本。产品制造成本核算的准确与否，直接影响到产品销售成本结转的正确性，进而影响当期的会计利润和应纳税所得额。因此，对制造成本的审查应作为企业所得税纳税审查的重点。

制造成本通过"生产成本""制造费用"科目进行核算。"生产成本"科目核算企业进行工业性生产所发生的各项生产费用，包括生产各种产成品、自制半成品、自制材料、自制工具以及自制设备等所发生的各项费用；该科目设置"基本生产成本"和"辅助生产成本"两个二级科目。"基本生产成本"二级科目核算企业为完成主要生产目的而进行的产品生产发生的费用，用于计算基本生产的产品成本；"辅助生产成本"二级科目核算企业为基本生产及其他服务而进行的产品生产和劳务供应发生的费用，用于计算辅助生产产品和劳务成本。"制造费用"科目核算企业为生产产品和提供劳务而发生的各项间接费用。按不同的车间、部门设置明细账，明细账用多栏式按费用项目内容设专栏进行明细核算。

6. 降低成本的"测"的因素

计划指标要定期层层分解，落实到车间、班组和个人，并列表张贴；实际完成情况也要相应地按期公布，并用作图法，使大家看出各项计划指标完成中出现的问题和发展的趋势，生产任务与生产进度、质量改善目标、生产力改进、停机时间、意外事故等内容要以图表的形式在现场展示出来，以促使集体和个人都能按质、按量、按期地完成各自的任务。

（三）确保交货期（D）

"品种多，数量少，交期短"的订单生产时代已经来临。随着交货期的日益缩短，企业内部原有的生产管理组织体系被打破，停工待料不断、产品质量不稳定、设备故障增加、客户整日抱怨。要想从根本上解决交货期迟缓问题，就要对企业生产管理组织体系进行重新设计，打造一个适应企业的交货期管理运作模式。确保交货期要靠组织力量来保证，要靠制度约束来控制，要靠流程运作来流通。

1. 确保交货期要靠组织力量来保证

对以下问题进行设计：

① 销售与生产技术之间"相互制约、相互服务"的组织界定；

② 原辅材料、半成品、成品仓库隶属哪个部门最科学；

③ 跟单员、计划员、仓管员、设备管理员、外协员、纪检员、物控员、工艺员应该怎样设置才有执行力；

④ 各职能部门之间关系应该如何界定，避免推卸责任。

2. 确保交货期要靠制度约束来控制

① 做到产前有计划；

② 做到产中有控制；

③ 做到产后有总结；

④ 实现生产数据化；

⑤ 实现控制目标化；

⑥ 实现效果评估可量化。

3. 确保交货期要靠流程运作来流通

流程运作包括：

① 产销链关系贯通；

② 合同评审运作流程；

③ 生产计划制订运作流程；

④ 生产进度运作流程；

⑤ 异常问题处理运作流程；

⑥ 流程接口的贯通与运作。

（四）确保人身安全（S）

在企业的生产经营活动中，人是最宝贵、最活跃的生产力，由于受企业生产经营活动职责的影响，企业的员工容易被区分成现场作业人员、企业管理人员、企业生产经营主要负责人等，由此带来了企业安全生产职责的多层次、多样性。企业安全生产管理最根本的目的是保护企业员工的生命和健康、保护社会生产力，使之能正常生产；保护生产关系，使股东的合法利益不受侵犯，这也是安全生产管理的重要内容。企业的长期安全生产为企业员工带来幸福、使企业社区社会稳定、带动企业经济效益提高和保障企业的长远发展。但企业员工也可能萌生轻视、忽视、藐视安全生产的思想的现象。因此，企业应正确认识和掌握安全生产的规律，必须养成"安全生产管理只有起点，没有终点"的长远安全管理目标。

企业要搞好安全生产，首要的任务就是要切实加强对企业各级员工的安全生产教育和培训。企业安全生产教育培训是安全管理的一项重要工作，其目的是提高职工的安全意识，增强职工的安全操作技能和安全管理水平，最大限度减少人身伤害事故的发生。它真正体现了"以人为本"的安全管理思想，是搞好企业安全管理的有效途径。《安全生产法》实施后，企业普遍加强了安全生产的管理力度，也开展了安全生产教育培训工作，但部分企业的安全生产状况仍不理想，最主要的原因是当前企业安全生产培训工作仍存在不少的问题，主要体现在：企业对安全生产教育培训的重要性认识不足，把安全生产教育培训当成一劳永逸的工作；企业安全生产教育培训没有规划性，安全生产教育培训内容不能适应企业扩张水平和管理水平的发展需要；安全生产教育培训对象的覆盖面不足，容易出现"重视对现场生产作业人员的安全教育培训，忽视对安全管理人员及企业经营主要负责人的教育培训"的局面；安全生产教育培训投入不足，安全教育培训资质不强，培训装备不足，企业各级人员得不到更高水平安全知识技术的培训；企业安全生产培训效果评估管理不力，各级员工安全学习的动力不足，员工安全素质没有得到真正提高。这些安全生产教育培训管理工作中存在的问题，都将极大地弱化企业的安全生产管理效果。企业的员工组成中，现场作业人员通常又分为特种作业人员和一般从业人员，这是企业各项生产经营活动最直接的劳动者，是各项安全生产法律权利和义务的承担者，又是安全生产事故的主要受害者或责任者。现场作业人员能否安全、熟练地操作各种生产经营工具或者作业，能否得到人身安全和健康的切实保障，能否严格遵守安全操作规程和安全生产规章制度，往往决定了一个企业的安全管理水平。高度重视和充分发挥现场作业人员在生产经营活动中的主观能动性，不断提高现场作业人员的安全素质，才能把不安全因素和事故隐患降到最低限度。因此企业的安全生产管理重点应放在生产现场，就是要通过抓好生产作业人员的安全作业行为及现场安全隐患整治工作确保企业的安全生产秩序。企业安全生产管理人员是企业专门负责安全生产管理的人员，是国家有关安全生产法律、法规、方针、政策在本单位的具体贯彻执行者，是本单位安全生产规章制度的具体落实者。安全生产管理人员知识水平的高低、工作责任心的强弱，对企业的安全生产起着重要作用。作为一名安全生产管理人员，必须具备与本单位所从事的生产经营活动相应的安全知识和管理能力，只有这样，才能保障企业的安全生产。因此，企业必须要重视对安全生产管理人员的教育和培训，不断提高他们的安全知识水平和安全管理能力，加强现场安全管理，及时消除事故隐患，保障企业单位的安全生产，保障职工人身安全和健康。

企业经营主要负责人是企业安全生产的第一责任人，对企业的安全生产工作全面负责。这就迫切要求主要负责人掌握与本单位生产经营活动有关的安全生产知识。对一个企业的主要负责人来讲，具备必要的安全生产知识和管理能力是最基本的要求，也是企业安全生产的重要保证。由此可见，从长远安全管理的角度来看，企业要搞好安全生产教育培训，前提条件是把培训的对象涵盖到企业的全体员工，使企业现场生产作业人员、安全管理人员及企业经营主要负责人具有更高的安全生产意识和安全生产技能水平、更强的分析判断和紧急情况处理能力，使全体员工把安全作为工作、生活中的"第一需求"，实现安全工作"要我安全→我要安全→我懂安全→我会安全"的转变。诚如企业的安全生产管理一样，企业的安全生产教育培训也必须坚持"安全第一，预防为主"的方针，建立与健全安全生产教育培训保障机制，采取"统一规划、分级管理、分类指导、严格考核"的管理模式，优化一切可供利用的培训资源，加大安全培训工作力度，全面加强生产经营单位主要负责人、安全生产管理人员、特种作业人员和一般从业人员的安全生产培训。

为了按计划、有步骤地进行全员安全教育培训，保证教育培训质量，取得好的教育培训效果，真正有助于提高企业全体职工安全意识和安全技术素质，企业安全教育培训应抓好以下工作。

① 编制符合实际、合乎规律的企业中长期安全生产教育培训大纲，执行企业各级人员的阶梯式教育培训计划，每个年度应当有安全生产教育培训的重点内容，确保每一期安全生产教育培训的时间和教学质量，教育培训计划要有明确的针对性，并随企业安全生产的特点，适时修改计划。

② 建立健全企业职工全员安全教育制度及特种作业人员专项安全教育制度，明确本单位各级人员在安全生产教育培训中所应当承担的职责，严格按照安全教育培训管理制度进行各级员工安全生产教育培训的登记、培训、考核、发证、资料存档等工作，环环相扣，层层把关，规范企业职工的安全教育培训管理工作。值得注意的是，企业的安全教育培训对象必须涵盖到企业每一级的员工，真正实现全员培训取证上岗、定期培训提高的教育培训管理目标。

③ 编制企业各级安全教育培训教材，根据企业生产经营活动的不断发展，及时变更或修正培训教材的内容，不断提高企业各级员工的安全意识和知识技能，提高企业安全技术水平。企业每一级安全生产教育培训的内容一般都应包括安全生产思想教育、安全生产知识教育和安全管理理论及方法教育，但应根据不同的教育对象，侧重于不同的教育内容，提出不

同的教育培训要求。

④ 建立相对稳定的教育培训师资结构，且需采取内外培训相结合的组织形式、形式多样的教育培训方法，力求生动活泼，形式多样，寓教于乐，提高教育效果。对于现场生产作业等的基层人员，开展培训时应多采用互动式的"双向沟通"，即在培训过程中，给职工一定的发言权，将他们的疑惑提出来，大家共同分析，授课者在此基础上，有重点地加以引导，找出解决问题的最佳方法，从而达到理论与实际相结合的效果。

⑤ 企业要树立"安全第一"的教育培训观念，定期开展各种专业技术技能的教育培训工作，而每一项次的专业教育培训教材都必须含有相应的安全培训的内容，每一项次的专业教育培训活动都必须同时进行相应的安全知识技能教育培训，并进行相应的严格考核管理，在企业中形成"安全活动融合在每一位员工的每一项行为"的安全文化理念。专业技术知识培训结合有安全生产教育培训内容，更容易提高安全教育培训的效果，教育培训的技能也更容易落实到生产活动中。

⑥ 建立和强化安全教育培训效果的评价。应充分体现现代安全生产培训理念，利用先进灵活的培训手段，将安全培训的有关内容贯彻到全体从业人员中，这才是安全生产培训的真正目的。因此，建立科学的评价指标就成为评价安全培训效果的客观要求。要强化安全监管力度，采取定期与不定期进行严格检查评价，全面提高企业各级人员的安全素质和安全意识，实现减少和消除事故的最终目标。

企业的安全生产工作是一个复杂的系统工程，需要运用系统工程的理论、方式和方法，对影响企业安全生产的人员安全素质、装备和管理等基本因素进行有效控制，以确保企业的安全生产。加强企业各级员工的安全技术教育、培训工作，提高企业员工的安全素质，这不仅仅是企业安全生产管理的首要任务和要求，也是企业安全生产的技术保障机制，是企业整体发展的需要。

（五）提高员工士气（M）

研究表明，员工缺乏士气与生产力水平低、病态和上升的人员流动率有关。因此，提高士气能增加员工的生产力和工作满足感，减少压力和降低人员流动率。

提高员工士气，首先要留住人才；其次，要加强企业机制建设。

1. 企业的五种留人方法

（1）制度留人 制度管人，而不是人管人。特殊的人应采取特殊的政策，可把人才分为关键和特殊人才、后备人才。对前者给予特殊、破例政策；后者给予鼓励政策。在工资和奖金上拉大与普通员工的差距，在住房等问题上也有特殊照顾。

（2）事业留人 对于员工而言，工作不仅仅是谋生的手段，它更多的是实现其个人价值和发展自我的重要途径。

随着企业的发展和员工自身的进步，先前合意的工作慢慢会变得不具诱惑力甚至变得不合适，这就要求对员工的工作进行调整和再设计。因此工作设计是贯穿于企业激励员工并留住员工的始终的。工作再设计包括：工作轮换、工作扩大化、工作丰富化。

（3）企业文化留人 企业文化留人，要求企业要像一个家，能给职工带来家的温暖。下面介绍几个名词，它们与企业文化密切相关。

① 远景（vision）：是指未来组织所能达到的某种状态，以及描述这种状态的蓝图，企业文化就是从这个远景开始的。比如通用电气公司（GE），它的口号是："永远做世界第一"。这就是它的一个远景，就是它未来要达到的那个方向。

② 使命宣言（mission）：是指组织在未来完成任务的过程，代表了这个企业存在的理由。比如长虹电器，它的使命宣言是："把长虹建成世界第一的彩电巨人"。

③ 价值观（value）：一个企业总会有自己的价值观，通常企业总会有"以人为本、客户至上、顾客是上帝"等价值观。

④ 目标（goal）：任何企业都要设立一个目标，这个目标设定3～5年，企业将要发展成什么规模。如某个美国系统集团企业的目标是："3年之内企业发展到300个人，做3000万美金的单子"。

⑤ 短期的目标（objective）：比如今年的这个季度，今年春节期间，或者这一年企业要做到多少个单子、达到什么地位，就是一个短期目标。应该把这个写下来告诉所有的员工，以便员工根据企业的目标来定个人的目标。

从上到下，从远景到个人目标，就这样一步步地确定下来，而企业文化也是从上到下这样形成的：先有远景，再有使命宣言，又有价值观，然后用各种方式方法把价值观输送给员工，之后再制定出长期的目标。

(4) 感情留人 常言道："人是感情动物。"在很多时候，感情好，什么都显得无所谓；感情不好，就是一点芝麻小事，也会小题大做，借题发挥。所以，营造一个温馨的氛围，用真诚的感情留人，是十分重要的。大家之间感情好，自可齐心协力、团结合作。

(5) 薪酬福利留人 主要从以下两方面做起：①薪酬，要使经理和技术顾问在同一薪酬水平上；给关键职位的职员以特殊照顾。②福利，包括企业内部的心理咨询、法律咨询服务；额外住房贷款福利；替关键员工购买人寿保险；免费的饮料、点心等；进修与培训机会。

2. 企业机制建设

企业文化，是指企业内部所创造出的独具特色的精神财富，包括员工思想、道德、价值观念、人际关系以及与此相适应的组织与活动。但如果没有高素质的员工的配合和执行，企业文化建设就会成为企业的装饰品，见物不见其神。因此，建设企业文化，构建"四个机制"必不可少。

(1) 构建企业内部考核机制 企业竞争的核心是人才的竞争，重视人的价值，并努力创造条件促使企业员工为企业发展献计献策，以实现个人岗位产生效益的最大化是企业管理的核心。要真正使员工的行为达到自我协调、自我控制的目的，除了建立完善的规章制度外，要实现对员工能力最大限度的开发和利用，就必须调整管理及考核目标，使企业文化建设和员工切身利益结合起来，做到"奖惩结合"，在员工内部真正建立起"能者上，庸者下"的竞争氛围，促使企业员工满意、高效地工作，进而实现员工的能力、兴趣与工作三位一体、和谐统一。

(2) 构建人才引进机制 现代社会，干部年轻化、专业化已是势在必行的趋势。要打破企业内部沉闷、懒散的工作作风，就需要引进企业发展的"源头活水"，引进一批敢干、肯干、能干的年轻人。在人才引进后，企业应该为他们创造一个适合其发展、充分发挥能力的平台，同时要建立和创造一个公开、公平、公正的干部选拔机制，为青年人才的发展和成长提供良好的机遇，使其成为企业中的活跃分子，从而达到使企业注入新鲜血液的目的。

(3) 构建员工培训机制 加强教育培训，探索新的工作规律、培训方式，学习行业先进经验，在企业内部广泛开展员工职业道德教育，规范员工行为，是企业文化建设的一项重要内容。企业人力管理机构要善于利用员工培训，不断探索新的规律、采取适合员工的培训方式。在培训中，要善于听取员工提出的有利于企业发展的优秀点子，并尽可能采纳，这有助于员工体现在企业发展进程中的个人价值，激发员工的工作热情和积极性，增强员工的自豪感和对企业的归属感。

(4) 构建创新机制 企业文化的建设要牢牢把握住先进文化的发展方向，积极倡导职工树立起与企业精神相协调的世界观、人生观和价值观。在传承企业优秀文化的同时，还要立足于企业的实际，吸取外来文化的长处，结合企业的发展方向和前进目标，在企业文化内容、形式上不断创新，促使企业文化真正体现出时代精神。通过对企业文化的整合，可以使企业内部保持团结，发挥最具优势的团队力量，找准问题的关键，使员工认识到企业利益与自身利益相互协调和统一，只有在企业利益得到保证的前提下，才能保证自身的利益。

二、现场质量管理的任务和体系

对于现场管理的任务，有人认为是"搞好场区卫生、标志醒目、工装整洁、文明作业"，这只是表面现象。从现场管理的本质上看，现场管理任务主要是合理地组织现场的各种要素，使之有效结合起来形成一个有机的生产系统，并处于良好的运行状态，按整体优化的思想，积极推行精益生产等现代管理方法和手段，以工作性质定岗，以工作量定员，把多余人员从岗位上撤下来，实现优质、准时、高效、节约生产。坚持不懈地改进作业环境和现场秩序，实行定制管理，形成科学先进的生产工艺流程和操作规程，严格劳动纪律和工艺纪律，做到环境整洁、设备完好、信息准确、物流有序、安全生产，最主要的是降低成本、提高效益。

（一）生产现场管理的任务

生产现场管理的任务主要包括工序管理和物流管理。

1. 工序管理

工序，是指一个工人（或一组工人）在一个工作地，对一个（或同时几个）工件进行加工所连续完成的工作内容。工序是产品生产的基本单位。工序管理的内容，主要包括工序要素管理和产品要素管理。它是按照工序专门技术的要求，合理地配备和有效地利用生产要素，并把它们有效地结合起来发挥工序的整体效率，通过品种质量、数量日程、成本的控制，满足市场对产品要素的需求。工序管理能够解决两个重要问题：一是满足市场要求的产品得到了落实；二是提高经济效益有了可靠保证。工序管理的示意如图 6-1 所示。

图 6-1　工序管理示意图

工序管理中的工序要素管理，就是对工序使用的劳动力、设备、原材料或零部件的管理。对劳动力的管理，要根据工序对工种、技术水平、人员数量的要求，通过择优录取，选择工人上岗，并进行优化组合，经培训合格后上岗。上岗工作后严格遵守劳动纪律，并努力调动职工生产积极性；对设备、工艺装备必须要完好、齐全；对原材料、零部件，要保证供应，不损不失，不磕不碰。

产品要素管理就是对产品品种、质量、数量、交货期、成本的管理。品种、数量要符合市场需求，按时交货。质量要选好生产过程的管理控制点，抓住关键部位、薄弱部件进行重点管理。成本控制要加强目标成本管理，逐级分解，层层核算。

2. 物流管理

物流管理要认真解决好 3 个问题：

① 要使物流线路最短，以缩短产品生产周期和加速资金周转；

② 使生产过程中半成品占用最少，以减少资金占用；

③ 使生产过程中搬运效率最高。

通过加强物流管理，使其能保证生产的连续性、比例性、均衡性。

搞好物流管理要注意研究以下问题：选择合适的生产组织形式；合理进行工厂总平面布置和车间布置；搞好生产过程分析；提高搬运效率；搞好各个生产环节和各工序之间的能力的平衡；合理确定在制品定额等。

现场环境管理是现场管理的重要部分。一个安全、文明、秩序井然、优美舒适的工作环境，对工人的心情也是一个很好的影响。工人在脏、乱、差的环境下工作，处处提心吊胆，处处小心提防，还会磕磕碰碰，精神紧张，工作的热情和积极性就会受到损伤。加强现场环境管理是充分体现以人为本的思想的具体工作。要把环境管理与其他管理结合起来，提高到新的高度来认识它。

（二）生产现场管理体系

生产现场管理体系由思想体系、组织体系、有机转换体系三部分组成，如图 6-2 所示。

1. 思想体系

思想体系是生产现场管理的首要问题，即要树立正确的思想观点，善于处理好一系列关系。

应树立以下几个思想观点。

① 市场观点：即生产现场管理要始终围绕市场转，市场是生产现场的生命所在；离开了市场的生产现场是站不住脚的。

② 质量第一的观点：质量好坏是企业生命力的体现，生产现场又是决定质量的重要环节，所以必须把质量放在第一位。

③ 讲究效益的观点：把生产现场的效益问题解决好，对全企业效益的提高有很大的促进，在生产现场时时处处要体现讲效益的思想。

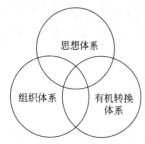

图 6-2　生产现场管理体系示意图

④ 树立全局观念的观点：要树立每个岗位、每个环节都服从于整体优化和整个生产过程顺利进行的指导思想，局部要服从整体。

⑤ 坚持通力协作观点：要在统一目标的指导下，相互配合、相互协调、通力合作，心往一处想，劲往一处使。

要处理好以下几个关系。

① 正确处理好上下级关系：下级服从上级，同时做到上级虚心听取下级意见，集思广益，使每项决策都有广泛的群众基础。

② 正确处理好服务与被服务的关系：生产第一线工人是生产主体，其他人员要为他们服务好，生产第一线工人也要及时地将有关要求、信息传递给各方，以求得他们的配合。

③ 正确处理好集体与个人的关系：集体利益重于个人利益，个人必须服从于集体，集体又要为个人提供便利以发挥个人创造力。

④ 正确处理民主和集中的关系：既有民主，更要有集中，广泛听取意见、建议，群体意识强，但又要集中。

2. 组织体系

组织体系是生产现场管理的有力保证。企业要特别注意发挥好组织体系中 5 个部分的作用。

（1）生产组织　要建立以生产第一线工人为中心的生产组织。传统的生产组织体系下，生产工人与现场其他人员的关系属于图 6-3 的形式。新型生产组织体系应是图 6-4 的形式。

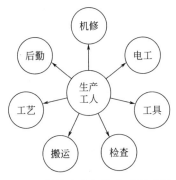

图 6-3　传统生产组织体系示意图

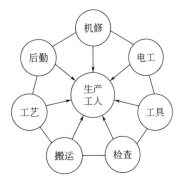

图 6-4　新型生产组织体系示意图

图 6-3 是一种发散型的，而图 6-4 属集中型的。前一种形式，生产工人在生产现场出了问题到处去找有关人员，将有关人员请来，帮助解决问题；而后一种形式，是各方人员围着生产工人，服务、供应、检修到现场，使出产产品这个生产中心始终在正常运转。要做到以生产第一线工人为中心，除了思想观念要真正转过来，在组织方式上要做一些工作。要建立设备在生产时间不停机的保证体系，包括生产工人和维修工人既明确分工又相互协作的体制。要实施点检、维护、预修制度。专职人员要现场巡回服务、监督、指导操作规范；要使故障快速处理程序化、规范化。要制定修理工期限额并加以实施。备件要及时供应。要充分利用生产间歇时间，检修保养设备；要实行工具直送生产岗位，及时、定期、快速更换工具等；要质量检验、把关、服务、指导到现场，把质量问题解决在现场；要花力量把生产线布置得合理，为第一线工人的方便生产考虑。做好以上工作才能体现出以生产第一线工人为中心的生产组织的建立。

（2）劳动组织　劳动组织的建立要体现出省人、省力、省时。应做好以下几方面工作：努力消除无效劳动和浪费，如消除过量制造、窝工、多余劳动动作、不合理搬运等；实行多工序管理或一人多能、多设备看管等；实行标准作业，规范化行为。

（3）物流组织　组织物流是保证生产前提性的环节。所以，必须认真研究物料流向以及运输方式、运量、时间要求、运距等，做到合理、顺畅、及时、保量、安全、节省。

（4）信息组织　科学地组织信息的传递、处理和反馈，是使生产正常进行的必备条件。一条错误的信息可能给生产带来巨大的损失。如一个作业计划中某数字的错误，将表中的"0"误看成"8"带来的生产中的麻烦就很大了，它背后是材料的消耗、工时的利用、动力的花费、资金的占用，不仅浪费无法挽回，而且最后生产出的是残次品。现场信息包括手工信息（各种原始记录）、目视管理信息、电讯信息、计算机信息等。

（5）指挥组织　车间主任是生产现场最全面、最具体的指挥者、组织者。这种指挥组织，体系要清晰，它以现在行政组织为依托，做到上下沟通，上情及时下达，下情迅速上达。要深入第一线了解情况，掌握情况及时，处理快。要指挥有力、果断。所以配备一个车间主任很重要。要把思想觉悟高、工作能力强，有一定决策、指挥、组织能力的人选拔到这个岗位上来，多方磨炼，使其成为一名管理层的带头人。

3. 有机转换体系

有机转换体系是现场管理的基地、基础。现场管理的有机转换体系要讲究三个效应，即时间效应、资金效应、物料效应。

对生产现场管理三个体系的认识和理解愈深入，愈能从观念到具体做法上都使管理上一个台阶。

三、现场质量管理工作的具体内容

现场质量管理的主要工作内容包括：人员（操作者、作业人员）的管理；设备（设施）的管理；物料（包括原材料、半成品、成品）的管理；作业方法与工艺纪律管理；工作环境管理；检测设备或器具管理。

1. 人员（操作者、作业人员）的管理

（1）明确不同岗位人员的能力需求，确保其能力是胜任的 从教育、培训、技能和经验4个方面确定任职或上岗资格，并实施资格评定，尤其对参与关键过程、特殊过程以及特殊工种工作的人员应按规定要求或技艺评定准则进行资格认可，保证其具有胜任工作的能力。

（2）提供必要的培训 提供必要的培训或采取其他措施，以满足并提高岗位人员任职能力。培训内容包括：质量意识、操作技能、检测方法、统计技术和质量控制手段等。

（3）鼓励员工参与 鼓励员工参与，以加强对过程的控制和改进，主要包括：

① 明确每个员工的职责和权限；

② 确保岗位人员了解相应层次的质量目标，以及本职工作与实现目标的关系，意识到所承担工作和所执行任务的重要性；

③ 进行必要的授权，如员工有权获得必要的文件和信息、有权报告不合格并采取纠正措施等；

④ 鼓励开展 QC 小组活动或其他形式的团队活动，促进员工增强自我管理、自我提高和自我改进的能力。

（4）建立食品生产从业人员健康管理制度

① 从事经营活动的每一位员工每年必须在区以上医院体检一次，取得健康证明后方可参加工作。

② 凡患有痢疾、伤寒、病毒性肝炎等消化系统传染病（包括病原携带者）、活动性肺结核、化脓性或渗出性皮肤病、精神病以及其他有碍食品卫生疾病的，不得参与直接接触食品的工作。

③ 员工患上述疾病的，应立即调离原岗位。病愈要求上岗者，必须在指定的医院体检，合格后才可重新上岗。

④ 企业发现有患传染病的职工后，相关接触人员必须立即进行体检，确认未受传染的，方可继续留岗工作。

⑤ 每位员工均有义务向部门领导报告自己及家人身体情况，特别是本制度中不允许有的疾病发生时，必须立即报告，以确保食品不受污染。

⑥ 在岗员工应着装整洁，佩戴工号牌，勤洗澡、勤理发，注意个人卫生。

⑦ 应建立员工健康档案，档案至少保存 2 年。

2. 设备（设施）的管理

① 制定设备维护保养制度，包括对设备的关键部位的日点检制度，确保设备处于完好状态。食品生产设施、设备、工具和容器等应加强维护保养，及时进行清洗、消毒。在食品生产加工过程中应有效地防止食品污染、损坏或变质。

② 按规定做好设备的维护保养，定期检测设备的关键精度和性能项目。食品生产企业生产设备的性能和精度应能满足食品生产加工的要求。

③ 规定设备和设施的操作规程，确保正确使用设备（设施），并做好设备故障记录。

④ 直接接触食品及原料的设备、工具和容器必须用无毒、无害、无异味的材料制成，与食品的接触面应边角圆滑、无焊疤和裂缝。

3. 物料（包括原材料、半成品、成品）的管理

① 对现场使用的各种物料的质量应有明确规定，在进料及投产时应验证物料的规范和质量，确保其符合要求。

② 易混淆的物料应对其牌号、品种、规范等有明确的标识，确保可追溯性，并在加工流转中做好标识的移植。

③ 检验状态清楚，确保不合格物料不投产、不合格在制品不转序。

④ 做好物料在储存、搬运过程中的防护工作，配置必要的工位器具、运输工具，防止磕碰损伤。

⑤ 在食品原料、半成品及成品运输过程中应有效地防止食品污染、损坏或变质。有冷藏、冷冻运输要求的，企业必须满足冷链运输要求。

⑥ 加工后的废弃物存放设施应密闭或带盖，存放应远离生产车间，且位于生产车间的下风向；废弃食用油脂专人管理，盛放于标有"废弃食用油脂专用"字样的密闭容器内，定期按有关规定及时清理。

⑦ 物料堆放整齐，并坚持"先进先出"的原则。食品入库前要进行验收登记，食品储存应做到分类存放、离地离墙、先入先出、定期检验，及时清理；食品仓库内应防鼠、防潮，严禁存放亚硝酸盐及杀虫剂等有害有毒物质。

4. 作业方法与工艺纪律管理

① 确定适宜的加工方法、工艺流程、服务规范，选用合理的工艺参数和工艺装备，编制必要的作业文件，包括操作规程、作业指导书、工艺卡、服务规范等。

② 确保岗位人员持有必要的作业指导文件，并通过培训或技术交底等活动，确保岗位人员理解和掌握工艺规定和操作要求。

③ 提供工艺规定所必需的资源，如设备、工装、工位器具、运输工具、检测器具、记录表等。

④ 严格工艺纪律，坚持"三按"（按图样、按标准或规程、按工艺）生产，并落实"三自"（自我检验、自己区分合格与不合格、自做标识）、"一控"（控制自检正确率）要求。

5. 工作环境管理

① 工作环境主要包括厂区、加工车间以及周围环境，卫生环境是食品生产工作环境必不可少的。应确保现场人员的健康和安全的工作环境。

② 开展"5S"管理，创建适宜的工作环境，提高作业人员的能动性，包括环境清洁安全、作业场地布局合理，设备工装保养完好，物流畅通，工艺纪律严明、操作习惯良好。

6. 检测设备或器具管理

① 配合管理部门确定测量任务及所要求的准确度，选择适用的、具有所需准确度和精密度能力的检测设备。

② 使用经校准并在有效期内的测量器具，检定或校准的标识清晰。

③ 明确检测点，包括检测的项目、频次、使用的器具、控制的范围和记录的需求等。

④ 在使用和搬运中确保检测器具的准确性。

四、班组长在质量管理中的作用

在企业中，从纵向结构上划分为 3 个管理层次：经营、管理和执行，如图 6-5 所示。

① 经营层：指总经理、董事长。负责企业战略的制定及重大决策。

② 管理层：指部长、科长、车间主任等。负责层层组织和督促员工们保质保量地积极

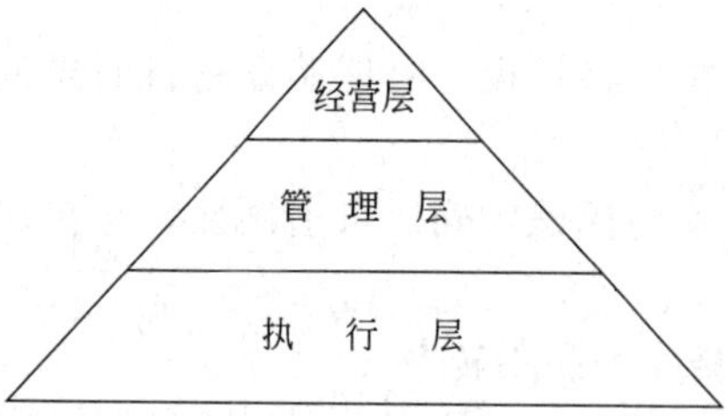

图 6-5　企业纵向的管理层次示意图

生产市场上所急需的各种产品。

③ 执行层：就是最基层的管理者，例如工段长、队长、领班，更多的是班组长。

1. 班组和班组长的地位

(1) 班组的地位　班组是企业组织生产经营活动的基本单位，是企业最基层的生产管理组织。企业的所有生产活动都在班组中进行，所以班组工作的好坏直接关系着企业经营的成败，只有班组充满了勃勃生机，企业才会有旺盛的活力，才能在激烈的市场竞争中长久地立于不败之地。班组就像人体的一个个细胞，只有人体的所有细胞都健康，人的身体才有可能健康，才能充满旺盛的活力。

(2) 班组长的地位　班组中的领导者就是班组长，班组长是班组生产管理的直接指挥和组织者，也是企业中最基层的负责人，他们是一支数量庞大的队伍。班组管理是指为完成班组生产任务而必须做好的各项管理活动，即充分发挥全班组人员的主观能动性和生产积极性，团结协作，合理地组织人力、物力，充分地利用各方面信息，使班组生产均衡有效地进行、产生"1+1>2"的效应，最终做到按质、按量、如期、安全地完成上级下达的各项生产计划指标。

在实际工作中，经营层的决策做得再好，如果没有班组长的有力支持和密切配合，没有一批领导得力的班组长来组织开展工作，经营层的决策也很难落实。班组长既是产品生产的组织领导者，也是直接的生产者。

(3) 班组长对三个阶层人员的不同立场　班组长的特殊地位决定了他要对三个阶层的人员采取不同的立场：

① 面对部下应站在代表经营者的立场上，用领导者的声音说话；

② 面对经营者他又应站在反映部下呼声的立场上，用部下的声音说话；

③ 面对他的直接上司又应站在部下和上级辅助人员的立场上讲话。

2. 班组长的使命

使命是最根本性的任务。班组长的使命就是在生产现场组织创造利润的生产活动。班组长的使命通常包括以下 4 个方面。

(1) 提高产品质量　质量关系到市场和客户，班组长要领导员工为按时按量地生产高质量的产品而努力。

(2) 提高生产效率　提高生产效率是指在同样的条件下，通过不断地创新并挖掘生产潜力、改进操作和管理，生产出更多更好的高质量的产品。

(3) 降低成本　降低成本包括原材料的节省、能源的节约、人力成本的降低等。

(4) 防止工伤和重大事故的发生　有了安全不一定有了一切，但是没有安全就没有一切。一定要坚持安全第一，防止工伤和重大事故，包括努力改进机械设备的安全性能、监督职工严格按照操作规程作业等。很多事故都是由于违规操作造成的。

3. 班组长的重要作用

班组是企业的"细胞"，班组管理是企业管理的基础。无论什么行业、工种，它的共性就是拥有共同的劳动的手段和对象，直接承担着一定的生产任务，其中也包括服务产品，因此班组长有 3 个重要作用：

① 班组长影响着决策的实施，影响着企业目标的最终实现，因为即使决策再好，如果执行者不得力，决策也很难落到实处；

② 班组长既是承上启下的桥梁，又是员工联系领导的纽带；

③ 班组长是生产的直接组织和参加者，所以班组长既应是技术骨干，又应是业务上的多面手。

因此充分发挥班组长的作用是搞好现场质量管理的重要举措。

4. 班组长的职责

班组长是企业中人数相当庞大的一支队伍，班组长综合素质的高低决定着企业的决策能否顺利地实施，因此班组长是否尽职尽责至关重要。班组长的职责主要包括：劳务管理、生产管理职责、辅助上级。

(1) 劳务管理　人事调配、排班、勤务、严格考勤、情绪管理、技术培训以及安全操作、卫生、福利、保健、团队建设等都属于劳务管理。

(2) 生产管理职责　包括现场作业、工程质量、成本核算、材料管理、机器保养等。

(3) 辅助上级　班组长应及时地向上级反映工作中的实际情况，提出自己的建议，做好上级领导的参谋助手。但不少班组长目前却仅仅停留在通常的人员调配和生产排班上，没有充分发挥出班组长的领导和示范作用。

知识二　5S 现场管理办法

生产现场管理方法很多，这里仅介绍目前已在企业推行、行之有效的典型方法——5S 现场管理办法。生产中每个企业要结合本企业实际情况，领会精神，加以采用。

"5S"来自日文 SEIRI（整理）、SEITON（整顿）、SEISO（清扫）、SEIKETSU（清洁）、SHITSUKE（素养）发音的第一个字母"S"，所以统称为"5S"。

"5S"活动，是指对生产现场各生产要素（主要是物的要素）所处状态不断地进行整理、整顿、清洁、清扫和提高素养的活动。"5S"活动在日本的企业中广泛实行，它相当于我国工厂里开展的文明生产活动。"5S"活动在西方和日本企业中的推行有个逐步发展、总结提高的过程。开始的提法是开展"3S"活动，以后内容逐步充实，改为"4S"，最后增加为"5S"。不仅内容增加和丰富了，而且按照文明生产各项活动的内在联系和逐步地由浅入深的要求，把各项活动系统化和程序化了。"5S"活动总结出在各项活动中，提高队伍素养是全部活动的核心和精髓。"5S"活动重视人的因素，没有职工队伍素养的相应提高，"5S"活动是难以开展和坚持下去的。日本企业在如何推行和坚持"5S"活动方面也总结出一套方法，不少方面值得我们学习。从一定意义上说，日本企业中实行的"5S"活动也是文明生产活动的发展和提高。因此，近年来我国许多企业，为了提高文明生产活动的水平，学习和推行了"5S"活动。"5S"活动不仅能够改善生产环境，还能提高生产效率、产品品质和员工士气，是其他管理活动有效展开的基石之一。

一、"5S"现场管理对企业的重要意义

食品企业的生产环境、卫生条件好坏直接影响食品产品的安全与质量。"5S"，这项与食品安全与质量、成本、交货期密切相关的基础管理活动，其最大的好处在于通过整理、整顿、清扫、清洁、提高素养这五项工作，使企业员工养成良好的工作习惯，建立持续改善意识，持之以恒，从而改变食品生产企业的工作环境，培养良好的工作氛围，提高部门的凝聚力，树立企业的良好形象。

推行"5S"有 8 个作用，即使亏损、不良、浪费、故障、切换产品时间、事故、投诉、

缺陷等 8 个方面都为零，有人称之为"八零工厂"。

1. 亏损为零——"5S"是最佳的推销员

在日本有这么一句话，"5S"是最佳的推销员。没有缺陷，没有所谓的不良，良好的声誉和口碑在客户之间相传，忠实的客户就会越来越多，知名度也会提高，人们都会抢着购买这家工厂所生产的产品。整理、整顿、清扫、清洁和素养维持得很好，相应地就会形成一种习惯。以整洁作为追求目标之一的工厂具有更大的发展空间。

2. 不良为零——"5S"是品质零缺陷的护航者

产品严格地按标准要求进行生产。干净整洁的生产场所可以有效地提高员工的品质意识。机械设备的正常使用和保养，可以使次品的产生数量大为减少。员工应明了并做到事先就预防发生问题，而不能仅盯在出现问题后的处理上。环境整洁有序，异常现象一眼就可以发现。

3. 浪费为零——"5S"是节约能手

"5S"的推动能减少库存量，排除过剩的生产，避免零件及半成品、成品的库存过多。若工厂内没有"5S"，则势必因零件及半成品、成品的库存过多而造成积压，进而致使销售和生产的循环过程流通不畅，最终企业的销售利润和经济效益的预期目标将难以实现。

4. 故障为零——"5S"是交货期的保证

工厂无尘化，无碎屑、屑块、油漆等，经常擦拭和进行维护保养，机械使用率会提高。模具、工装夹具管理良好，调试寻找故障的时间会减少，设备才能稳定，它的综合效能就可以大幅度地提高。每日的检查可以防患于未然。

5. 切换产品时间为零——"5S"是高效率的前提

模具、夹具、工具经过整顿随时都可以拿到，不需费时寻找，从而节省了时间。整洁规范的工厂机器正常运作，作业效率可以大幅度地提升。彻底贯彻 5S，让初学者和新人一看就懂，一学就会。

6. 事故为零——"5S"是安全的软件设备

整理、整顿后，通道和休息场所都不会被占用。工作场所的宽敞明亮使物流一目了然，人车分流，道路通畅，减少事故。危险操作警示明确，员工能正确地使用保护器具，不会违规作业。所有的设备都进行清洁、检修，预防、发现存在的问题，消除了安全隐患。消防设施齐备，灭火器放置定位，逃生路线明确，万一发生火灾，员工的生命安全必然会有所保障。

7. 投诉为零——"5S"是标准化的推动者

海尔在管理中提出了"日事日毕，日清日高"的理念。人们能正确地执行各种规章制度，去任何岗位都能规范地作业，明白工作该怎么做；工作既方便又舒适，而且每天都有所改善，并有所进步；每天都在清点、打扫、进步。

8. 缺勤为零——"5S"可以创造出快乐的工作岗位

一目了然的工作场所，没有浪费，无勉强而不拘束，岗位明确、干净，没有灰尘、垃圾；工作已成为一种乐趣，员工不会无缘无故地旷工。

二、"5S"活动的内容和要求

1. 整理

整理（SEIRI）是指将现场物品彻底清理，把长期不用及报废的物品清除出去，并根据实际，把保留下来的有用物品按一定顺序摆放好。整理的重点是区分要与不要。对不要的东西，坚决、彻底地清除，让生产现场不存在无用之物。要对车间内的各个地方，设备的前后、左右，通道的两边、厂房的上下、工具箱内外等各处进行清理，不留死角。整理可以改善和增大作业面积，可以使通道顺畅、无杂物，可以减少磕碰，有利于安全，可以减少混放、乱放而造成的差错，也能使库存减少，节约资金，经过整理的现场也给人以舒心的感觉，减少繁杂的心绪。

经过整理应达到以下要求：不用的东西不放在作业现场，坚决清除干净；不常用的东西，放远点（工厂的库房）；偶尔使用的东西，集中放于车间的指定地点；经常用的东西，放在作业区。

2. 整顿

整顿（SEITON）是指对整理后需要的物品进行科学、合理的布置和摆放。整顿要规范化、条理化，提高效率，使整顿后的现场整齐、紧凑、协调。经过整顿应达到以下要求：物品要定位摆放，做到物各有位，并且物在其位；物品要定量摆放，做到加强目视化，过目知数；物品要便于取存，无须花时间去寻找，很容易取出，也很方便归位；工具归类，分规格摆放，一目了然。

3. 清扫

清扫（SEISO）是指对工作地的设备、工具、物品以及地面等进行打扫。因为经过整理、整顿后是整洁了，但是生产、时间毕竟要推移，不会静止在某个时间点上，这样现场还会变脏。所以，必须清扫，去除脏物，创建干净、明快的工作环境。清扫应达到的要求是：自己用的东西自己清扫，不依赖他人，不增加清洁工；对设备清扫的同时，检查是否有异常，清扫也是点检；对设备清扫的同时，要进行润滑，清扫也是保养；在清扫中会发现一些问题，如跑、冒、滴、漏等，要透过现象查出原因，加以解决，清扫也是改善。

4. 清洁

清洁（SEIKETSU）是指对整理、整顿、清扫的坚持和深入，就是保持。清洁应达到的要求是：车间环境整齐、清洁、美观，保证职工健康，增进职工劳动热情；不仅设备、工具、物品要清洁，工作环境也要清洁，烟尘、粉尘、噪声、有害气体要清除；不仅环境美，工作人员着装、仪表也要清洁、整齐，从外观上看就是训练有素的；工作人员不仅外表美，而且要精神上"清洁"，团结向上，有朝气，相互尊重，有一种催人奋进的气氛。清洁还要做到不搞突击，贵在始终坚持和保持。

5. 素养

素养（SHITSUKE）是指作业习惯和行为规范，提高素养就是养成良好的风气和习惯、高尚的道德品质，不断加强自身的修养，自觉执行制度、标准，改善人际关系，加强集体意识。要求做到不要别人督促、不要领导检查、不用专门去思考、形成条件反射。例如，在作业前，按时到岗，准备好第一班应做什么，接班应做什么都习以为常，自觉去做好；作业中什么时候该做什么、作业后该做什么一清二楚，条理十分清晰。

"5S"活动的各个部分的关系用图 6-6 可以很形象地表示出来。

从图 6-6 可以看到以下几点。

（1）"5S"活动是一个不断循环的过程　"5S"活动是一个整理、整顿、清扫、清洁、素养依次顺序进行的过程，"5S"活动的核心是素养，经过整理、整顿、清扫、清洁活动最后归结为素养的提高，经过"5S"活动这个轮子的不断转动，向一个个新

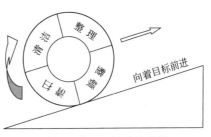

图 6-6　"5S"关系示意图

的目标迈进。

(2) 开展"5S"活动要全员参加 "5S"活动是全体人员的事情，否则你有积极性，别人袖手旁观，甚至冷嘲热讽，搞拆台，工作是搞不好的。这就要求全体人员统一思想、明确目标和任务，齐心合力去做，才能收到效果。

(3) "5S"活动要强调自我 不是上级强迫去做，而是我要去做。这就要花气力让职工懂得：市场连着企业的生命，企业兴，个人才能兴旺，企业衰，个人也就无出路，增强企业的竞争能力我亦有份。所以，自觉增强进取心，时时不忘有危机感，这是自我参与的根本所在。只要每个人都行动起来了，"5S"活动就有了可靠的基础。

(4) 开展"5S"活动一定要讲"贵在坚持" 一些企业开展"5S"活动实践表明，突击搞一次，轰轰烈烈、声势很大并不难，但搞过后如果不坚持，往往没多久就无声无息了，这正是没有准确理解"5S"活动的核心和实质。搞突击，只讲过程，由于没有在素养上下功夫，一阵风过后，又回到原处，收不到效果。开展"5S"活动必须持之以恒，持续不断地做下去。

三、推进"5S"活动的实施过程

正确和全面地理解"5S"的基本概念是企业顺利推行"5S"活动的基础，"5S"实施的关键是领导和普通员工能够共同参与，并掌握相应的工作方法与技巧，建立配套的奖罚措施。总之，"5S"的成功推行，就是要处理好整理、整顿、清扫、清洁以及素养等过程，掌握各个步骤的实施要点。

(一) 整理的实施要点

整理就是彻底地将要与不要的物品区分清楚，并将不要的物品加以处理，它是改善生产现场的第一步。

1. 区分物品要与不要的方法

整理是改善生产现场的第一步。整理的实施要点就是对生产现场摆放的物品进行分类，从而区分出物品的使用等级。一般可以将物品划分为"不用""很少用""少使用""经常用"4 个等级，如表 6-1 所示。

表 6-1　物品的区分方法

区 分 等 级	使 用 频 率	处 理 结 果
不用	不能使用	废弃处理
	不再使用	
很少用	可能会再使用(一年内)	存放于储存室
	6 个月至 1 年使用一次	
少使用	1～3 个月使用一次	存放于储存室
经常用	每天到每周使用一次	存放于工作场所附近

对于"不用"的物品，应该及时清理出工作场所，进行废弃处理；对于"很少用""少使用"的物品，也应该及时进行清理，改放在储存室中，当需要使用时再取出来；对于"经常用"的物品，就应该保留在工作场所的附近。

2. 整理的重点对象

对工作场所的物品进行整理，诸如用剩的材料、多余的半成品、切下的料头、切屑、垃圾、废品、多余的工具、报废的设备、工人个人生活用品等，要坚决清理出现场，从而创造出一个良好的工作环境，保障安全，消除作业过程中的混乱。

企业中需要重点整理的物品包括：办公区及物料区的物品、办公桌及文件柜中的物品、过期的表单和文件资料、私人物品以及堆积严重的物品。

（二）整顿的实施要点

整顿的实施要点是将工作现场需要保留的物品按照"三定原则"进行科学合理的布置和摆放，并设置明确、有效的标识，以便在最短的时间内取得所要之物，在最简捷有效的规章制度和流程下完成任务。

生产现场物品的合理摆放，不但可以免除物品的找寻时间，提高工作效率，更可以提高产品质量，保障生产安全。对于这项工作的专门研究又被称为定置管理，或者被称为工作合理布置。

1. 整顿的三定原则

即定物（确定合适的物品）、定位（确定合适的位置）、定量（确定合适的数量）。

（1）定物 所谓定物，就是选择需要的物品保留下来，而将大部分不需要的物品转入储存室或者进行废弃处理，以保证工作场所中的物品都是工作过程中所必需的。

（2）定位 定位是根据物品的使用频率和使用便利性决定物品所放置的场所。一般说来，使用频率越低的物品，应该放置在距离工作场地越远的地方。

（3）定量 定量就是确定保留在工作场所或其附近的物品的数量。物品数量的确定应该以不影响工作为前提，数量越少越好。

（4）合理标识 对物品进行定物、定位、定量之后，还需要对物品进行合理的标识。标识一般要解决两个问题：物品放在哪里？处于什么场所？通过采用不同的颜色进行标识，就能对工作场所的物品状态一目了然。

2. 整顿的具体做法与效果

在对物品进行整顿时，应该尽量腾出作业空间，为必要的物品规划合适的放置位置和放置方法，并设置相应的醒目标识。这样，使用者就能够清楚地了解物品的位置，从而减少选择物品的时间，如表 6-2 所示。

表 6-2 整顿的具体做法、事例及效果

具体做法	效果	事例
腾出空间	可快速找到需要使用的物品	个人的办公桌上及抽屉中
规划放置场所及位置规划放置方法	使用者熟知各个物品的位置	文件、档案分类、编号或颜色管理原材料、零件、半成品、成品的堆放及指示
放置标识		通道、走道畅通
摆放整齐、明确	其他的工作人员对物品的摆放一目了然	消耗性用品（如抹布、手套、扫把）定位摆放

（三）清扫的实施要点

清扫的实施要点就是对工作场所进行彻底的清扫，杜绝污染源，及时维修异常的设备。清扫过程是根据整理、整顿的结果，将不需要的物品清除掉，或者标识出来放在仓库中。一般说来，清扫工作主要集中在以下几个方面。

（1）清扫从地面到天花板的所有物品 不仅要清扫人们能看到的地方，而且对于通常看不到的地方（如机器的后面等）也需要进行认真彻底的清扫，从而使整个工作场所保持整洁。

（2）彻底修理机器和工具 各类机器和工具在使用过程中难免会受到不同程度的损伤，

因此，在清扫的过程中还包括彻底修理有缺陷的机器和工具，尽可能地减少突发故障。

（3）发现脏污问题　机器设备上经常会污迹斑斑，因此需要工作人员对机器设备定时地清洗、上油、拧紧螺丝，这样在一定程度上可以稳定品质，减少工业伤害。

（4）杜绝污染源　污染源是造成清扫无法彻底的主要原因。粉尘、刺激性气体、噪声、管道泄漏等污染都存在源头，只有解决了污染源，才能够彻底解决污染问题。

（四）清洁的实施要点

清洁是在整理、整顿、清扫之后进行认真维护，保持完美和最佳的状态。清洁不是做表面性的工作，而是对前三项活动的坚持和深入，从而消除发生安全事故的根源，创造一个良好的工作环境，使员工能够愉快地工作；另外，清洁也是对整理、整顿和清扫的标准化。

1. 制订计划

食品生产企业应制订清洁和消毒计划，该计划应能保证工厂的所有地方和设备、设施都得到清洁。对清洁和消毒计划的适应性和有效性应进行持续、有效的监控，必要时可记录在案。在制订清洁计划时，应对以下几点加以明确：

① 要进行清洁的区域、设备和器具；

② 清洁任务的责任人；

③ 清洁的方法和频率；

④ 清洁效果的检查安排。

2. 具体实施

清洁工作具体可以从以下两方面做起。

（1）个人清洁　食品操作者应该保持良好的个人清洁卫生，在适当的场合，要穿戴防护性工作服、帽子及鞋子。对于有割伤、碰伤的工作人员，如允许他们继续工作，则应将伤口处用防水性材料进行包扎。

当个人的清洁可能影响到食品安全性时，操作人员通常要洗手，例如，在开始进行食品加工前；在去洗手间后；处理食品原料或其他任何被污染的材料之后。如果不及时清洗，将会污染其他食品。一般情况下，应该避免他们再去处理即食食品。

（2）定期对车间、设备、仓库进行清洁、卫生消毒工作　生产车间及仓库内应保持干燥、整洁、通风，地面清洁，无积水，门窗玻璃洁净完好，墙壁、天花板无霉斑、无脱落、防虫、防鼠、防尘、防潮、防霉、防火设施配置齐全、措施得当。仓库内不得吸烟、喝酒、进食，不得存放与食品无关的私人杂物，不得存放易燃、易爆和有毒物品。

要定期对生产车间、仓库进行防蝇、防鼠、防蟑检查和打扫卫生，定期进行消毒、杀菌，并做好记录。食品生产车间空气消毒一般用臭氧发生器产生的臭氧进行消毒。工作服必须每天清洗消毒，手套清洗消毒后应储存在清洁的密闭容器中送到更衣室。食品加工厂常用的是含氯消毒剂，如次氯酸钠溶液。常用消毒剂及其浓度如表 6-3 所示。

表 6-3　**食品加工厂常用的消毒剂及其浓度**　　　　　　　　　　　　　　单位：mg/kg

消毒剂	食品接触面	非食品接触面	工厂用水
氯	100～200[①]	400	3～10
碘	25[①]	25	
季铵盐化合物	200[①]	400～800	
二氧化氯	100～200[①]	100～200[②]	1～3[②]
过氧乙酸	200[①]	200～315	

① 列出范围的高点表示不需冲洗所允许的最高浓度（表面需排净水）；

② 包括能产生二氧化氯的化合物。

3. 清洁管理

目前企业所采用清洁管理的运作手法主要包括：红牌作战、目视管理以及检查表的应用。

（1）红牌作战 考察中发现不符合"5S"要求的现象，就地张贴"红牌"进行警告，限时纠正，配合处罚。

（2）检查表的应用 检查组记录检查结果、记录措施和结果。清洁的检查表如表 6-4 所示。

表 6-4 清洁的检查表

部 门		工 序		
检查者		日 期		
编号	检查项目	检查结果		对策和改进方案
		是	否	
1	制定了"5S"手册吗？			
2	制定了交接班"5S"的制度吗？			
3	每周、每月都有固定时间开展"5S"活动吗？			
4	企业有关于"5S"的定期检查、评比制度吗？			
5	明确规定了各工序的清洁状态了吗？			
6	规定中是否包括了干净、高效和安全三方面内容？			
7	车间是否色彩化？			
8	机器设备是否总是保持清洁状态？			
9	新工人培训是否有关于"5S"的培训内容？			
10	各种指示牌、标识、标牌是否设置充分和得当？			
总评				

（3）目视管理 目视管理是利用形象直观、色彩适宜的各种视觉感知信息来组织现场生产活动，所以它是一种以公开化和视觉显示为特征的管理方式。

目视管理用视觉信号的显示为主要手段，让生产现场的每个人员都认识它，明白它的意思，知道出了什么情况，该去办什么，实行了公开化；目视管理形象直观，简单方便，传递信息快，提高了工作效率；信息谁都能见到，透明程度高，便于现场各方面的人员协调配合，像有的企业每个工位上都有一个生产状况指示牌，液晶显示"正工作""正待料""正检修"等，哪个标志一亮，在车间里都能看得到，出现问题有关人员能及时加以解决；能科学地改善生产条件和环境；使生产现场工作井然有序，过去那种大喊大叫传递信息的现象没有了，一切工作在一种平稳、协调的气氛下进行，职工心理稳定，工作阶段性明确。

生产现场的目视管理以生产现场的人机系统及其环境为对象，贯穿于这一系统的输入、工作、输出这几个环节。它的主要工作内容包括以下几个方面。

① 它将整个生产的情况进行了公开化、图表化、标准化。

② 它把与生产现场密切相关的规章制度和工作标准公开表示出来，让每个人都看得很清楚，便于执行。如现场的作业标准、操作规程、岗位责任、工艺卡片等，现场人员拿到有

关标准、规程，无须询问就知如何去做，如何处理问题。

③ 配合企业为"5S"活动、定置管理等的开展提供了有效的手段，如标志线、标志牌等，让人一看就明白。

④ 目视管理要形象直观地表明生产作业过程的控制手段。

⑤ 使生产现场各种物品的摆放地点明确，摆放整齐。

⑥ 统一规定现场人员的着装，实行每人胸前挂牌，不仅明确了每个人的工作、管理性质、责任岗位，也使得人员整齐、精神，无形中给人以压力，催人进取。

⑦ 现场中使用颜色要标准化，要有利于职工的身心健康。

色彩是一种重要的视觉信号，要科学地、巧妙地采用视觉信号。在进行色彩管理时，要充分考虑技术因素限制、心理生理因素限制及社会因素限制。如工人在强光照射的设备上工作，设备应涂成蓝灰色，使其反射系数适度，有利于工作；危险信号用红色，给人以醒目的提示，加强注意；高温车间墙壁等颜色浅淡一些，让人清爽舒心；低温车间可涂深一些，增加暖的气氛。有人统计色彩可以提高工效 7%～10%，减少事故 50%。

目视管理要求做到统一标准，不搞五花八门，盲无所从；要做到简单，易看明白，便于记住；要醒目、清晰、位置设计得当，大家都能看得见，看清楚；要讲实施，要少花钱，讲实用。目视管理最重要的一点是严格遵守、严格执行，违反要批评教育直到处罚，目的是为了严格实行。目视管理的手段有标志线、标志牌、显示装置、信号灯、指示书、色彩标志等多种多样的形式。

（五）素养的实施要点

1. 实施实例

"5S"活动的核心是加强人员的教养，提高人员的素质，使人们养成严格遵守规章制度的习惯和作风。如果人员缺乏遵守规则的习惯，或者缺乏自动自发的精神，推行"5S"活动只能流于形式，各项活动也无法顺利开展，而且很难长久持续下去。

"5S"活动始于素养，也终于素养。在开展"5S"活动中，要贯彻自我管理的原则，不能指望别人来代为办理，而应充分依靠现场人员来改善。

例如，广东有一家工厂主要根据日本客户提供的订单进行加工生产，该厂的工人素质相对较低，他们经常在工作场所随意丢弃杂物，虽然进行过多次教育，但都没有取得明显的效果。而日本客户对于工厂环境的要求非常严格，他们提出如果再出现类似的情况，就将减少一半的订单，这意味着工厂一半的工人将要失业。

为了有效解决乱扔垃圾的问题，提高员工的素养，厂方开始推行"5S"活动，并采取了严厉的惩罚措施——一旦发现员工乱扔垃圾就立刻将其开除。在正式实施的第一天，工厂就开除了 3 名员工，第二天没有员工被开除，整个工作场所的环境都保持得相当干净。因此，对于"5S"素养的实施，不仅要加强培训，而且要注意奖罚结合，培养员工良好的工作习惯，营造良好的工作环境。

2. 从素养的角度分析"5S"的意识改革

素养的提高主要通过平时的教育训练来实现，只有员工都认同企业、参与管理，才能收到良好的效果。素养的实践始自内心而行之于外，由外在的表现再去塑造内心。因此，在"5S"活动推进的过程中，时刻关注意识的改革并提高人员的素养是最重要的。以下将从素养的角度来分析"5S"活动中的意识变革。

（1）从素养角度分析整理　进行整理活动的目的，就是为了帮助员工养成良好的工作习惯，使员工区分"应有"与"不应有"的物品，并把"不应有"的物品去除。

（2）从素养角度分析整顿 整顿是整理的延续，是为了使员工养成快速寻找物品的习惯，使员工心中形成"将应有的进行定位"的想法，使工作处于有序状态。

（3）从素养角度分析清扫 清扫是为了帮助员工培养维持工作现场整洁的习惯，从而使员工心中形成"彻底清理干净，不整洁的工作环境是耻辱"的想法。

（4）从素养角度分析清洁 清洁可以使员工自发地去保持清洁，保持做人处事应有的态度，这不但对个人的工作有益，而且有助于社会公德的维护。

（5）从素养角度分析素养 素养使员工发自内心地不断追求完美的境界，使各种良好的工作习惯内化为个人的素质，从而可以保持稳定、良好的工作状态。

"5S"活动开展起来比较容易，并且能在短时间内取得明显的效果，但要坚持下去，持之以恒，不断优化就不太容易了。不少企业发生过"一紧、二松、三垮台、四重来"的现象。因此，开展"5S"活动，贵在坚持。要坚持 PDCA 循环，不断提高现场的"5S"水平，即要通过检查，不断发现问题，不断解决问题。

四、推进"5S"活动的管理方法

"5S"活动的目标是在生产现场实施"零"管理，就是工作更换时找工具等物品能马上拿到，寻找时间为零；在整洁的现场，不良品为零；努力降低成本，减少损耗，浪费为零；生产顺畅进行，及时加工、运输，延期交货情况为零；无泄漏、无危害、安全、衣着整齐，安全事故为零；团结、友爱，处处为别人着想，积极做好本职工作，不良行为为零。

实现"5S"活动目标，必须大力加强其组织管理，要明确岗位责任制。每个岗位，每个成员都有岗位责任和工作标准。实施"5S"活动是一项长期、持续、有效的过程。而"5S"活动的推行工作是一个项目。在"5S"活动推行过程中应用项目管理，可以保证"5S"活动的顺利开展。

1. 上行下效，"5S"工作经常化

从日本众多企业的现场管理经验来看，"5S"无疑是成功的。他山之石，可以攻玉，这些"5S"的现场生产管理经验在中国某些企业中的运用也都起到了良好的作用。在中国的一些日资企业里，"5S"的生产现场管理都被广泛运用着，这些企业的经济效益、产品质量、成本管理都已接近或超过了日本本土的企业。在我国经济正在迅速崛起的今天，我们更应该大力推广"5S"的生产管理，从而使我们的企业管理早日达到国际先进水平，同国际接轨。从这个意义上来说，"5S"就是特效药。那么怎样才能贯彻实施"5S"呢？

一个企业的"5S"工作的好坏，首先要看这个企业的第一把手对这件事的重视程度。"5S"工作的推行要从总经理的办公室开始，继之以中层领导和管理干部，其次是生产车间。当天公务完毕，在办公桌上不留一件不必要的物品，保持办公桌的整洁。在生产、技术、质量、工程管理人员的办公室沿墙应有公文柜，应保证每件公文都有合适放置的位置。在下班后，除了工作期间管理人员桌上使用的办公用品以外，不应有任何一件其他物品，要在办公室内创造出一种温馨、祥和、明亮、整洁的气氛。

办公室的"5S"工作开展得如何，可按表 6-5 进行检查、评分，并与上次检查结果相比较。

表 6-5　办公室"5S"检查评分表

地点：		评分人：						
得分：100		上次得分：/100		检查日期				
5S	No.	检查项目	检查内容	评分				
				0	1	2	3	4
整理(20)	1	衣帽间是否有不必要的东西？	衣帽间有不用的书、图片、会议资料吗？					
	2	个人的桌上是否有与工作无关的东西？	个人的桌上、抽屉里有无关的备用物品和资料等东西吗？					
	3	是否有明显不需要用的物品？	用不上的书籍和物品能一目了然吗？					
	4	是否规定了物品要用与不要用的标准？	制定了书籍以及物品等分类的标准吗？					
	5	对办公室的展示物品是否进行了整理？	展示的物品有没有弄脏？摆放的是否对称？					
整顿(20)	6	是否标明了衣帽间、物品放置的位置等？	场所标识后都能一目了然吗？					
	7	是否标识了书籍、物品等的名称？	名称标识了没有？能一目了然吗？					
	8	取书籍和备用品时是否方便？	书籍和物品是按使用方便的要求摆放的吗？					
	9	书籍和备用品摆放得是否整齐？	是按规定的位置进行摆放的吗？					
	10	书籍和备用品是否一眼就看得出来？	走道画线和指示板等非常清楚吗？					
清扫(20)	11	地板上是否有灰尘和纸屑等杂物？	地板干净吗？					
	12	门窗和书架上是否有灰尘？	玻璃上有没有污渍？					
	13	是否规定了打扫的责任人？	是轮流打扫还是固定人打扫？					
	14	垃圾桶是否及时清理？	有没有制定清扫灰尘和纸屑的相关规定？					
	15	清扫形成习惯了吗？	清扫、擦拭形成了习惯吗？					
清洁(20)	16	排气和通风好不好？	有烟雾吗？感到胸闷吗？					
	17	采光是否充足？	光线的角度和亮度是否感到舒适？					
	18	工作服是否干净？	有没有穿脏工作服上班？					
	19	进入房间是不是感到神清气爽？	色调、空气、光线等环境是不是良好？					
	20	有实施"3S"的规章制度吗？	有整理、整顿、清扫的制度吗？					
素养(20)	21	穿着规定的制服吗？	有没有不穿规定制服的？					
	22	早晚都互致问候吗？	产生误会时能解释清楚吗？					
	23	遵守会议和休息时间吗？	能按时完成会上所规定的工作吗？					
	24	打电话或接电话时保持心情愉快吗？	要办的事情说清楚了吗？					
	25	是否遵守规章制度？	是否每个人都遵守规章制度？					
总评								

2. 常抓不懈，"5S"持续化

"5S"工作是持续性的工作，这项工作一开始就要坚持不懈地贯彻下去。"5S"工作是贯彻于整个企业的长久工作，因此"5S"工作一开始全体员工就要有思想准备，克服各种不良习惯。在企业里要养成良好的风气，而个人良好习惯的养成和整个企业的风气又是相辅相成的。企业的良好风气可以培养个人好习惯，良好的个人习惯又促进企业养成好风气。如果这种局面形成，"5S"工作就达到了良性循环。反之，个人的不良习性影响了企业的良好风气，企业不良风气的侵蚀又助长了个人的不良习性，这样就退化到恶性循环。为了在企业形成和达到"5S"工作的良性循环，要在企业里成立一个"'5S'活动推行委员会"，由企业主要领导出任推行委员会主任职务，高级管理层的支持是项目能够取得成功的关键。根据"5S"活动的推行步骤，在推行委员会的授权和支持下成立推行办公室，推行办公室同时也是项目办公室，有专职人员为推行委员会主任（项目经理）服务，主要的工作是协助主任（项目经理）达到项目目标，它对项目进行计划、估计、监督与控制、行政管理、培训、咨询和服务。在整个活动（项目生命周期）中，该办公室提供全部服务和支持。

"5S"活动推行工作项目计划的制订是非常重要的。原有的观念认为项目计划就是进度计划，整个活动按照进度执行就可以了。在推行工作中应明确：项目计划的组成部分不仅仅是进度计划，还有范围管理计划、范围定义、活动定义、质量管理计划、风险应对计划、组织管理计划、资源管理计划、沟通管理计划等。

项目计划是"5S"活动实施的基准计划，在实施过程中采用的方法和对实施的过程进行控制是保证项目顺利完成的条件之一。推行委员会选择一个条件相对较差的区域作为样板区，全体上下大扫除，然后对地面进行修整、画线并对所有经过整理、整顿后的物品进行定置管理、定点摄影和红牌作战等方法积极配合，用检查表对结果进行检验。在"5S"活动中，适当导入QC手法、IE手法是很有必要的，能使"5S"活动推行得更加顺利、更有成效。

样板区的现场管理水平达到了"5S"活动的要求标准后，将"5S"活动的要求规范化、制度化和标准化。总结在样板区推广和实施中存在的经验和教训，以样板区为模板，企业的所有区域推广实施"5S"活动，规范现场管理。

"5S"活动推广项目的实施是为了创造一个具有延续性的成果。项目的成果能够营造一种"人人积极参与，事事遵守标准"的良好氛围。而且活动的效果是立竿见影，能够增强企业员工的自信心。

"5S"活动推广项目可以由本企业的员工组成团队实施，也可以和有现场管理经验的咨询公司合作共同实施。一般地，为了保证"5S"活动推广的有效性，很多企业采用合作的方式推广"5S"活动。选择合适的公司推广，遇到的阻力较小，见效时间快，而且活动经验丰富。

3. 宣传教育，"5S"活动习惯化

企业对现场管理的要求是"5S"活动的推行方针和目标，要结合企业的实际情况制订范围管理计划并根据目标确定项目的范围。结合"5S"推行的步骤进行活动定义、活动排序和活动历时估算。活动清单中一定要包含"5S"活动的宣传造势和培训工作，这样做的目的是让企业的员工对"5S"活动有一个整体的了解，提高团队合作精神。培训的主要内容是："5S"的内容及目的、"5S"的实施方法、"5S"的评比方法。培训的方式包括讲课、放幻灯片、放录像、到样板区或"5S"活动开展优秀的企业参观学习等。通过培训，使员工了解"5S"活动能给工作及自己带来好处，从而主动地去做，这与被别人强迫着去做效果是完全不同的。好的习惯需要教育培养才能养成。"5S"活动要有条不紊、有序地进行，需要经常宣传教育，教育不是简单的说教，更需要用行动来进行。因此，总经理首先要力争

做到当天的事当天做完。就像海尔企业提出的"日清日高"的工作方法：文件处理完了及时归档；整个办公室窗明几净，一尘不染，天天打扫；必要时，总经理亲自擦自己办公室的玻璃，给属下树立榜样。"5S"工作的推进一开始就要克服不良习惯。

要做到不断地努力贯彻"5S"工作，就需要不断地教育、帮助员工。人们总是希望在良好的环境中工作、学习、生活。有些工人可能会提出：上班不就是要干活吗？要这么干净干什么呀？有这个必要吗？这些思想和倾向都需要我们对其进行教育。"5S"工作的推进就是意味着现场管理水平要不断提高。在企业里我们就要教育全体员工，不断地思索如何进一步改进"5S"工作的方法，一步一个脚印、脚踏实地地把"5S"工作推向前进。"推"的概念，就是用力气的、艰难的、缓慢的，但又是前进的，一步一步地向前。企业要鼓励全体员工不断地提出合理化建议，并对这种合理化建议给予奖励，以起到不断地鼓励和发展"5S"工作的效果。

现场管理的好坏，取决于是否真正实施了"5S"，而不是仅仅将整理、整顿、清扫停留在口头上。为了确保全体员工有效地开展"5S"活动，不但要大力地进行各种形式的宣传，更重要的是现场管理者要身体力行。管理人员要从办公室走出去，到基层沉下去，有问题钻进去，把工作搞上去。领导在一线指挥，干部在一线工作，问题在一线解决，经验在一线总结，成绩在一线创造。上级带领下级干，下级做给上级看，一切围绕现场转，企业围绕市场转。表率的作用比宣传的作用要大得多，只要现场管理者起到了表率的作用，就创造了一种真正实行"5S"的现场氛围，员工就会在管理者的带动下努力去完成他们在实施"5S"时所应尽的职责。

不同的企业，因其背景、企业文化、人员素质、组织结构的不同，项目经理的权限受到一定的限制，采用项目管理的方法推行"5S"活动时可能会有各种各样不同的问题出现，在项目的各个阶段要根据实施过程中所遇到的具体问题采取可行的对策，才能取得满意的效果。

知识三　6S 现场管理办法

一、"6S"现场管理概述

"6S"就是整理（SEIRI）、整顿（SEITON）、清扫（SEISO）、清洁（SEIKETSU）、素养（SHITSUKE）、安全（SAFETY）六个项目，"6S"之间的关系如图 6-7 所示。

6S 管理制度

"6S"活动提出的目标简单而明确，就是要为员工创造一个干净、整洁、舒适、合理的工作场所和空间环境。工作环境干净整洁，物品摆放有条不紊、一目了然，能最大程度地提高工作效率和鼓舞员工士气，培养员工良好的工作习惯，最终提升人的品质，让员工工作得更安全、更舒畅，将资源浪费降到最低。"6S"管理是现代企业行之有效的现场管理的理念和方法。

"5S"活动是现场管理的基础，是人们在日常生产及工作中应做好的一项基本工作。在日常工作中，有一个干净、美观、整齐、规范的工作环境，员工在工作中一般就会有较好的精神面貌，更易精神饱满地投入工作，在这种工作环境中，生产水平和产品的质量就会有较好的保证。因此，在原来"5S"活动的基础上，增加 1 个 S（安全），进一步开展"6S"活动，从改善员工工作的现场环境开始，从整理、整顿开始，通过对工作场所深入地进行整理、整顿，并且有目标、有针对性地组织员工进行思想素养与纪律的培训，创造一个良好的工作环境。

要做到上述要求，就必须在工作及生产现场切实有效地推行"6S"活动，使"6S"活动切实地在日常工作中深入开展。

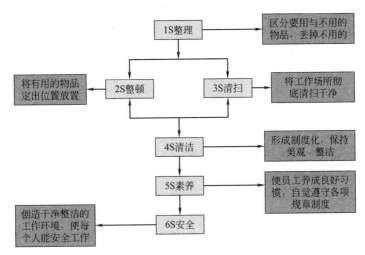

图 6-7 "6S"关系图

二、"6S"活动推行的目的、方针

(1) 方针 自主管理、全员参与；确实且彻底地推行；管理层以身作则。

(2) 目的 强化基础管理，提升全员的素质；提升企业形象，增强企业竞争力。

三、"6S"的定义、目的、推行要领

1. 1S——整理

(1) 定义 区分要用和不用，不用的清除掉。

(2) 目的 把工作的空间扩大。

(3) 推行要领 对所在的工作场所进行全面检查，包括看得见与看不见的；制定需要和不需要的判别基准；清除不需要的物品；制定废弃物处理方法；每日自我检查。

2. 2S——整顿

(1) 定义 需要的物品按规定定位、定量摆放整齐，明确标识。

(2) 目的 不需浪费"时间"找放物品。

(3) 推行要领 落实整理工作；布置整顿流程，确定放置场所；规定放置的方法；画线定位；标识场所物品。

(4) 重点 整顿要形成任何人都能立即取出所需要的物品。

① 站在新人、其他部门人员的立场来看，使得什么物品该放在什么地方更为明确。

② 对于放置处与被放置物，都要想办法使其能立即取出使用。

③ 使用后能容易恢复到原位，如果没有恢复或误放时能马上知道。

3. 3S——清扫

(1) 定义 清扫工作场所内的脏污，并防止污染的发生。

(2) 目的 消除脏污，保持工作场所干净整洁。

(3) 推行要领 建立清扫的责任区（室内外）；执行例行扫除，清理污染；建立清扫基准，作为规范。

(4) 重点 要用的物品能立即取出，还要能被正常使用；清扫要用心执行。

食品企业实验室清扫要点见表 6-6。

表 6-6 实验室清扫要点

序号	清扫类别	清扫要点
1	地面	是否被纸屑、油或灰尘污染
		是否有水、油流淌与堆积
		是否需要杀菌、打不打滑
2	设备	仪器各部位是否被药品或油污染,仪器的上面、下面、里面清洁否
		标签清洁否
		通过清扫是否会发现设备有损坏
3	作业现场	架子或实验台上是否积存垃圾
		仪器设备是否运转正常,有无异常的噪声或振动
		工作服清洁否
		实验台或抽屉中有没有食物或食物渣
		实验台上面、下面、里面清洁否
		标签清洁否
		照明器具上是否积存灰尘
4	顶棚、建筑物	顶棚是否漏雨
		采光和照明是否充分
		地漏、水池排水是否通畅以及是否有异味

4. 4S——清洁

(1) 定义 将上述 3S 实施的做法制度化、规范化,并维持成果。

(2) 目的 通过制度化来维持成果,并显示异常的所在。

(3) 推行要领 落实整理、整顿、清扫三个工作;制定目视管理、颜色管理作基准;制定核查的方法;制定奖惩制度,加强执行;维持"6S"的意识;管理层带头巡查,引起全员重视。

(4) 重点 "6S"活动一旦开始推行,不能中途作废。

5. 5S——素养

(1) 定义 人人按规定执行,养成习惯。

(2) 目的 提升人的素质,养成工作上认真负责的态度。

(3) 推行要领 持续推动前 4 个 S,使其习惯化;制定共同遵守的有关规则、规定;制定公用制度;全员培训(新进人员加强);组织各种精神活动(晨训等)。

6. 6S——安全

(1) 定义 人身及物品不受威胁。

(2) 目的 保障员工及设备在生产过程中的安全。

(3) 推行要领 在思想意识中,随时注重安全意识培养;制定各种安全操作规程,全员严格遵守;随时检查安全设施,使之能在任何时候正常使用;加强培训;管理层重视。

四、如何推行"6S"活动

1. 成立"6S"活动的推行小组

成立"6S"活动推行小组,设组长一名、副组长若干名。成立"6S"推行部门,设执行委员和评分委员若干名。

2. 明确各部门、各人员在"6S"推行活动中的岗位职责

(1) 推行小组　负责制订"6S"活动的计划与推进工作。

(2) 组长　负责推行小组的运作，并且指挥监督所属的组员。

(3) 副组长　辅助组长处理推行小组事务，并且在组长授权时，代行其职责；全程计划与管理"6S"推行活动。

(4) 推行部门　"6S"推行方案的拟订；召集举行会议和整理资料；相关活动的筹划和推动；评比分数的统计与公布。

(5) 执行委员与评分委员　共同参与"6S"活动的计划，并且切实地执行（平时为活动的巡查及评比委员）。具体工作有："6S"活动办法的拟订；诊断表、评分表的完成；"6S"活动的规划；"6S"活动的宣传教育、推广等；定期检讨、推动改善；"6S"活动的指导及争议的处理；其他有关"6S"活动的处理。

(6) 员工　不断地整理、整顿自己的工作环境；及时处理不需要的物品，不可使其占用工作区域；维持通道的畅通和整洁；在规定的地方放置工具、物品；灭火器、配电盘、开关箱、流水线等周围要保持清洁；物品、设备要仔细摆放、正确摆放、安全摆放，较大、较重的堆放在下方位置；纸屑、抹布等要集中置放于规定场所；不断地清扫，保持清洁；积极配合上级安排的工作。

(7) 其他管理人员　结合"6S"活动的目标，多方面学习"6S"活动的知识与技巧，并收集广泛的资料；积极负责所在部门以及班组内的"6S"活动宣传、培训工作；对所在部门进行工作区域的划分，指定责任人等；按照公司的"6S"活动推行方案，分解细化部门或班组的"6S"工作；帮助员工解决"6S"推行活动中的困难点；经常对部门内或部门外进行巡查，提出问题、分析问题并加以改善解决；督促员工的日常清查检点工作，并担当检查员工的服装仪容、行为规范以及安全巡查等工作。

3. 定期召开"6S"活动会议

为有效推动"6S"活动，检查执行成果及发现应改善的事项，并评议申述的案件，定期召开推行小组会议，并做决议和记录。会议记录是追踪改善的工具，也是让未参加会议人员获取信息的工具。

会议记录应包括：会议召开次数的记录议程、主题时间、地点、出席人员、决议的内容、已完成以及未完成事项等。会议结束后次日应将记录转送各委员，必要时在公告栏中张贴，以便使全员学习了解。

4. "6S"推行活动的时间计划

活动的推行，除有明确的目标外，还需拟订"6S"推行活动的计划表，以确定"6S"推行工作的进度，具体见表6-7。

5. 宣传指导和培训

做到从上到下，首先是"6S"活动应取得公司各职能部门及各经营体负责人的支持，并努力使有关部门协调行动，使"6S"活动各项措施能够有效实施。做好"6S"活动的宣传教育工作，做到层层动员，组织好各种形式的"6S"教育培训工作，并且结合目前各部门工作环境存在的问题（比如现场的不整洁、混乱甚至较差的情况，"6S"活动的误区等），使得员工都能明确公司开展"6S"活动的必要性、紧迫性。对现场各级管理人员和员工制订出"6S"活动的工作目标和工作计划，使其能围绕自己的工作目标展开工作。特别重要的是让员工能意识到开展"6S"活动确确实实是有利于改善自己的工作条件和环境，有利于提高自己的素养，只有这样，开展"6S"活动才会有一个坚实良好的基础。

表 6-7 "6S"推行计划表

分类	项次	项目 日期	第一个月	第二个月	第三个月	第四个月	备注
前期准备	1	"6S"管理整体改善方案研讨、确定	☆				
	2	须改善的硬件设施讨论、确定	☆				
	3	成立推行组织，制订推行计划	☆				
	4	启动会议及活动宣传	☆				
	5	仓库及现场"6S"系统诊断	☆				
	6	公司工作流程盘点及管理责任确定	☆				
	7	物料管理整体规划方案讨论、确定	☆				
人员培训	8	"6S"管理推行方法培训	☆				
	9	"6S"管理标准化培训		☆			
	10	"6S"稽查及评价方法培训		☆			
	11	各级员工的"6S"培训		☆			
	12	规划全公司"6S"责任区域图	☆				
活动开展	13	仓库及车间物料及"6S"管理的规划	☆				部分任务交叉执行
	14	各责任区场所整理活动实施	☆	☆			
	15	各责任区场所定位、标示活动实施		☆	☆		
	16	各责任区场所清洁活动实施		☆	☆		
	17	仓库及车间目视管理及看板管理设计实施		☆	☆		
	18	"6S"管理制度、标准的设计、制定		☆	☆		
	19	各责任区场所清扫计划实施		☆	☆		
	20	各责任区场所自我点检表制定及实施		☆	☆		
	21	全公司"6S"定期稽查及评比		☆	☆	☆	
	22	稽查问题点的改善		☆	☆	☆	
	23	"6S"改善辅导及提高			☆	☆	
	24	各责任区"6S"推行的总结和交流			☆	☆	
	25	"6S"标准再完善及日常管理的形成			☆	☆	
	26	仓储管理制度优化及改善			☆	☆	
	27	设备自主保全管理的实施		☆	☆	☆	
	28	活动总体效果检查、评比和改进			☆	☆	
	29	项目跟进与稽核			☆	☆	

为了让全员了解以至全员实行，"6S"推行小组负责制作"6S"推广手册，并且做到人手一册。通过研讨学习，确切掌握 6S 的定义、目的、推行要领、实施办法、评鉴办法等。另外，配合各项宣传指导活动，制作恰当的海报标语，塑造气氛以加强文字宣传效果。

在"6S"推行活动先期进行各项宣传活动，如"6S"内容征答比赛、"6S"板报、"6S"征文比赛、"6S"演讲比赛、"6S"标语比赛等。

6. 划分责任区域，制定责任区域的平面图

公司外围及办公室的所有区域进行划分，并制定各责任区域平面图，指定责任人。各职能部门及各经营体负责"6S"活动的日常管理及执行工作。

7. "6S"活动的核查

(1) "6S"活动的推行　除了必须拟订详尽的计划和活动办法外，在推行过程中，每一项均要定期检查，加以控制。

(2) 各部门制定"6S"日核查表　由各职能部门或各经营体的"6S"执行评分委员根据各部门的实际情况制定"6S"日核查表，日核查表的每一项内容要求具体、完整、合理及具可操作性。

各职能部门及各经营体的"6S"日核查表制定后，由"6S"推行小组讨论决议后，备案存档及执行。

"6S"日核查表制定后，各职能部门及各经营体务必按照制定的内容严格执行，若在执行过程中，根据实际情况需增加或修改日核查表内容，填写《"6S"日核查表修改申请》（表 6-8）。

(3) 生产现场"6S"核查表　在生产现场要进行"6S"核查，涉及的有地面、设备、作业场所、安全等方面（表 6-9）。

表 6-8　"6S"日核查表修改申请

申请日期		申请人		编号	
修改内容					
修改原因					
经营体或职能部门批准		"6S"推行小组批准			

表 6-9 生产现场"6S"核查表

序号	改善项目	核查标准	判定	次数
1	地面、通道、墙壁	1. 通道顺畅无物品		
		2. 通道标识规范,划分清楚		
		3. 地面无纸屑、产品、油污、积尘		
		4. 物品摆放不超出定位线		
		5. 墙壁无手印、脚印,无乱涂、乱画及蜘蛛网		
2	作业现场	1. 现场标识规范,区域划分清楚		
		2. 机器清扫干净,配备工具摆放整齐		
		3. 物料置放于指定标识区域		
		4. 及时收集整理现场剩余物料并放于指定位置		
		5. 生产过程中物品有明确状态标识		
3	料区	1. 各料区有标识牌		
		2. 摆放的物料与标识牌一致		
		3. 物料摆放整齐		
		4. 合格品与不合格品区分,且有标识		
4	机器、设备与工具配备	1. 常用的配备工具集放于工具箱内		
		2. 机器设备零件擦拭干净并按时点检与保养		
		3. 现场不常用的配备工具应固定存放并有标识		
		4. 机器设备标明保养责任人		
		5. 机台上无杂物、无锈蚀等		
5	安全与消防设施	1. 消防器材随时保持使用状态,并标识显明		
		2. 定期检验维护,专人负责管理		
		3. 灭火器材前方无障碍物		
		4. 危险的场所有警告标识		
6	标识	1. 标签、标识牌与被示物品、区域一致		
		2. 标识清楚完整、无破损		
7	人员	1. 穿着规定厂服,保持仪容清爽		
		2. 按规定程序、标准作业		
		3. 谈吐有礼貌		
		4. 工作认真,不闲谈、不怠慢、不打瞌睡,工作认真专心		
		5. 生产时有戴手套或防护安全工具操作		
8	仓库	1. 仓库有平面标识图及物品存放区域位置标识		
		2. 存放的物品与区域及标识牌一致		
		3. 物品摆放整齐、安全		
		4. 仓库有按原料、半成品、成品、不合格、待检品等进行规划		

续表

序号	改善项目	核查标准	判定	次数
9	其他	1. 茶杯放置整齐		
		2. 易燃、有毒物品放置在特定场所,专人负责管理		
		3. 清洁工具放于规定位置		
		4. 屋角、楼梯间、厕所等无杂物		
		5. 生产车间有"6S"责任区域划分		
		6. 垃圾投放整齐、定期清理		
不合格项				
说明		1. 检查每违反一个小项目扣 1 分,总分为 100 分 2. "6S"检查员查到表中未提及的缺失可酌情扣分		

被检查部门或小组		检查日期	
检查员签名		得分	

8."6S"活动的评鉴

（1）制定评分标准表，主要有办公室（现场）评分标准表（表 6-10）、"6S"现场评分记录表（表6-11）和"6S"评分汇总表（表 6-12），根据评分标准表，由"6S"活动执行委员进行巡查和评比。

表 6-10 办公室（现场）评分标准表

6S 内容	评分标准	得分	检查重点	备注
1S——整理				
2S——整顿				
3S——清扫				
4S——清洁				
5S——素养				
6S——安全				

评分人： 日期：

表 6-11 "6S"现场评分记录表

部门	组别	缺点描述

评分人： 日期：

表 6-12 **"6S"评分汇总表**

部门	组别	代号	扣分	扣分合计	得分	备注

评分人：　　　　　　　　　　　　　　　　　　　　　　　　　　　日期：

（2） 巡查中采用见缺点先记录描述，然后再查缺点项目、代号及应扣分数。评分开始时频度应较密，每日一次，一个月进行一次大巡查、大评分，并依此给予表扬和纠正。

9. 整改措施

缺点项目统计出来后，应开出整改措施表（表 6-13），各部门应在整改期限内进行有效整改，并经"6S"执行委员验证后才可判定是否合格。

表 6-13 **"6S"活动整改措施表**

部门：　　　　　　　组别：　　　　　　　　　　　　　　　　　　　　编号：

序号	整改内容	负责人	整改期限	验证人	备注

注：验证人签名表示此项已验证合格，每月各执行委员联合巡查及评分。

10. 评比的结果及奖惩

每月"6S"执行委员必须于评比的当天将评分表交到"6S"推行部门，由推行部门负责汇总统计，并于次日 12 点前将成绩以"6S"看板形式进行公布，成绩的高低依相应的灯号表示，如下所述。

（1） 90 分以上（含 90 分）：绿灯；

（2） 80～90 分（含 80 分不含 90 分）：蓝灯；

（3） 70～80 分（含 70 分不含 80 分）：黄灯；

（4） 70 分以下红灯。

"6S"活动以"月"为单位实施竞赛，第一名发放红色锦旗，并举行流动红旗发送仪式以作鼓励。最后一名发蓝色"加把劲"锦旗并由部门负责人手拿"我们要进步"的小旗子于早上 7:30～8:05 分在公司门口迎接员工上班（时间 1 个月），并兼任公用制度监督员。

"6S"活动的实施要不断进行检讨改善以及对效果的确认，当确认改善效果有效时，要将其标准化、制度化，纳入日常管理活动的构架中，使公司的管理更上一个台阶，使员工的素质得到全面提升。

【目标检测】

1. 何谓现场？何谓现场管理？

2. 现场管理的目标是什么？

3. 现场质量管理的主要任务包括哪些方面？

4. 什么是"5S"活动？"5S"活动的内容和要求是什么？

5. 班组长在现场管理中的作用有哪些？

6. 什么是目视管理？

7. "6S" 管理的定义、目的、推行要领是什么？

8. 简述 "6S" 之间的关系。

PPT   习题   思维导图

项目七
危害分析及关键控制点（HACCP）

【学习目标】

1. 了解 HACCP 的产生及发展。
2. 掌握良好操作规范（GMP）和卫生标准操作规范（SSOP）的概念、基本内容和操作规范。
3. 掌握 HACCP 的原理、步骤及在食品中的应用。

【思政小课堂】

"金属异物扎到牙龈了，到现在还是肿的……"，2010 年 10 月 15 日，山东的车女士忍痛向食品安全网上投诉中心投诉，诉称其在食用某品牌橄榄菜的时候，一不留神吃到了藏在橄榄菜里面的金属异物，扎进了牙龈，牙龈肿了。虽然最后厂家赔偿了医药费，但是这件事还是让人心有余悸，车女士表示以后吃东西要万分小心了。玻璃包装的食品里面混着金属异物，到底是怎么回事？这金属异物从哪里来？厂家并没有给出一个明确解释。

就在几天后，辽宁的王先生也遇到了与车女士差不多的情况，这一次不是橄榄菜而是辣椒酱。据王先生描述，他在食用辣椒酱时感觉牙齿发出"喀"的一声，吐出来却发现是一块金属异物。他仔细检查了瓶身，并没有发现有任何缺口，不知这金属异物是从何而来。食品安全网上投诉中心介入后，该食品厂负责处理投诉的业务员解释说，可能是辣椒在打碎时夹杂了金属异物。

2010 年 5 月 30 日，辽宁消费者尹女士也遭遇了类似事件，她在食用某香酥带鱼罐头时吃到了金属异物，并且嘴被扎破流血。

以上案例警戒食品从业人员，一定要加强食品管理，做好危害分析，对可能出现的危害加以控制，并确定关键控制点，才能有效防止此类事故发生。

【必备知识】

知识一　HACCP 基本概述

一、HACCP 的概念

危险分析与关键控制点 HACCP 是 "hazard analysis critical control point" 英文词的首字母缩写。HACCP 是控制食品安全的经济有效的管理体系，是一个以预防食品安全为基础的食品安全生产、质量控制的保证体系。食品法典委员会（CAC）对 HACCP 的定义是："一个确定、评估和

HACCP

控制那些重要的食品安全危害的系统。"它由食品的危害分析（hazard analysis，HA）和关键控制点（critical control point，CCP）两部分组成，首先运用食品工艺学、食品微生物学、质量管理和危险性评价等有关原理和方法对食品原料、加工直至最终食用产品等过程实际存在的潜在性的危害进行分析判定，找出与最终产品质量有影响的关键控制环节，然后针对每一关键控制点采取相应的预防、控制以及纠正措施，使食品的危险性减小到最低限度，达到最终产品有较高安全性的目的。

HACCP 是一种为国际认可的，保证食品免受生物性、化学性及物理性危害的预防体系，是食品生产企业进入国际市场的绿色通行证，是一种食品安全的全程控制方案，其根本目的是由企业自身通过对生产体系进行系统的分析和控制来预防食品安全问题的发生。HACCP 体系是涉及食品安全的所有方面（从原材料种植、收获和购买到最终产品使用）的一种体系化方法，使用 HACCP 体系可将食品安全控制方法从滞后型的最终产品检验方法转变为预防性的质量保证方法。可以说 HACCP 体系是涉及从农田到餐桌全过程食品安全卫生的预防体系。

HACCP 体系是一种建立在良好操作规范（GMP）和卫生标准操作规范（SSOP）基础之上的控制危害的预防性体系，它比 GMP 前进了一步，包括了从原材料到餐桌整个过程的危害控制。另外，与其他的质量管理体系相比，HACCP 可以将主要精力放在影响食品安全的关键加工点上，而不是在每一个环节都花费很大精力，这样在实施中更为有效。目前，HACCP 被国际权威机构认可为控制食源性疾病、确保食品安全最有效的方法，被世界上越来越多的国家所采用。

二、HACCP 的起源和发展

1. HACCP 的产生

HACCP 是由美国太空总署（NASA）、陆军 Natick 实验室和美国皮尔斯柏利（Pillsbury）公司共同发展而成。20 世纪 60 年代，Pillsbury 公司为给美国太空项目提供 100％安全的太空食品，研发了一个预防性体系，这个体系可以尽可能早地对环境、原料、加工过程、储存和流通等环节进行控制。实践证明，该体系的实施可有效防止生产过程中危害的发生，这就是HACCP 的雏形。1971 年，皮尔斯柏利公司在美国食品保护会议上首次提出 HACCP，几年后美国食品及药物管理局（FDA）采纳并作为酸性与低酸性罐头食品法规的制定基础。之后，美国加利福尼亚州的一个家禽综合加工企业——Poster 农场于 1972 年建立了自己的 HACCP 系统，对禽蛋的孵化、饲料的配置、饲养的安全管理、零售肉的温度测试、禽肉加工制品等都严格控制了各种危害因素。1974 年以后，HACCP 概念已大量出现在科技文献中。

2. HACCP 在国内外的发展

（1）HACCP 在国外的发展 HACCP 在发达国家发展较快。美国是最早应用 HACCP 原理的国家，并在食品加工制造中强制性实施 HACCP 的监督与立法工作。加拿大、英国、新西兰等国家已在食品生产与加工业中全面应用 HACCP 体系。欧盟在肉和水产品中实施 HACCP 认证制度。日本、澳大利亚、泰国等国家都相继发布其实施 HACCP 原理的法规和办法。

为规范世界各国对 HACCP 系统的应用，国际食品法典委员会（CAC）1993 年发布了《HACCP 体系应用准则》，1997 年 6 月做了修改，形成新版的法典指南，即《HACCP 体系及其应用准则》，使 HACCP 成为国际性的食品生产管理体系和标准，对促进 HACCP 系统的普遍应用和更好地解决食品生产存在的安全问题起了重要作用。根据 WHO 的协议，FAO/WHO 食品法典委员会所制定的法典规范或准则被视为衡量各国食品是否符合卫生与安全要求的尺度。现在，HACCP 已成为世界公认的有效保证食品安全卫生的质量保证系统，成为国际自由贸易的"绿色通行证"。

（2）HACCP 在国内的发展　HACCP 于 20 世纪 80 年代传入中国。为了提高出口食品质量，适应国际贸易要求，有利于中国对外贸易的进行，从 1990 年起，国家进出口商品检验局科学技术委员会食品专业技术委员会开始对肉类、禽类、蜂产品、对虾、烤鳗、柑橘、芦笋罐头、花生、冷冻小食品 9 种食品的加工如何应用 HACCP 体系进行研究，发布了《在出口食品生产中建立"危害分析与关键控制点"质量管理体系的导则》，出台了 9 种食品 HACCP 系统管理的具体实施方案，同时在 40 多家出口企业中试行，取得突出的效果和经济效益。1994 年 11 月，原国家商检局发布了经修订的《出口食品厂、库卫生要求》，明确规定出口食品厂、库应当建立保证食品卫生的质量体系并制定质量手册，其中很多内容是按 HACCP 原理来制定的。2002 年卫生部下发了《食品企业 HACCP 实施指南》，国家认证认可监督管理委员会发布了《食品生产企业危害分析与关键控制点（HACCP）管理体系认证管理规定》，在所有食品企业推行 HACCP 体系。2005 年 7 月 1 日颁布施行的《保健食品注册管理办法（试行）》中，首次将保健食品 GMP 认证制度纳入强制性规定，HACCP 认证纳入推荐性认证范围。2005 年 12 月 21 日"十五"国家重大科技专项"食品安全关键技术"课题之一的"食品企业和餐饮业 HACCP 体系的建立和实施"课题通过了科技部组织的专家组验收。该课题构建了从官方执法机构、国家认可机构、认证机构到食品企业、餐饮业自身所实施的 HACCP 评价体系，形成了一系列科学实用的食品企业和餐饮业 HACCP 体系建立和实施指南，提出了国家和政府部门对 HACCP 体系建立和实施的宏观政策框架建议等，标志着中国初步建立了规范统一的食品企业和餐饮业 HACCP 体系基础模式。

三、HACCP 的基本术语

FAO/WHO 食品法典委员会（CAC）在法典指南即《HACCP 体系及其应用准则》（hazard analysis critical control point system and guidelines for its application）中规定了以下基本术语及其定义。

（1）控制（control，动词）　采取一切必要措施，确保和维护与 HACCP 计划所制订的安全指标一致。

（2）控制（control，名词）　遵循正确的方法和达到安全指标的状态。

（3）控制措施（control measure）　用以防止或消除食品安全危害或将其降低到可接受的水平所采取的任何措施和活动。

（4）纠正措施（corrective action）　针对关键控制点（CCP）的监测结果显示失控时所采取的措施。

（5）控制点（control point，CP）　是指能用生物的、化学的、物理的因素实施控制的任何点、步骤或过程。

（6）关键控制点（critical control point，CCP）　可运用控制措施并有效防止或消除食品安全危害或降低到可接受水平的步骤或工序。

（7）关键限值（critical limit）　将可接受水平与不可接受水平区分开的判定指标，是关键控制点的预防性措施必须达到的标准。

（8）偏差（deviation）　不符合关键限值标准。

（9）流程图（flow diagram）　生产或制作特定食品所用的操作顺序的系统表达。

（10）CCP 判断树（CCP decision tree）　用来确定一个控制点是否是 CCP 的问题次序。

（11）**前提计划（preliminary plans）**　包括 GMP，为 HACCP 计划提供基础的操作条件。

（12）**危害分析与关键控制点计划（HACCP plan）**　根据 HACCP 原理所制定的文件，确定了系统的、必须遵守的工艺程序，能确保食品链各个考虑环节中对食品有显著意义的危害予以控制。

（13）**危害（hazard）**　会产生潜在的对人体健康有危害的生物、化学或物理因素或状态。

（14）**显著危害（significant hazard）**　有可能发生并且可能对消费者导致不可接受的危害；有发生的可能性和严重性。

（15）**危害分析（hazard analysis）**　收集和评估导致危害和危害条件的过程，以便决定哪些对食品安全有显著意义，从而应被列入 HACCP 计划中。

（16）**监控（monitor）**　为了确定 CCP 是否处于控制之中，对所实施的一系列预定控制参数所做的观察或测量进行评估。

（17）**步骤（step）**　食品链中某个点、程序、操作或阶段，包括原材料及从初级生产到最终消费。

（18）**证实（validation）**　获得证据，证明 HACCP 计划的各要素是有效的过程。

（19）**验证（verification）**　除监控外，用以确定是否符合 HACCP 计划所采用的方法、程序、测试和其他评估方法。

四、HACCP 的特点

HACCP 是一个逻辑性控制和评价系统，与其他质量体系相比，具有简便易行、合理高效的特点。

1. 具有全面性

HACCP 是一种系统化方法，涉及食品安全的所有方面（从原材料要求到最终产品的使用），能够鉴别出目前能够预见到的危害。

2. 以预防为重点

使用 HACCP 防止危害进入食品，变追溯性最终产品检验方法为预防性质量保证方法。

3. 提高产品质量

HACCP 体系能有效控制食品质量，并使产品更具竞争性。

4. 使企业产生良好的经济效益

通过预防措施减少损失，降低成本，减轻一线工人的劳动强度，提高劳动效率。

5. 提高政府监督管理工作效率

食品监督职能部门和机构可将精力集中到最容易发生危害的环节上，通过检查 HACCP 监控记录和纠偏记录可了解工厂的所有情况。

知识二　HACCP 系统的基础

一、良好操作规范（GMP）

1. 概述

GMP 是 "good manufacturing practice" 的缩写，可译为良好操作（生产）规范，是一

种注重制造过程中产品质量和安全卫生的自主性管理制度，是通过对生产过程中的各个环节、各个方面提出一系列措施、方法、具体的技术要求和质量监控措施而形成的质量保证体系。GMP 的特点是将保证产品质量的重点放在成品出厂前整个生产过程的各个环节上，而不仅仅是着眼于最终产品，其目的是从全过程入手，从根本上保证食品质量。GMP 的中心指导思想是任何产品的质量是设计和生产出来的，而不是体验出来的，因此，必须以预防为主，实行全面质量管理。

良好操作规范在食品中的应用即食品 GMP，主要解决食品生产中的卫生质量问题。它要求食品生产企业应具有良好的生产设备、合理的生产过程、完善的卫生与质量管理制度和严格的检测系统，以确保食品的安全性和质量符合标准。

2. GMP 的产生

GMP 的产生来源于药品生产领域，它是由重大的药物灾难作为催生剂而诞生的。1937年在美国由一位药剂师配制的磺胺药剂引起 300 多人急性肾功能衰竭，其中 107 人死亡，原因是药剂中的甜味剂二甘醇进入体内后的氧化产物草酸导致人体中毒。20 世纪 50 年代后期至 60 年代初期，由原联邦德国格仑南苏制药厂生产的一种治疗妊娠反应的镇静药 Thalidomide（沙利度胺，又称反应停）导致胎儿致畸，使在原联邦德国、澳大利亚、加拿大、日本以及拉丁美洲、非洲等共 28 个国家发生胎儿畸形 12000 余例，其中西欧就有 6000～8000 例，日本约有 1000 例。造成这场药物灾难的原因，一是"反应停"未经过严格的临床前药理实验，二是生产该药的格仑南苏制药厂虽已收到有"反应停"毒性反应的 100 多例报告，但都被他们隐瞒下来。这次畸胎事件引起公愤，被称为"20 世纪最大的药物灾难"。这些事件使人们深刻认识到仅以最终成品抽样分析检验结果作为依据的质量控制体系存在一定的缺陷，事实证明不能保证生产的药品都做到安全并符合质量要求。因此，美国于1962 年修改了《联邦食品、药品和化妆品法》，将药品质量管理和质量保证的概念提升为法定的要求。美国食品及药物管理局（FDA）根据这一条例的规定制定了世界上第一部药品的 GMP，并于 1963 年由美国国会第一次以法令的形式予以颁布，1964 年在美国实施。1967 年 WHO 在出版的《国际药典》附录中对其进行了收载。

1969 年美国 FDA 将 GMP 的观点引用到食品的生产法规中，以联邦法规的形式公布了食品的 GMP 基本法——《食品制造、加工、包装、储运的现行良好操作规范》，简称 CGMP或 FGMP。该规范包括 5 章，内容包括定义、人员、厂房及地面、卫生操作、卫生设施与控制、设备与用具、加工与控制、仓库与运销等。WHO 在 1969 年第 22 届世界卫生大会上，向各成员国首次推荐了 GMP。1975 年 WHO 向各成员国公布了实施 GMP 的指导方针。国际食品法典委员会（CAC）制定的许多国际标准中都包含着 GMP 的内容，1985 年 CAC公布了《食品卫生通用 GMP》。一些发达国家，如加拿大、澳大利亚、日本、英国等都相继借鉴了 GMP 的原则和管理模式，颁布了不同类别食品企业的 GMP，有的作为强制性的法律条文，有的作为指导性的卫生规范。

自美国实施 GMP 以来，世界上不少国家和地区采用了 GMP 质量管理体系，如日本、加拿大、新加坡、德国、澳大利亚、中国台湾等积极推行食品 GMP 质量管理体系，并建立了有关法律法规。

中国推行 GMP 是从制药开始的，且发展迅速。2002 年 9 月 15 日起实行的《中华人民共和国药品管理法实施条例》规定，2004 年 6 月 30 日前药品生产企业必须通过 GMP 认证，未通过的被停止其生产资格。食品企业质量管理规范的制定工作起步于 20 世纪 80 年代中期，从 1988 年起，先后颁布了 19 个食品企业卫生操作规范，简称"卫生规范"。卫生规范制定的目的主要是针对当时国内大多数食品企业卫生条件和卫生管理比较落后的现状，重点规定了厂房、设备、设施的卫生要求和企业的自身卫生管理等内容，借以促进中国食品企业卫生状况的改善。这些规范制定的指导思想与 GMP 的原则类似，将保证食品卫生质量的重点放在成品出厂前的整个生产过程的各个环节上，而不仅仅着眼于最终产品上，针对食品生产全过程提出相应技术要求和质量控制措施，以确保最终产品卫生质量合格。由于近年来一些营养型、保健型和特殊人群专用食品的生产企业迅速增加，食品花色品种日益增多，单纯控制卫生质量的措施已不适应企业质量管理的需要，因此，1998 年卫生部发布了《保健食品良好生产规范》（GB 17405）和《膨化食品良好生产规范》（GB 17404），这是中国首批颁布的食品 GMP 标准，标志着中国食品企业管理向高层次发展。

3. 实施 GMP 的意义

GMP 能有效地提高食品行业的整体素质，确保食品的卫生质量，保障消费者的利益。GMP 要求食品企业必须具备良好的生产设备、科学合理的生产工艺、完善先进的检测手段、高水平的人员素质、严格的管理体系和制度。因此食品企业在推广和实施 GMP 的过程中必然要对原有的落后的生产工艺、设备进行改选，对操作人员、管理人员和领导干部进行重新培训，因此对食品企业整体素质的提高有极大的推动作用。食品良好操作规范充分体现了保障消费者权益的观念，保证食品安全也就是保障消费者的安全权益。实施 GMP 也有利于政府和行业对食品企业的监管，强制性和指导性 GMP 中确定的操作规程和要求可以作为评价、考核食品企业的科学标准。另外，由于推广和实施 GMP 在国际食品贸易中是必备条件，因此实施 GMP 能提高食品产品在全球贸易的竞争力。

4. 食品 GMP 的原理和内容

GMP 实际上是一种包括"4M"管理要素的质量保证制度，即选用规定要求的原料（material），以合乎标准的厂房设备（machines），由胜任的人员（man），按照既定的方法（methods）制造出品质既稳定又安全卫生的产品的一种质量保证制度。因此，食品 GMP 也是从这四个方面提出具体要求，其内容包括硬件和软件两部分。硬件是食品企业的环境、厂房、设备、卫生设施等方面的要求，软件是指食品生产工艺、生产行为、人员要求以及管理制度等。具体有以下几方面。

(1) 先决条件　包括适合的加工环境、工厂建筑、道路、地表供水系统、废物处理等。

(2) 设施　包括制作空间、储藏空间、冷藏空间的设置；排风、供水、排水、排污、照明等设施条件；适宜的人员组成等。

(3) 加工、储藏、操作　包括物料购买和储藏；机器、机器配件、配料、包装材料、添加剂、加工辅助品的使用及合理性；成品外观、包装、标签和成品保存；成品仓库、运输和分配；成品的再加工；成品抽样、检验和良好的实验室操作等。

(4) 食品安全措施　包括特殊工艺条件如热处理、冷藏、冷冻、脱水和化学保藏等的卫生措施；清洗计划、清洗操作、污水管理、虫害管理、虫害控制；个人卫生的保障；外来物的控制、残存金属检测、碎玻璃检测以及化学物质检测等。

(5) 管理职责　包括管理程序、管理标准、质量保证体系；技术人员能力建设、人员培训周期及预期目标。

5. 食品 GMP 的原则

实施食品 GMP 的目的主要是降低食品制造过程中人为的错误，防止食品在制造过程中遭受污染或品质劣变。因此，食品 GMP 基本上涉及的是与食品卫生质量有关的硬件设施的维护和人员卫生管理，是控制食品安全的第一步，着重强调食品在生产和储运过程中对微生物污染、化学性污染和物理性污染的控制。

① 食品生产企业必须有足够的资历合格的技术人员，承担食品生产和质量管理，并清

楚地了解自己的职责。

② 确保生产厂房、环境、生产设备符合卫生要求，并保持良好的生产状态。

③ 具备合适的储存、运输等设备条件。

④ 按照科学和规范化的工艺规程进行生产。

⑤ 操作者应进行培训，以便正确地按照规程操作。

⑥ 符合规定的物料、包装容器和标签。

⑦ 全生产过程严密并有有效的质检和管理。

⑧ 合格的质量检验人员、设备和实验室。

⑨ 应对生产加工的关键步骤和加工发生的重要变化进行验证。

⑩ 生产中使用手工或记录仪进行生产记录，以证明所有生产步骤是按确定的规程和指令要求进行的，产品达到预期的数量和质量要求，出现的任何偏差都应记录并做好检查。

⑪ 保存生产记录及销售记录，以便根据这些记录追溯各批产品的全部历史。

⑫ 将产品储存和销售中影响质量的危险性降至最低限度。

⑬ 建立由销售和供应渠道收回任何一批产品的有效系统。

⑭ 了解市售产品的用户意见，调查出现质量问题的原因，提出处理意见。

6. 食品 GMP 的重点

① 确认食品生产过程安全性。

② 防止物理性、化学性、生物性危害污染食品。

③ 针对标签的管理、生产记录、报告的存档，建立和实施完整的管理制度。

二、卫生标准操作规范（SSOP）

1. SSOP 的概念

卫生标准操作规范（程序）(sanitation standard operation procedure，SSOP)是食品企业为了满足食品安全的要求、消除与卫生有关的危害而制定的在环境卫生和加工过程中实施清洗、消毒和卫生保持的操作规范，食品企业应根据法规和生产的具体情况，对各个岗位提出足够详细的操作规范，形成卫生操作控制文件。

SSOP 实际上是 GMP 中最关键的卫生条件，是在食品生产中实现 GMP 全面目标的卫生生产规范，同时也是实施危害分析与关键控制点（HACCP）体系的基础。SSOP 的正确制定和有效实施，可以减少 HACCP 计划中的关键控制点（CCP）数量，使 HACCP 体系将注意力集中在与食品或其生产过程中相关的危害控制上，而不仅仅在生产卫生环节上。但这并不意味着生产卫生控制不重要，实际上，危害是通过 SSOP 和 CCP 共同予以控制的，没有谁重谁轻之分。

2. SSOP 的内容

一个企业应制定以下 8 个方面的卫生控制操作程序。

① 与食品或食品表面接触的水的安全性或生产用水的安全。

② 食品接触表面（包括设备、手套和外衣等）的卫生情况如清洁度。

③ 防止不卫生物品对食品、食品包装和其他与食品接触表面的污染及未加工产品和熟制品的交叉污染。

④ 洗手间、消毒设施和厕所设施的卫生保持情况。

⑤ 防止食品、食品包装材料和食品接触表面掺杂润滑剂、燃料、杀虫剂、清洁剂、消毒剂、冷凝剂及其他化学、物理或生物污染物的污染。

⑥ 规范地标示标签、存储和使用有毒化合物。

⑦ 员工个人卫生的控制。这些卫生条件可能对食品、食品包装材料和食品接触面产生微生物污染。

⑧ 工厂内昆虫与鼠类的灭除及控制。

3. SSOP 的制定原则

在编写 SSOP 文件时，应遵循以下原则。

① 描述在工厂中使用的卫生程序。

② 提供这些卫生程序的时间计划。

③ 提供一个支持日常监测计划的基础。

④ 鼓励提前做好计划，以保证必要时采取纠正措施。

⑤ 辨别卫生事件发生趋势，防止同样问题再次发生。

⑥ 确保每个人，从管理层到生产工人都理解卫生概念。

⑦ 为从业者提供一种连续培训的工具。

⑧ 显示企业涉及卫生管理方面对外的承诺。

⑨ 引导厂内的卫生操作和卫生状况得以完善提高。

各个工厂的 SSOP 都是具体的。SSOP 应描述工厂、食品卫生操作和环境清洁有关的程序和实施情况。

SSOP 的制定应易于使用和遵守，不能过于详细，也不能过松。过于详细的 SSOP 将达不到预期的目标，因为很难每次都严格执行程序，而且可能被非正式地修改。反之，不够详细的 SSOP 对企业也没有多大用处，因为员工可能不知道该怎样做才能完成任务。

食品企业在实施 SSOP 时，对 SSOP 文件中要求的各项卫生操作，应记录其操作方式、场所、由谁负责实施等；另外还应考虑卫生控制程序的监测方式、记录方式以及怎样纠正出现的偏差。

知识三 HACCP 食品安全控制体系

一、HACCP 的基本原理

HACCP 体系是鉴别特定的危害并规定控制危害措施的体系，对质量的控制不是在最终检验，而是在生产过程各环节。从 HACCP 名称可以明确看出，它主要包括 HA（危害分析）和 CCP（关键控制点）。HACCP 体系经过实际应用与完善，已被 FAO/WHO 食品法典委员会（CAC）所确认，由以下 7 个基本原理组成。

（一）进行危害分析

危害是指引起食品不安全的各种因素。显著危害是指一旦发生将对消费者产生不可接受的健康风险的因素。危害分析（HA）是确定与食品生产各阶段（从原料生产到消费）有关的潜在危害性及其程序，并制订具体有效的控制措施。危害分析是建立 HACCP 的基础。

（二）确定关键控制点

关键控制点（CCP）是指能对一个或多个危害因素实施控制措施的点、步骤或工序，它们可能是食品生产加工过程中的某一操作方法或流程，也可能是食品生产加工的某一场所或设备。例如，原料生产收获与选择、加工、产品配方、设备清洗、储运、雇员与环境卫生等都可能是 CCP。通过危害分析确定的每一个危害，必然有一个或多个关键控制点来控制，使潜在的食品危害被预防、消除或减少到可以接受的水平。

（三）建立关键限值

1. 关键限值

关键限值（critical limit，CL）是与一个 CCP 相联系的每个预防措施所必须满足的标准，是确保食品安全的界限。安全水平有数量的内涵，包括温度、时间、物理尺寸、湿度、水活度、pH 值、有效氯、细菌总数等。每个 CCP 必须有一个或多个 CL 值用于显著危害，一旦操作中偏离了 CL 值，可能导致产品的不安全，因此必须采取相应的纠正措施使之达到极限要求。

2. 操作限值

操作限值（operational limit，OL）是操作人员用以降低偏离的风险的标准，是比 CL 更严格的限值。

（四）关键控制点的监控

监控是指实施一系列有计划的测量或观察措施，用以评估 CCP 是否处于控制之下，并为将来验证程序时的应用做好精确记录。监控计划包括监控对象、监控方法、监控频率、监控记录和负责人等内容。

（五）建立纠偏措施

当控制过程发现某一特定 CCP 正超出控制范围时应采取纠偏措施。在制订 HACCP 计划时就要有预见性地制订纠偏措施，便于现场纠正偏离，以确保 CCP 处于控制之下。

（六）记录保持程序

建立有效的记录程序对 HACCP 体系加以记录。

（七）验证程序

验证是除监控方法外用来确定 HACCP 体系是否按计划动作或计划是否需要修改所使用的方法、程序或检测。验证程序的正确制定和执行是 HACCP 计划成功实施的基础，验证的目的是提高置信水平。

二、实施 HACCP 体系的必备条件

（一）必备程序

实施 HACCP 体系的目的是预防和控制所有与食品相关的危害，它不是一个独立的程序，而是全面质量管理体系的一部分，它要求食品企业应具备在卫生环境下对食品进行加工的生产条件以及为符合国家现有法律法规而建立的食品质量管理基础，包括良好操作规范（GMP）、良好卫生操作（GHP）或卫生标准操作规范（SSOP）以及完善的设备维护保养计划、员工教育培训计划等，其中，GMP 和 SSOP 是 HACCP 的必备程序，是实施 HACCP 的基础，离开了 GMP 和 SSOP 的 HACCP 将起不到预防和控制食品安全的作用。

（二）人员的素质要求

人员是 HACCP 体系成功实施的重要条件。HACCP 对人员的要求主要体现在以下几点。

① HACCP 计划的制订需要各类人员的通力合作。负责制订 HACCP 计划以及实施和验证 HACCP 体系的 HACCP 小组，其人员构成应包括企业具体管理 HACCP 计划实施的领

导、生产技术人员、工程技术人员、质量管理人员以及其他必要人员。

② 人员应具备所需的相关专业知识和经验，必须经过 HACCP 原理、食品生产原理与技术、GMP、SSOP 等相关知识的全面培训，以胜任各自的工作。

③ 所有人员应具有较强的责任心和认真、实事求是的工作态度，在操作中严格执行 HACCP 计划中的操作程序，如实记录工作中的差错。

（三）产品的标志和可追溯性

产品必须有标志，不仅能使消费者知道有关产品的信息，还能减少错误或不正确发运和使用产品的可能性。

可追溯性是保障食品安全的关键要求之一。在可能发生某种危险时，风险管理人员应当能够认定有关食品，迅速准确地禁售禁用危险产品，通知消费者或负责监测食品的单位和个人，必要时沿整个食物链追溯问题的起源，并加以纠正。就此而言，通过可追溯性研究，风险管理人员可以明确认定有危险的产品，以此限制风险对消费者的影响范围，从而限制有关措施的经济影响。

产品的可追溯性包括以下两个基本要素：

① 能够确定生产过程的输入（原料、包装、设备等）以及这些输入的来源；

② 能够确定产品已发往的位置。

（四）建立产品回收程序

建立产品回收程序的目的是为了保证产品在任何时候都能在市场上进行回收，能有效、快速和完全地进入调查程序。因此，企业建立产品回收程序后，还要定期对回收程序的有效性进行验证。

三、HACCP 计划的制订和实施

（一）组成 HACCP 工作小组

HACCP 工作小组应包括产品质量控制、生产管理、卫生管理、检验、产品研制、采购、仓储和设备维修等各方面的专业人员。

HACCP 工作小组的成员应具备该产品相关专业知识和技能，必须经过 GMP、SSOP、HACCP 原则、制订 HACCP 计划工作步骤、危害分析及预防措施、相关企业 HACCP 计划等内容的培训，并经考核合格。

HACCP 工作小组的主要职责有制订、修改、确认、监督实施及验证 HACCP 计划；对企业员工进行 HACCP 培训；编制 HACCP 管理体系的各种文件等。

HACCP 小组至少由以下人员组成。

1. 质量保证与控制专家

熟悉并能深入了解引起食品安全问题的生物的、化学的或物理的原因，具有这方面的基础理论知识的专家，可以是 QA/QC 管理者、微生物学专家和化学专家、食品生产卫生控制专家。

2. 食品生产工艺专家

要求对食品的生产工艺、工序有较全面的知识及理论基础，能了解生产过程常发生哪些危害及具体解决办法。

3. 食品设备及操作工程师

对所生产食品的生产设备及性能很熟悉，懂得操作和解决发生的故障，有丰富的工作经验。

4. 其他人员

如原料生产及病虫防治专家、储运商、商贩、包装与销售专家以及公共卫生管理者等，均可在必要的时候吸收为小组成员。

小组成员需获得主管部门的批准或委任，要经过严格的培训，具备足够的岗位知识。应指派 1 名熟知 HACCP 技术和有领导才能的人为组长，并指定 1～2 名为 HACCP 计划的起草人员，1 名为秘书，负责开会时做记录。HACCP 计划起草人员选择是关系到能否实现食品安全的最关键因素，因此，一定要选熟知企业情况、了解本行业发展状况及技术的、能提出监控办法的、有经验的资深专家。中高层管理人员和部门经理也是方案拟定研究小组理想的成员，每个小组可由 5～6 名成员组成。

（二）确定 HACCP 体系的目的与范围

HACCP 是控制食品安全质量的管理体系，在建立该体系之前应首先确定实施的目的和范围，例如，整个体系中是要控制所有危害，还是控制某方面的危害；是针对企业的所有产品还是某一类产品；是针对生产过程还是包括流通、消费环节等。只有明确 HACCP 的重点部分，在编制计划时才能正确识别危害，确定关键控制点。

（三）产品描述

HACCP 计划编制工作的首要任务是对实施 HACCP 系统管理的产品进行描述，描述的内容包括：产品名称（说明生产过程类型）；原辅材料的商品名称、学名和特点；成分（如蛋白质、氨基酸等）；理化性质（包括水活度、pH 值、硬度、流变性等）；加工方式（如产品加热及冷冻、干燥、盐渍、杀菌到什么程度等）；包装系统（密封、真空、气调等）；储运（冻藏、冷藏、常温储藏等）；销售条件（如湿度与温度要求等）；有关食品安全的流行病学资料；产品的预期用途、消费人群和食用方式等。

（四）绘制和验证产品工艺流程图

产品工艺流程图可对加工过程进行全面和简明的说明，对危害分析和关键控制点的确定有很大帮助。产品工艺流程图应在全面了解加工全过程的基础上绘制，应详细反映产品加工过程的每一步骤。对食品生产过程的每一道工序，从原料选择、加工到销售和消费者使用，在流程图中都要依次清晰地标明并加以研究，不可含糊不清。要确定一个完整的 HACCP 流程图（图 7-1），还需要有以下技术数据资料：

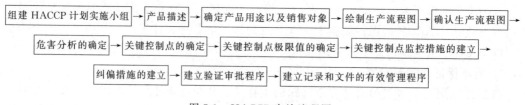

图 7-1 HACCP 实施流程图

① 所使用的原辅料、原辅料组分、包装材料以及它们的微生物、化学及物理的数据资料；

② 楼面布置和设备布局，包括相关配套服务设施如水、电、气供应等；

③ 有工艺步骤次序（包括原辅料添加次序）；

④ 所有原辅料、中间产品和最终产品的时间、温度变化数据，包括延迟的可能及其他工艺操作细节要求；

⑤ 流体和固体的流动条件；

⑥ 产品再循环与再利用路线；

⑦ 设备设计特征；

⑧ 清洁和消毒操作步骤的有效性；

⑨ 环境卫生；

⑩ 人员进出与工作路线；

⑪ 潜在的交叉污染路线；

⑫ 高风险区与低风险区的隔离；

⑬ 人员卫生习惯；

⑭ 储运和销售条件；

⑮ 消费者使用说明。

流程图的准确性对危害分析的影响很大，如果某一生产步骤被疏忽，就可能使显著的安全问题不被记录。因此应将绘制的工艺流程图与实际操作过程进行认真比对（现场验证），以确保与实际加工过程一致。如果有误，HACCP 小组应加以修改调整，如改变操作控制条件、调整配方、改进设备等，应将原流程图偏离的地方加以纠正，以确保流程图的准确性、适用性和完整性。

（五）危害分析

危害分析是 HACCP 系统最重要的一环，HACCP 小组对照工艺流程图以自由讨论的方式对加工过程的每一步骤进行危害识别，对每一种危害的危险性（危害可能发生的概率或可能性）进行分析评价，确定危害的种类和严重性，找出危害的来源，并提出预防和控制危害的措施。在对产品进行危害分析时，首先必须提供有关产品生产的各种资料，然后分别从原料、周围环境、生产设备、机械、生产工艺等方面进行逐个分析，分别列出存在的潜在性危害因素。

1. 危害分析的目的

① 对每一个具有不同操作方法和控制要求的生产过程作出评价。

② 为确定对保证食品安全具有重要意义的操作步骤提供依据。

③ 促使重新进行产品配方调整或中止加工过程以及确保食品卫生的控制措施。

2. 危害因素

危害因素一般包括：

① 产品是否包含微生物的敏感成分；

② 加工中是否有有效灭活微生物的处理步骤；

③ 是否存在加工后微生物及其毒素污染的危险；

④ 是否有在批发和消费过程中由于不卫生的习惯而造成危害的可能性；

⑤ 是否在包装后或消费者食用前不进行最后的加热处理。

根据危害因素可对食品进行危害分析。

由食品对人体健康产生危害的因素有生物（致病性或产毒的微生物、寄生虫、有毒动植物等）、化学（杀虫剂、杀菌剂、清洁剂、抗生素、重金属、添加剂等）或物理（各类固体杂质）污染物。

危害的严重性指危害因素存在的多少或所致危害程度的大小。危害程度可分为高、中、低和忽略不计。例如一般引起疾病的危害程度可分为威胁生命（严重食物中毒、恶性传染病等）、后果严重或慢性病（一般食物中毒或慢性中毒）、中等或轻微疾病（病程短、病症轻微）。也可以从一般危害特性按食品的原料、加工和流通（储、运、销）过程 3 个方面进行分析，如存在危害因素用"（＋）"表示、不存在危害因素用"0"表示：

① 在原料中有容易腐败变质成分的用"（＋）"表示、不容易腐败变质的用"0"表示；

② 在加工中有无可靠的杀灭有害微生物的过程，没有用"（＋）"表示，有用"0"表示；

③ 在储存、运输、销售及最终食用等流通过程中有无微生物繁殖和污染的可能性，有此可能用"（＋）"表示，没有此可能用"0"表示。

这样每种食品经过上述 3 个方面的危害特性分析，就可以得到 3 个各自表示不同过程中是否存在危害因素的符号。如"（＋）（＋）（＋）"表示三个环节均具有一般危害特性的产品；"0（＋）（＋）"表示产品没有易腐性原料存在；"（＋）0（＋）"表示产品在加工中有有效的灭菌过程；"000"表示没有微生物危害特性的产品。

3. 涉及安全问题的危害

包括以下 3 个方面：

（1）生物性危害 包括细菌、病毒及其毒素、寄生虫和有害生物因子。

（2）化学性危害 化学危害可分为 4 类：天然的化学物质、有意加入的化学品、无意或偶然加入的化学品、生产过程中所产生的有害化学物质。天然的化学物质包括霉菌毒素、组胺等；有意加入的化学品包括食物添加剂、防腐剂、营养素添加剂、色素添加剂；无意或偶然加入的化学品包括农业上的化学药品、禁用物质、有毒物质和化合物、工厂化学物质（润滑剂、清洁化合物等）。

（3）物理性危害 任何存在于食品中不常发现的有害异物，如玻璃、金属等。

4. 列出危害分析工作单

危害分析工作单可以用来组织和明确危害分析的思路。HACCP 工作小组还应考虑对每一危害可采取哪种控制措施。

危害识别的方法有对既往资料进行分析、现场实地观测、实验采样检测等。

确定危害可以用建立危害分析表的方法。表 7-1 中第一列记录下每一道加工工序，其他内容包括"可能存在的潜在危害""潜在危害是否显著""危害显著理由""控制危害措施""是否为 CCP"等，具体可按工艺流程图的顺序，依次填写。如经研究认为速冻全虾的原料可能存在微生物的、化学的和物理的危害，其中微生物和化学的危害是显著的，且是有一定根据的。微生物的危害可通过蒸煮工序解决，因此不是 CCP。

表 7-1　速冻全虾生产危害分析表

加工工序	可能存在的潜在危害	潜在危害是否显著	危害显著理由	控制危害措施	是否为 CCP
原料验收	生物的致病菌	是	原料虾生长环境中可能存在致病菌	蒸煮工序可杀灭致病菌	否
	化学的农药残留、重金属	是	原料虾生长环境中可能存在	凭原料虾安全区域产地证明书收货	是
蒸煮	生物的致病菌残存	是	温度、时间不当造成致病菌残活	控制蒸煮温度和时间	是
	化学的消毒剂残留	否		SSOP 控制	

（六）确定关键控制点（CCP）

1. CCP 的特征

食品加工过程中有许多可能引起危害的环节，但并不是每一个都是 CCP，只有这些点作为显著的危害而且能够被控制时才认为是关键控制点。对危害的控制有以下几种情况。

（1）危害能被预防 例如通过控制原料接收步骤（要求供应商提供产地证明、检验报告等）预防原料中的农药残留量超标。

（2）危害能被消除 例如杀菌步骤能杀灭病原菌；金属探测装置能将所有金属碎片检出、分离。

（3）危害能被降低到可接受的水平 例如通过对贝类暂养或净化使某些微生物危害降低到可接受水平。

原则上关键控制点所确定的危害是后面的步骤不能消除或控制的危害。

2. CCP 的确定方法

确定 CCP 的方法很多，例如用"CCP 判断树"来确定或用危害发生的可能性和严重性来确定。

CCP 判断树（图 7-2）是能有效确定关键控制点的分析程度，其方法是依次回答针对每一个危害的一系列逻辑问题，最后就能决定某一步骤是否是 CCP。

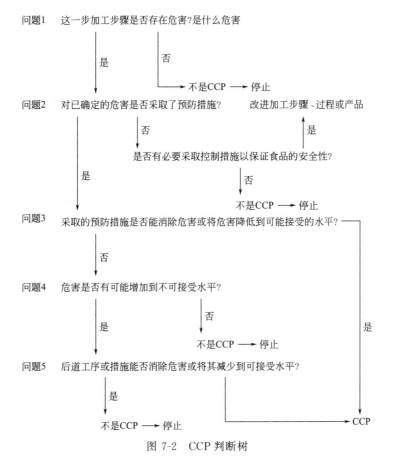

图 7-2 CCP 判断树

关键控制点根据不同产品的特点、配方、加工工艺、设备、GMP 和 SSOP 等条件具体确定。一个危害可由一个或多个关键控制点控制到可接受水平；同样，一个关键控制点可以控制一个或多个危害。一个 HACCP 体系的关键控制点数量一般应控制在 6 个以内。

应用 CCP 判断树应该注意以下几方面。

① 小组成员必须尽可能找出每个点的危害源，如时间与温度等参数的不适宜、工艺设

备缺陷、生产环境、产品、人员的交叉污染、设备积滞物的污染以及所有污染源累加后的污染等，这样才能准确判定"是"与"否"，如果判定错误，则整个 HACCP 方案将对食品安全不起作用，甚至起反作用。

② 在确定 CCP 时，问题 4 的功能很重要，它允许前面的某工序存在某种程度的危害，只要经过以后的步骤该危害能被消除或被降低至可接受的水平，则前面工序或关键点的控制水平可被降低标准，或不作为关键控制点来考虑，否则某食品加工过程的每一个步骤都可能成为 CCP。CCP 需设为最佳、最有效的控制点，如 CCP 设在步骤（工序）上，则前步骤（工序）不作为 CCP；如果都要求控制才能使食品更安全，则都要设定为 CCP，是设其一还是都设置要依产品危害情况来定。

③ 判断树的应用是有局限性的，如不适于肉禽类的宰前、宰后检验，不能认为宰后肉品检验合格就可以取消宰前检疫；又如不能将已污染严重的原料经过高压杀菌等手段处理后供人畜禽食用。因此在使用判断树时，要根据专业知识与有关法规来辅助判断和说明。

（七）建立关键限值（CL）

在掌握了每一个 CCP 潜在危害的详细知识，搞清楚与 CCP 相关的所有因素，充分了解各项预防措施的影响因素后，就可以确定每一个因素中安全与不安全的标准，即设定 CCP 的关键限值。通常用物理参数和可以快速测定的化学参数表示关键限值，其指标包括：温度、时间、湿度、pH 值、水活度、含盐量、含糖量、物理参数、可滴定酸度、有效氯、添加剂含量以及感官指标，如外观和气味等。

关键限值的确定应以科学为依据，可来源于科学刊物、法规性指南、专家建议、实验研究等。关键限值应能确实表明 CCP 是可控制的，并满足相应国家标准的要求。确定关键限值的依据和参考资料应作为 HACCP 方案支持文件的一部分，必须以文件的形式保存以便于确认。这些文件应包括相关的法律、法规要求，国家或国际标准，实验数据、专家意见、参考文献等。

建立 CL 应做到合理、适宜、适用和可操作性强。如果过严，会造成即使没有发生影响到食品安全危害，也采取纠正措施；如果过松，又会产生不安全产品。因此限值的确定或选择的原则是：可控制且直观、快速、准确、方便和可连续监测。在生产实践中，一般不用微生物指标作为 CL，可多考虑用温度、时间、流速、水分含量、水分活度、pH 值、盐度、密度、质量、有效氯等物理的和可快速测知的化学参数，具体方法如表 7-2 所示。

表 7-2　关键限值实例

危　害	CCP	关键限值(CL)
致病菌（生物的）	巴氏杀菌	≥72℃，≥15s 将牛乳中致病菌杀死
	干燥室内干燥	≥93℃，≥120min，风速≥0.15m³/min，半成品厚度≤1.20cm（达到水分活度≤0.85，以控制被干燥食品中的致病菌）
	酸化	半成品质量≤100kg；浸泡时间≥8h；醋酸浓度≥3.5%，≥50L（达到 pH4.6 以下，以控制腌制食品中的肉毒梭菌）

好的 CL 应直观、易于监测，能使只出现少量不合格产品就可通过纠正措施控制并且不

是 GMP 或 SSOP 程序中的措施。

在实际生产中，为对 CCP 进行有效控制，可以在关键限值内设定操作限值（OL）和操作标准。操作限值可作为辅助措施用于指示加工过程的偏差，这样在 CCP 超过关键限值以前就进行调节以维持控制。确定 OL 时，应考虑正常的误差，例如油炸锅温度最小偏差为 2℃，OL 确定比 CL 相关温度至少大于 2℃，否则无法操作。

（八）建立监控程序

对每一个关键控制点进行分析后建立监控程序，以确保达到关键限值的要求，是 HACCP 的重点之一，是保证质量安全的关键措施。监控程序包括以下内容。

1. 监控内容（对象）

是针对 CCP 而确定的加工过程或可以测量的特性，如温度、时间、水活度等。

2. 监控方法

有在线检测和终端检测两类方法。要求使用快速检测方法，因为关键限值的偏差必须要快速判定，确保及时采取纠偏行动以降低损失。一般采用视觉观察、仪表测量等方法。例如：

时间——观察法；

温度——温度计法；

pH 值——pH 计法。

3. 监控设备

例如温湿度计、钟表、天平、pH 计、水活度仪、化学分析设备等。

4. 监控频率

如每批、每小时、连续等。如有可能，应采取连续监控。连续监控对许多物理或化学参数都是可行的。如果监测不是连续进行的，那么监测的数量或频率应确保关键控制点是在控制之下。

5. 监控人员

监控人员是授权的检查人员，如流水线上的人员、设备操作者、监督员、维修人员、质量保证人员等。负责监控 CCP 的人员必须接受有关 CCP 监控技术的培训，完全理解 CCP 监控的重要性，能及时进行监控活动，准确报告每次监控工作的实际情况，随时报告违反关键限值的情况以便及时采取纠偏活动。

监控程序必须能及时发现关键控制点可能偏离关键限值的趋势，并及时提供信息，以防止事故恶化。提倡在发现有偏差趋势时就及时采取纠偏措施，以防止事故发生。监测数据应有专业人员评价以保证执行正确的纠偏措施。所有监测记录必须有监测人员和审核人员的签字。

（九）建立纠偏措施

食品生产过程中，HACCP 计划的每一个 CCP 都可能发生偏离其关键限值的情况，这时候就要立即采取纠正措施，迅速调整以维持控制。因此，对每一个关键控制点都应预先建立相应的纠偏措施，以便在出现偏离时实施。

纠偏措施包括两方面的内容：

① 制订使工艺重新处于控制之中的措施。

② 拟定 CCP 失控时期生产的食品的处理办法，包括将失控的产品进行隔离、扣留、评估其安全性、退回原料、原辅材料及半成品等移做他用、重新加工（杀菌）和销毁产品等。

纠偏措施要经有关权威部门认可。

当出现偏差时操作者应及时停止生产，保留所有不合格品并通知工厂质量控制人员。当 CCP 失去控制时，立即使用经批准的可替代原工艺的备用工艺。在执行纠偏措施时，对不合格产品要及时处理。纠偏措施实施后，CCP 一旦恢复控制，要对这一系统进行审核，防止再出现偏差。

整个纠偏行动过程应做详细的记录，内容包括：

① 产品描述、隔离或扣留产品数量；

② 偏离描述；

③ 所采取的纠偏行动（包括失控产品的处理）；

④ 纠偏行动的负责人姓名；

⑤ 必要时提供评估的结果。

（十）建立验证程序

验证的目的是通过一定的方法确认制订的 HACCP 计划是否有效、是否被正确执行。验证程序包括对 CCP 的验证和对 HACCP 体系的验证。

1. CCP 的验证

必须对 CCP 制定相应的验证程序，以保证其控制措施的有效性和 HACCP 实施与计划的一致性。CCP 验证包括对 CCP 的校准、监控和纠正记录的监督复查，以及针对性的取样和检测。

对监控设备进行校准是保证监控测量准确度的基础。对监控设备的校准要有详细记录，并定期对校准记录进行复查，复查内容包括校准日期、校准方法和校准结果。

确定专人对每一个 CCP 的记录（包括监控记录和纠正记录）进行定期复查，以验证 HACCP 计划是否被有效实施。

对原料、半成品和产品要进行针对性的抽样检测，例如，对原料的检测是对原料供应商提供的质量保证进行验证。

2. HACCP 体系的验证

HACCP 体系的验证就是检查 HACCP 计划是否有效以及所规定的各种措施是否被有效实施。验证活动分为两类，一类是内部验证，由企业自己组织进行；另一类是外部验证，由被认可的认证机构进行，即认证。

验证的频率应足以确认 HACCP 体系在有效运行，每年至少进行一次或在系统发生故障时、产品的原材料或加工过程发生显著改变时或发现了新的危害时进行。

HACCP 体系的验证内容包括：检查产品说明和生产流程图的准确性；检查 CCP 是否按 HACCP 的要求被监控；监控活动是否在 HACCP 计划中规定的场所执行；监控活动是否按照 HACCP 计划中规定的频率执行；当监控表明发生了偏离关键限值的情况时，是否执行了纠偏行动；设备是否按照 HACCP 计划中规定的频率进行了校准；工艺过程是否在既定的关键限值内操作；检查记录是否准确和是否按照要求的时间来完成等。

（十一）建立 HACCP 文件和记录管理系统

必须建立有效的文件和记录管理系统，以证明 HACCP 体系有效运行、产品安全及符合现行法律法规的要求。制订 HACCP 计划和执行过程应有文件记录。需保存的记录包括以下内容。

1. 危害分析小结

包括书面的危害分析工作单以及用于进行危害分析和建立关键限值的任何信息的记录。例如，支持文件包括：确定抑制细菌性病原体生长的方法时所使用的充足的资料、建立产品安全货架寿命所使用的资料，以及在确定杀死细菌性病原体加热强度时所使用的生产资料。除了数据以外，支持文件也可以包含向有关顾问和专家进行咨询的信件。

2. HACCP 计划

包括 HACCP 工作小组名单及相关的责任、产品描述、经确认的生产工艺流程和 HACCP 小结。HACCP 小结应包括产品名称、CCP 所处的步骤和危害的名称、关键限值、监控措施、纠偏措施、验证程序和保持记录的程序。

3. 计划实施过程中发生的所有记录

包括关键控制点监控记录、纠偏措施记录、验证记录等。

4. 其他支持性文件

包括 HACCP 计划的修订等。HACCP 计划和实施记录必须含有特定的信息，要求记录完整，必须包括监控过程中获得的实际数据和记录结果。在现场观察到的加工和其他信息必须及时记录，写明记录时间，有操作者和审核者的签名。记录应由专人保管，保存到规定的时间，随时可供审核。

（十二）回顾 HACCP 计划

HACCP 方法经过一段时间的运行，或者也做了完整的验证，都有必要对整个实施过程进行回顾与总结，HACCP 体系需要并要求建立这种回顾的制度。一般来说，在对整个 HACCP 或某一点进行调整前，如原材料、产品、工艺、消费者使用等发生变化前，应对 HACCP 的过去进行回顾，特别是发生以下变化时：

① 原料、产品配方发生变化时；
② 加工体系发生变化时；
③ 工厂布局和环境发生变化时；
④ 加工设备改进时；
⑤ 清洁和消毒方案发生变化时；
⑥ 重复出现偏差，或出现新危害，或有新的控制方法时；
⑦ 包装、储存和消费者使用发生变化时；
⑧ 从市场供应上获得的信息表明有关于产品的卫生或腐败风险时。

对 HACCP 进行回顾而形成的资料与数据，应形成文件并成为 HACCP 记录档案的一部分，还应将回顾工作所形成的一些正确的改进措施编入 HACCP 方法中，包括对某些 CCP 控制措施或规定的容差进行调整，或设置附加的新 CCP 及其监控措施。

总之，在完成整个 HACCP 计划后，要尽快以草案形式成文，并在 HACCP 小组成员中传阅修改，或寄给有关专家征求意见，吸纳对草案有益的修改意见并编入草案中，经 HACCP 小组成员最后一次审核修改后成为最终版本，上报有关部门审批或供企业在以后的质量管理中应用。

 【目标检测】

1. 何谓 GMP、SSOP、HACCP、交叉污染、关键控制点？

2. HACCP 的基本原理是什么？

3. HACCP 计划实施的程序包括哪些？

4. 简述实施食品 GMP 的意义。

5. 企业编制自己的 SSOP 文本应包括哪些内容？

6. 在我国实施 HACCP 有何意义？

7. 简述 GMP、SSOP、HACCP 之间的关系。

8. 协助一个食品企业建立该厂的良好操作规范。

PPT   习题   思维导图

项目八
ISO 9000 标准质量体系

【学习目标】

1. 了解 ISO 9000 质量管理体系标准的产生、构成、应用价值和特点。
2. 熟悉 ISO 9000 质量管理体系的基本术语和定义，理解 ISO 9001 质量管理体系要求的条款内容。
3. 掌握质量管理八项原则和 ISO 9001 质量管理体系要求。

【思政小课堂】

某食品包装车间，工人正在用一台电子秤称量待包装的食品。食品包装袋上注明每袋食品的重量为（50±0.50)g，审核员抽查现场已称完重量的两袋食品，发现称量值分别是 48.30g 和 48.35g。而工人解释说："每袋的重量都是合乎标准的，只是这台秤不准。"而秤上贴的校准标签表明该秤是在校准周期内，但该秤在不称量食品时确实不能回"0"。

上述事实不符合 GB/T 19001 标准的条款号和内容，那么不符合的性质分别是什么？

分析：不符合 GB/T 19001—2016《质量管理体系 要求》7.1.5 的规定，因此，当发现设备不符合要求时，组织应对以往测量结果的有效性进行评价和记录，并且组织应对该设备和任何受影响的产品采取适当的措施。

不符合性质属一般不符合。

【必备知识】

知识一　ISO 9000 族标准简介

一、ISO 9000 质量管理体系标准的产生

第二次世界大战期间，世界军事工业得到了迅猛的发展。一些国家的政府在采购军品时，不但提出了对产品特性的要求，还对供应厂商提出了质量保证的要求。20 世纪 50 年代末，美国发布了 MIL-Q-9858A《质量大纲要求》，成为世界上最早的有关质量保证方面的标准。70 年代初，借鉴军用质量保证标准的成功经验，美国国家标准化协会（ANSI）和美国机械工程师协会（ASME）分别发布了一系列有关原子能发电和压力容器生产方面的质量保证标准。

美国军品生产方面的质量保证活动的成功经验，在世界范围内产生了很大的影响。一些工业发达国家，如英国、美国、法国和加拿大等国在 20 世纪 70 年代末先后制定和发布了用于民品生产的质量管理和质量保证标准。随着地区化、集团化、全球化经济的发展，市场竞争日趋激烈，顾客对质量的期望越来越高。每个组织为了竞争和保持良好的经济效益，努力设法提

高自身的竞争能力以适应市场竞争的需要。为了成功地领导和运作一个组织，需要采用一种系统的和透明的方式进行管理，针对所有顾客和相关方的需求，建立、实施并保持持续改进其业绩的管理体系，从而使组织获得成功，这方面的关注导致了质量管理体系标准的产生。

国际标准化组织（ISO）于 1979 年成立了质量管理和质量保证技术委员会（TC 176），负责制定质量管理和质量保证标准。1986 年，ISO 发布了 ISO 8402《质量——术语》标准，1987 年发布了 ISO 9000《质量管理和质量保证标准——选择和使用指南》、ISO 9001《质量体系——设计开发、生产、安装和服务的质量保证模式》、ISO 9002《质量体系——生产和安装的质量保证模式》、ISO 9003《质量体系——最终检验和试验的质量保证模式》、ISO 9004《质量管理和质量体系要求——指南》等 6 项标准，通称为 ISO 9000 系列标准。

为了使 1987 版的 ISO 9000 系列标准更加协调和完善，ISO/TC 176 质量管理和质量保证技术委员会于 1990 年决定对标准进行修订，提出了《90 年代国际质量标准的实施策略》（国际通称为《2000 年展望》），其目标是："要让全世界都接受和使用 ISO 9000 族标准；为了提高组织的运作能力，提供有效的方法；增进国际贸易、促进全球的繁荣和发展；使任何机构和个人可以有信心从世界各地得到任何期望的产品以及将自己的产品顺利销售到世界各地。"

1994 年 ISO 发布了引入了一些新的概念和定义如过程、产品（硬件、软件、流程性材料和服务）的 1994 版的 ISO 8402、ISO 9000—1、ISO 9001、ISO 9002、ISO 9003 和 ISO 9004-1 共 6 项国际标准。

为了提高标准使用者的竞争力，促进组织内部工作的持续改进，并使标准适合于各种规模（尤其是中小企业）和类型（包括服务业和软件）组织的需要，以适应科学技术和社会经济的发展，ISO/TC 176 再次做了修订，于 2000 年 12 月 15 日正式发布了新版本的 ISO 9000 族标准，统称为 2000 版 ISO 9000 族标准。

我国对口 ISO /TC 176 技术委员会的全国质量管理和质量保证标准化技术委员会（以下简称 CSBTS/TC 151），是国际标准化组织（ISO）的正式成员，参与了有关国际标准和国际指南的制定工作，在国际标准化组织中发挥了十分积极的作用。CSBTS/TC 151 承担着将 ISO 9000 族标准转化为我国国家标准的任务，对 2000 版 ISO 9000 族标准在我国的顺利转换起到了十分重要的作用。

各版 ISO 9000 族标准的发展如图 8-1 所示。

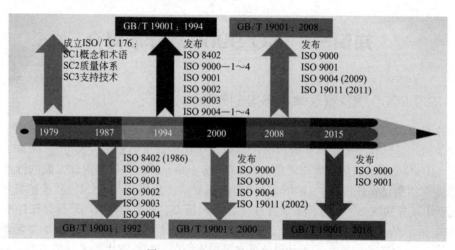

图 8-1　ISO 9000 族标准的发展

我国将 2015 版 ISO 9000 族标准等同采用为中国的国家标准，内容如下。

GB/T 19000—2016《质量管理体系　基础和术语》（idt ISO 9000：2015）

GB/T 19001—2016《质量管理体系　要求》（idt ISO 9001：2015）

GB/T 19004—2016《质量管理体系　业绩改进指南》（idt ISO 9004：2015）

注：idt 即等同采用。

二、ISO 9000 族标准的构成

国际标准化组织（ISO）于 2015 年 9 月正式发布的 ISO 9000 族标准的构成如表 8-1 所示。

表 8-1　2015 版 ISO 9000 族标准的文件结构

核心标准	
ISO 9000：2015	质量管理体系　基础和术语
ISO 9001：2015	质量管理体系　要求
ISO 9004：2015	质量管理体系　业绩改进指南
ISO 19011：2011	质量和环境管理体系审核指南
支持性标准和文件	
ISO 10001：2007	质量管理 顾客满意度 组织行为指南
ISO 10002：2004	质量管理 顾客满意度 组织处理投诉指南
ISO 10003：2007	质量管理 顾客满意度 组织外部纠纷解决指南
ISO 10004：2012	质量管理　顾客满意度
ISO 10005：2005	质量管理体系 质量计划指南
ISO 10006：2003	质量管理　项目质量管理指南
ISO 10007：2003	质量管理　技术状态管理指南
ISO 10012：2003	质量管理系统 测量过程和测量设备的要求
ISO/TR 10013：2001	质量管理体系文件指南
ISO 10014：2006	质量管理　实现财务和经济效益的指南
ISO 10015：1999	质量管理　培训指南
ISO/TR 10017：2003	质量管理体系统计技术指南
ISO 10018：2012	质量管理　人的参与和能力指南
ISO 10019：2015	质量管理体系咨询师的选择及服务使用的指南
小册子	① 质量管理原则
	② 选择和使用指南
	③ 小型企业的应用

由表 8-1 可以看出，2015 版 ISO 9000 族标准由核心标准和其他支持性的标准和文件及小册子组成。其中核心标准有：ISO 9000、ISO 9001、ISO 9004、ISO 19011。

ISO 9000：2015《质量管理体系　基础和术语》，主要阐述三个方面的重点内容，有七项基本原则，是 ISO 9000 标准的理论基础，描述了建立和运行质量管理体系应遵循的 12 项质量管理体系基本内容，并确定了与质量管理体系有关的 138 个术语。

ISO 9001：2015《质量管理体系　要求》，该标准应用了以过程为基础的质量管理体系模式，规定了建立和实施质量管理体系的要求，是 ISO 9000 族标准中唯一的可用于内部和外部评价组织满足顾客、法律法规和自身要求的标准。

ISO 9004：2015《质量管理体系　业绩改进指南》，不用于认证和合同目的，以七项基

本原则为理论基础，使用 ISO 9000：2015 术语。除了关注 ISO 9000：2015 考虑的顾客要求和质量管理体系的适宜性、充分性、有效性外，还关注其他相关方的要求和期望，更多地关注持续改进组织质量管理体系的总体业绩和效率。另外，ISO 9004 还以质量管理体系有效性和效率为评价目标，给出质量改进中的自我评价方法，并识别改进和创新的机会。

ISO 19011：2011《质量和环境管理体系审核指南》是提供质量管理体系、环境管理体系及其他管理体系的内部和外部审核的指南，遵循"不同管理体系共同管理和审核"的准则。ISO 19011：2011 标准的主要内容包括审核的原则、管理审核方案的指南、实施管理体系审核的指南和审核员所需能力的指南。

三、ISO 9000 质量管理体系标准的应用价值

ISO 9000 族标准是世界上许多经济发达国家质量管理实践经验的科学总结，具有通用性和指导性。实施 ISO 9000 族标准，可以促进组织质量管理体系的改进和完善，对促进国际经济贸易活动、消除贸易技术壁垒、提高组织的管理水平等都能起到良好的作用。概括起来，主要有以下几方面的作用和意义。

(1) 强化品质管理，提高企业效益；增强客户信心，扩大市场份额 企业如果能够严格按照国际标准化的质量管理方法进行管理，真正达到法制化、科学化的要求，一定能够极大地提高工作效率和产品合格率，迅速提高企业的经济效益和社会效益。企业的顾客得知供方按照国际标准实行管理，拿到了 ISO 9000 质量管理体系认证证书，并且经过认证机构的严格审核和定期监督，就可以确信该企业是能够稳定地生产合格产品乃至优秀产品的信得过的企业，从而放心地与企业订立供销合同，从而扩大了企业的市场占有率。

(2) 节省了第二方审核的精力和费用 目前第二方审核的经常开展有两个很大的弊端：一是一个供方往往有多个客户，如果每个客户都要求进行第二方审核，这将给供方带来沉重的负担；二是需方也需支付相当的费用进行第二方审核。但是如果供方拥有了 ISO 9000 的认证证书，各个客户就没有必要再对第一方进行审核，这样，不管是对供方还是对客户都可以节省大量的精力或费用。

(3) 获得了国际贸易"通行证"，消除了国际贸易壁垒 许多国家为了保护自身的利益，设置了种种贸易壁垒，包括关税壁垒和非关税壁垒。其中非关税壁垒主要是技术壁垒，而 ISO 9000 质量管理体系认证正是其中一个重要的部分。特别是在世界贸易组织内，各成员国之间相互排除了关税壁垒，只能设置技术壁垒，所以，对更多的企业而言，通过 ISO 9000 质量管理体系认证是消除贸易壁垒的主要途径。

(4) 有利于开拓国际市场 实行质量认证制度是当今世界各国特别是工业发达国家的普遍做法。许多从事国际贸易的采购商愿意或者指定购买经过认证的产品。有些采购商在订货时要求生产厂家提供按 ISO 9000 标准通过质量体系认证的证明。总之，组织取得质量认证，是使产品进入国际市场和扩大出口的需要。

(5) 扩大销售并获得更大利润 取得 ISO 9000 质量认证标志是产品质量信得过的证明。带有认证标志的产品在市场上具有明显的竞争力，受到更多顾客的信任。经验证明，在市场经济条件下，取得 ISO 9000 质量体系认证是组织在竞争中取胜、提高利润的有力手段。

四、ISO 9000 族标准的特点

从结构和内容上看，2015 版 ISO 9000 质量管理体系标准具有以下特点。

① 标准可适用于所有产品类别、不同规模和各种类型的组织，并可根据实际需要删减某些质量管理体系要求。

② 采用了以过程为基础的质量管理体系模式，强调了过程的联系和相互作用，逻辑性更强，相关性更好。

③ 强调了质量管理体系是组织其他管理体系的一个组成部分，便于与其他管理体系相容。

④ 更注重质量管理体系的有效性和持续改进，减少了对形成文件的程序的强制性要求。

⑤ 将《质量管理体系 要求》和《质量管理体系 业绩改进指南》这两个标准作为协调一致的标准使用。

⑥ 强调最高管理者的作用。

⑦ 突出"持续改进"的思想。

⑧ 将对顾客满意度的监控作为评价业绩的一种手段。

⑨ 充分考虑相关方的利益和需求。

⑩ 提高了其他管理体系的相容性。

知识二 ISO 9000: 2015
《质量管理体系 基础和术语》 标准

一、术语和定义

（一）标准中的3种概念关系及图例

1. 属种关系

在层次结构中，下层概念继承了上层概念的所有特性，并包含有将其区别于上层和同层概念的特性的表述，如：春、夏、秋、冬与季节的关系。结合到学校中如学院和计算机学院、财经学院、环境学院的关系。

2. 从属关系

在层次结构中，下层概念形成了上层概念的组成部分，如：春、夏、秋、冬可被定义为年的一部分。比较而言，定义晴天（夏天可能出现的一个特性）为一年的一部分是不恰当的。

通过一个没有箭头的耙形图绘出从属关系，如图8-2所示。单一部分由一条线绘出，多个部分由双线绘出。

图8-2 从属关系示意图

3. 关联关系

在某一概念体系中，关联关系不能像属种关系和从属关系那样提供简单的表述，但是它有助于识别概念体系中一个概念与另一个概念之间关系的性质，如原因和结果、活动和场所、工具和功能、材料和产品。

通过一条在两端带有箭头的线绘出关联关系，如图8-3所示。

阳光◄————————►夏天

图8-3 关联关系示意图

比如说 A 问 B 学什么的，B 回答学计算机，A 就会想到 B 是计算机学院的。

（二）主要术语和定义的理解

1. 质量（quality）

客体的一种固有特性满足要求的程度。

【理解要点】

① 质量不仅是产品的质量，而且也包括了体系的质量和过程的质量。

② 要求可以是明示的、习惯上隐含的或必须履行的需求和期望；要求具有相对性（不同的顾客或相关方具有不同的要求）和时间性，是动态的。不同的相关方对固有特性的要求不同。例如，对汽车，顾客的要求是安全、速度快、舒适、低能耗等，而社会的要求是废气排放量低、节能、资源消耗少等。

③ 对于质量管理体系而言，实现质量方针、质量目标的能力以及管理的协调性等属于固有特性。

④ 对于过程而言，过程的能力以及过程的稳定性、可靠性、先进性和工艺水平等属于固有特性。

2. 要求（requirement）

明示的、通常隐含的或必须履行的需求或期望。

【理解要点】

①"明示的"通常是指已经以标准、规范、图样、合同、订单、技术要求或其他文件做出的规定。

②"通常隐含的"是指人们公认的、不言而喻的、不必明确的及顾客或其他相关方对系统、过程、产品的合理期望。

③"必须履行的"主要指法律、法规或强制性标准等社会要求，组织有义务满足。

④ 上述需要和期望可能随时间而变化。

3. 能力（capability 或 competence）

能力（capability）：客体实现满足要求的输出的本领。

能力（competence）：应用知识和技能实现预期结果的本领。

【理解要点】

在 GB/T 19000 族标准中，术语能力（capability）特指组织、体系或过程的"能力"，而能力（competence）特指人员的能力，经证实的能力有时是指资格。

4. 质量方针（quality policy）

关于质量的方针。

【理解要点】

① 质量方针应体现组织对质量的追求和承诺，是组织开展质量工作的指导思想和行为准则，并与组织的总方针相一致。

② 质量方针的内容应以质量管理原则为基础。

③ 方针通过目标加以实施，因此应能为建立目标提供框架，如体现关注顾客、持续改进等。

5. 质量目标（quality objective）

与质量有关的目标。

【理解要点】

① 质量目标是组织为自己设定的质量方面应达到和力求达到的业绩水平。

② 质量目标应体现满足产品要求和组织持续改进方面的内容。

③ 质量目标在操作中应是定量的。

④ 质量目标一般遵循 "SMART" 原则，即具体明确 (specific)、可衡量 (measurable)、可达成的 (achievable)、现实 (realistic)、有时间进度要求 (timeframe)。

6. 顾客 (customer)

能够或实际接受本人或本组织所需要或所要求的产品或服务的个人或组织。

【理解要点】

顾客可以是组织内部的或外部的。例如，消费者、委托人、最终使用者、零售商、内部过程的产品或服务的接收人、受益者和采购方。

7. 过程 (process)

利用输入提供预期结果的相互关联或相互作用的一组活动。如图 8-4 所示。

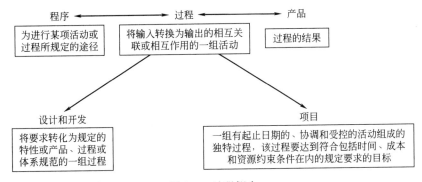

图 8-4 过程概念

【理解要点】

① 过程是一个系统。条件是资源，组成是活动。活动的结果是将输入转换为输出。

② 从定义的相关信息来看，输入和输出是相对的，一个过程的输出通常是其他过程的输入，过程会形成网络。

③ 从定义的关键词来看，系统是相互关联和作用的一组要素。也就是说，组成过程的一组要素，包括输入、输出和活动。

④ 过程的输出应可测量。因此，质量目标的实现情况可通过对每个过程的输出结果进行测量来确定。

8. 产品 (product)

在组织和顾客中间未发生任何交易的情况下，组织产生的输出。

【理解要点】

许多产品由不同类别的产品构成，服务、软件、硬件或流程性材料的区分取决于其主导成分。例如：外供产品"汽车"是由硬件（如轮胎）、流程性材料（如燃料、冷却液）、软件（如发动机控制软件、驾驶员手册）和服务（如销售人员所做的操作说明）所组成。

软件由信息组成，通常是无形产品，并以方法、论文或程序的形式存在。硬件通常是有形产品，其量具有计数的特性。流程性材料通常是有形产品，其量具有连续的特性。硬件和流程性材料经常被称为货物。

① 如果把过程的定义与产品的定义联系起来，不难发现过程的输出就是产品。

② 产品的分类是基于质量管理的特点而进行的。

③ 实际中的产品是否被界定为硬件、软件、流程性材料或服务，主要取决于产品的主导成分。

④ 通常，硬件和流程性材料是有形产品，而软件和服务是无形产品。

⑤ 因为产品是过程的结果，所以产品的质量取决于"过程"和"体系"的质量。

9. 合格（conformity）和不合格（nonconformity）

合格：满足要求。

不合格：未满足要求。

有关合格的概念如图 8-5 所示。

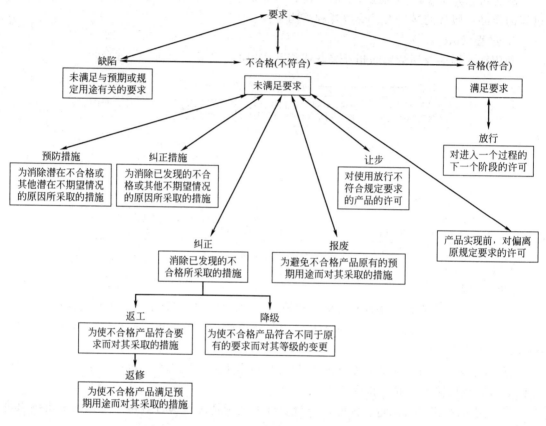

图 8-5　合格概念图

10. 预防措施（preventive）

为消除潜在不合格或其他潜在不期望情况的原因所采取的措施。

【理解要点】

一个潜在的不合格可能有若干个原因；采取预防措施是为了防止发生，而采取纠正措施是为了防止再发生。

11. 纠正措施（corrective action）

为消除已发现的不合格或其他不期望情况的原因所采取的措施。

【理解要点】

在实际使用中经常混淆"纠正"与"纠正措施"的差别。对审核中发现的不合格，以"就事论事"的态度，为消除已发现的不合格而采取措施，这是一种"纠正"行动，而不是纠正措施。纠正措施是本着"举一反三"的态度，着重分析造成不合格的原因，针对原因采取防止同类事件再次发生的措施。

12. 纠正（correction）

为消除已发现的不合格所采取的措施。

13. 返工（rework）

为使不合格产品或服务符合要求而对其采取的措施。

14. 返修（repair）

为使不合格产品或服务满足预期用途而对其采取的措施。

15. 管理（management）

指挥和控制组织的协调活动。

【理解要点】

① 管理可包括制定方针和目标，以及实现这些目标的过程。

② 术语"management"有时指人，即有权力和责任管理和控制组织的一个人或一组人。当"management"被用作这个含义时，均应该使用某些形式的限定，以避免与上述将"management"定义为一组活动相混淆。

另外，当需要表达有关人的概念时，应该采用不同的术语，如管理人员或经理。

有关管理的概念如图 8-6 所示。

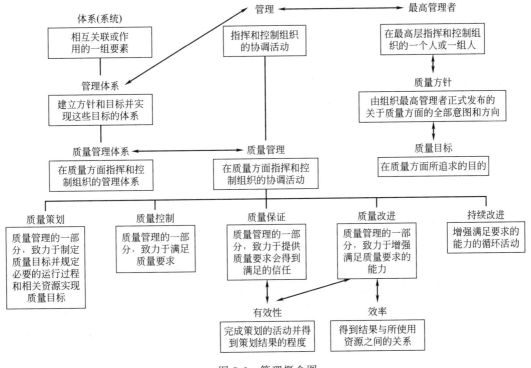

图 8-6　管理概念图

16. 管理体系（management system）

组织建立质量方针和目标，以及实现这些目标的过程的相互关联或相互作用的一组要素。

17. 客体（object）

可感知或可想象的任何事物。例如产品、服务、过程、人员、组织、体系、资源。

18. 可追溯性（traceability）

追溯客体的历史、应用情况或所处位置的能力。

19. 形成文件的信息（documented information）

组织需要控制和保持的信息及其载体。

20. 记录（record）

阐述所得的结果或提供所完成活动的证据的文件。

21. 顾客满意（customer satisfaction）

顾客对其要求已被满足的程度的感受。

二、质量管理体系的七项原则和十二项原理

（一）质量管理七项原则

1. 以顾客为关注焦点

组织依存于顾客。因此，组织应当理解顾客当前和未来的需求，满足顾客要求并争取超越顾客期望。

以顾客为关注焦点就是一切要以顾客为中心，没有了顾客，产品销售不出去，市场自然也就没有了。所以，无论什么样的组织，都要满足顾客的需求，顾客的需求是第一位的。要满足顾客需求，首先就要了解顾客的需求，这里说的需求，包含顾客明示的和隐含的需求，明示的需求就是顾客明确提出来的对产品或服务的要求；隐含的需求或者说是顾客的期望，是指顾客没有明示但是必须要遵守的，比如说法律法规的要求，还有产品相关的标准的要求。另外，作为一个组织，还应该了解顾客和市场的反馈信息，并把它转化为质量要求，采取有效措施来实现这些要求。想顾客所想，这样才能做到超越顾客期望。这个指导思想不仅领导要明确，还要在全体职工中贯彻。

可结合理解的词语：顾客至上　顾客就是上帝　顾客永远是对的

2. 领导作用

领导者确立组织统一的宗旨和方向。他们应当创造并保持使员工能充分参与实现组织目标的内部环境。

作为组织的领导者，必须将本组织的宗旨、方向和内部环境统一起来，积极地营造一种竞争的机制，调动员工的积极性，使所有员工都能够在融洽的气氛中工作。领导者应该确立组织的统一的宗旨和方向，就是所谓的质量方针和质量目标，并能够号召全体员工为组织的统一宗旨和方向努力。

领导即最高管理者应该具有决策和领导一个组织的关键作用。确保关注顾客要求，确保建立和实施一个有效的质量管理体系，确保提供相应的资源，并随时将组织运行的结果与目标比较，根据情况决定实现质量方针、目标的措施，决定持续改进的措施。在领导作风上还要做到透明、务实和以身作则。

可结合理解的词语：领头羊　领头雁　火车跑得快，还靠车头带

3. 全员参与

各级人员都是组织之本，只有他们的充分参与，才能够使他们的才干为组织带来收益。

全体职工是每个组织的基础。组织的质量管理不仅需要最高管理者的正确领导，还有赖于全员的参与。所以要对职工进行质量意识、职业道德、以顾客为中心的意识和敬业精神的教育，还要激发员工的积极性和责任感。没有员工的合作和积极参与，是不可能做出什么成绩的。

可结合理解的词语：抗战时候的全民抗战　解放战争中的人民战争　各种集体活动

4. 过程方法

过程是一组将输入转换为输出的相互关联或相互作用的活动。过程三要素包括输入、输出和活动。

将相互关联的过程作为一个体系加以理解和管理，有助于组织有效和高效地实现其预期结果。这种方法使组织能够对其体系的过程之间相互关联和相互依赖的关系进行有效控制，以提高组织整体绩效。

过程方法包括按照组织的质量方针和战略方向，对各过程及其相互作用进行系统的规定和管理，从而实现预期结果。可通过采用 PDCA 循环以及始终基于风险的思维对过程和整个体系进行管理，旨在有效利用机遇并防止发生非预期结果。

在质量管理体系中应用过程方法能够：

① 理解并持续满足要求。

② 从增值的角度考虑过程。

③ 获得有效的过程绩效。

④ 在评价数据和信息的基础上改进过程。

单一过程的各要素及其相互作用如图 8-7 所示。每一过程均有特定的监视和测量检查点以用于控制，这些检查点根据相关的风险有所不同。

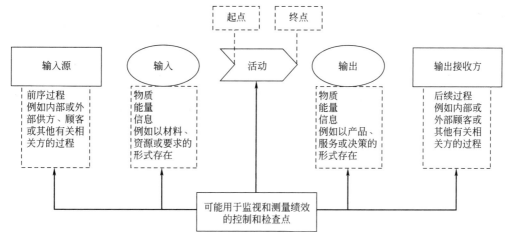

图 8-7　单一过程要素示意

（1）PDCA 循环　PDCA 循环能够应用于所有过程以及整个质量管理体系。图 8-8 表明了本标准第 4 章至第 10 章是如何构成 PDCA 循环的。

PDCA 循环可以简要描述如下。

策划（plan）：根据顾客的要求和组织的方针，建立体系的目标及其过程，确定实现结果所需的资源，并识别和应对风险和机遇。

实施（do）：执行所做的策划。

检查（check）：根据方针、目标、要求和所策划的活动，对过程以及形成的产品和服务进行监视和测量（适用时），并报告结果。

处置（act）：必要时，采取措施提高绩效。

（2）基于风险的思维　风险即不确定的影响。

基于风险的思维是过程方法的重要组成部分，是实现质量管理体系有效性的基础，贯穿于整个标准，见表 8-2。

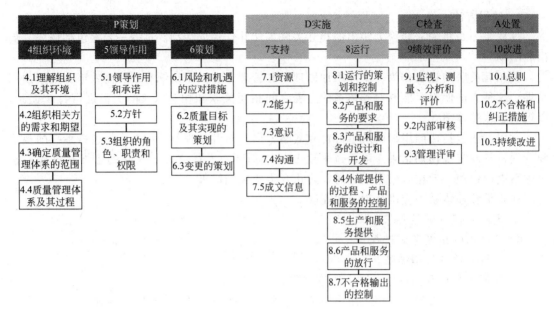

图 8-8　本标准的结构在 PDCA 循环中的展示

表 8-2　基于风险的思维贯穿于整个标准

条款号	条款要求
4.4.1f	按照 6.1 的要求应对风险和机遇
5.1.1d	促进使用过程方法和基于风险的思维
5.1.2b	确定和应对风险和机遇，这些风险和机遇可能影响产品和服务合格以及增强顾客满意的能力
6.1	应对风险和机遇的措施
9.1.3e	分析与评价：应对风险和机遇所采取措施的有效性
9.3.2e	管理评审输入：应对风险和机遇所采取措施的有效性
10.2.1e	纠正措施：需要时，更新在策划期间确定的风险和机遇
10.3	持续改进：组织应考虑分析和评价结果以及管理评审的输出，以确定是否存在需求或机遇，这些需求或机遇应作为持续改进的一部分加以应对

影响是指偏离预期，可以是正面的或负面的。

偏离预期不仅是负面的，也可以是正面的，比如股市有涨有跌。

不同的组织、不同的内外部环境，所面临的风险的程度是不同的。

基于风险的思维要求在策划质量管理体系之初，就要充分识别组织面临的风险和机遇。

组织的各个过程均可能存在不同程度的风险，而这个风险所带来的正面或负面影响不尽相同。

利用正面影响带来的机遇，但是利用机遇的过程中也可能存在风险。

正确利用风险管理的方法和技术。标准并不要求一定要运用正式的风险管理方法或将风险管理过程形成文件。基于风险的思维的方法和技术使用到什么程度，取决于组织所处的环境。

为满足本标准的要求，组织需策划和实施应对风险和机遇的措施。应对风险和机遇，为提高质量管理体系有效性、获得改进结果以及防止不利影响奠定基础。

某些有利于实现预期结果的情况可能导致机遇的出现，例如有利于组织吸引顾客、开发新产品和服务、减少浪费或提高生产率的一系列情形。利用机遇所采取的措施也可能包括考虑相关风险。风险是不确定性的影响，不确定性可能有正面的影响，也可能有负面的影响。风险的正面影响可能提供机遇，但并非所有的正面影响均可提供机遇。

人们每天要外出工作、学习和参加各种活动，出门前会有若干预期目标，如希望安全、准时到达工作、学习的地方。

面临的风险可能是交通堵塞、刮风下雨，导致不能安全、准时到达目的地，但是何时堵车、堵塞程度，何时下雨、雨下得多大，不能准确预知，这些不确定性，都会对人们实现预期目标产生影响。

为了更好地实现预期目标，人们会采取一系列措施，如查看天气预报、带雨伞、乘地铁出行等。

5. 持续改进

持续改进总体业绩应当是组织的一个永恒目标。

在过程的实施过程中不断地发现问题，解决问题，这就会形成一个良性循环。

持续改进是组织的一个永恒的目标。在质量管理体系中，改进指产品质量、过程及体系有效性和效率的提高，持续改进包括：了解现状；建立目标；寻找、评价和实施解决办法；测量、验证和分析结果，把更改纳入文件等活动。最终形成一个 PDCA 循环，并使这个循环不断地运行，使得组织能够持续改进。

可结合理解的词语：没有最好只有更好　好好学习，天天向上　新年新气象

6. 循证决策

基于数据和信息的分析和评价的决策更有可能产生期望的结果。决策是一个复杂的过程，并且总是包含一些不确定因素。经常涉及多种类型和来源的输入及其解释，而这些解释可能是主观的。重要的是解释因果关系和潜在的非预期后果。对事实、证据和数据的分析可导致决策更加客观，因而更有信心。

在质量管理体系中，组织实施本原则应开展下列活动。

① 确定、测量和监视证实组织绩效的关键指标。

② 使相关人员能够获得所需的全部数据。

③ 确保数据和信息足够准确、可靠和安全。

④ 使用适宜的方法对数据和信息进行分析和评价。

⑤ 确保人员对分析和评价所需的数据是胜任的。

⑥ 依据证据，权衡经验和直觉进行决策并采取措施。

可结合理解的词语：实事求是　没有调查就没有发言权

7. 关系管理

为了持续成功，组织需要管理与供方等相关方的关系。

相关方影响组织的绩效。组织管理与所有相关方的关系，以最大限度地发挥其在组织绩效方面的作用。对供方及合作伙伴的关系网的管理是非常重要的。

在质量管理体系中，组织可开展的活动包括以下内容。

① 确定组织和相关方的关系。

② 确定需要优先管理的相关方的关系。

③ 建立权衡短期收益与长期考虑的关系。

④ 收集并与相关方共享信息、专业知识和资源。

⑤ 适当时，测量绩效并向相关方报告，以增加改进的主动性。

⑥ 与供方、合作伙伴及其他相关方共同开展开发和改进活动。

⑦ 鼓励和表彰供方与合作伙伴的改进和成绩。

可结合理解的词语：中国外交方针中的互惠互利、平等互利

(二) 质量管理体系十二项原理

1. 质量管理体系说明

质量管理体系能够帮助组织增进顾客满意。

质量管理体系的方法鼓励组织分析顾客要求，规定相关的过程，并使其持续受控，以实现顾客能接受的产品。质量管理体系能提供持续改进的框架，以增加使顾客和其他相关方满意的可能性。质量管理体系还就组织能够提供持续满足要求的产品向组织及其顾客提供信任。

2. 质量管理体系要求与产品要求

GB/T 19000 族标准把质量管理体系要求与产品要求区分开来。

GB/T 19001 规定了质量管理体系要求。质量管理体系要求是通用的，适用于所有行业或经济领域，不论其提供何种类别的产品。GB/T 19001 本身并不规定产品要求。

产品要求可由顾客规定，或由组织通过预测顾客的要求规定，或由法规规定。在某些情况下，产品要求和有关过程的要求可包含在诸如技术规范、产品标准、过程标准、合同协议和法规要求中。

3. 质量管理体系方法

建立和实施质量管理体系的方法包括以下步骤：

① 确定顾客和其他相关方的需求和期望。

② 建立组织的质量方针和质量目标。

③ 确定实现质量目标必需的过程和职责。

④ 确定和提供实现质量目标必需的资源。

⑤ 规定测量每个过程的有效性和效率的方法。

⑥ 应用这些测量方法确定每个过程的有效性和效率。

⑦ 确定防止不合格并消除产生原因的措施。

⑧ 建立和应用过程以持续改进质量管理体系。

采用上述方法的组织能对其过程能力和产品质量建立信任，为持续改进提供基础。这可增加顾客和其他相关方满意并使组织成功。

4. 过程方法

任何使用资源将输入转化为输出的活动或一组活动可视为过程。为使组织有效运行，必须识别和管理许多相互关联和相互作用的过程。通常，一个过程的输出将直接成为下一个过程的输入。系统的识别和管理组织所使用的过程，特别是这些过程之间的相互作用，称为"过程方法"。本标准鼓励采用过程方法管理组织。图 8-9 使用基于过程的质量管理体系表述 GB/T 19000 族标准，括号中的陈述不适用于 GB/T 19001。该图表明在向组织提供输入方面相关方起到了重要作用。监视相关方满意需要评价有关相关方感觉的信息，这种信息可以表明其需求和期望已得到满足的程度。图 8-7 中的模式表明更详细的过程。

5. 质量方针和质量目标

建立质量方针和质量目标为组织提供了关注的焦点。两者确定了预期的结果，并帮助组织利用其资源达到这些结果。质量方针为建立和评审质量目标提供了框架。质量目标需要与质量方针和持续改进的承诺相一致，并是可测量的。质量目标的实现对产品质量、作业有效性和财务业绩都有积极的影响，因此对相关方的满意和信任也产生积极影响。

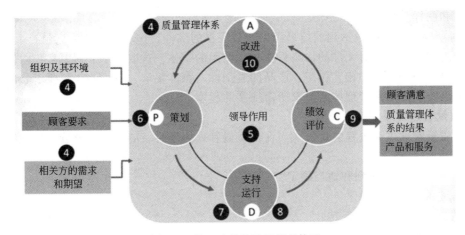

图 8-9　基于过程的质量管理体系

图中的数字表示本标准的相应章

6. 最高管理者在质量管理体系中的作用

最高管理者通过其领导活动可以创造一个员工充分参与的环境，质量管理体系能够在这种环境中有效运行。基于质量管理原则，最高管理者可发挥以下作用：

① 制定并保持组织的质量方针和质量目标。

② 在整个组织内促进质量方针和质量目标的实现，以增强员工的意识、积极性和参与程度。

③ 确保整个组织关注顾客要求。

④ 确保实施适宜的过程以满足顾客和其他相关方要求并实现质量目标。

⑤ 确保建立、实施和保持一个有效的质量管理体系以实现这些质量目标。

⑥ 确保获得必要资源。

⑦ 定期评价质量管理体系。

⑧ 决定有关质量方针和质量目标的活动。

⑨ 决定质量管理体系的改进活动。

7. 文件

(1) 文件的价值　文件能够沟通意图、统一行动，它有助于：

① 符合顾客要求和质量改进。

② 提供适宜的培训。

③ 重复性和可追溯性。

④ 提供客观证据。

⑤ 评价质量管理体系的持续适宜性和有效性。

文件的形成本身并不是很重要，它应是一项增值的活动。

(2) 质量管理体系中使用的文件类型　在质量管理体系中使用下述几种类型的文件。

① 向组织内部和外部提供关于质量管理体系的一致信息的文件，这类文件称为质量手册。

② 表述质量管理体系如何应用于特定产品、项目或合同的文件，这类文件称为质量计划。

③ 阐明要求的文件，这类文件称为规范。

④ 阐明推荐的方法或建议的文件，这类文件称为指南。

⑤ 提供如何一致地完成活动和过程的信息的文件，这类文件包括形成文件的程序、作

业指导书和图样。

⑥ 对所完成的活动或达到的结果提供客观证据的文件，这类文件称为记录。

每个组织确定其所需文件的详略程度和所使用的媒体。这取决于下列因素：组织的类型和规模、过程的复杂性和相互作用、产品的复杂性、顾客要求、适用的法规要求、经证实的人员能力以及满足质量管理体系要求所需证实的程度等。

8. 质量管理体系评价

(1) 质量管理体系过程的评价 当评价质量管理体系时，应对每一个被评价的过程提出如下 4 个基本问题：

① 过程是否予以识别和适当确定？

② 职责是否予以分配？

③ 程序是否被实施和保持？

④ 在实现所要求的结果方面，过程是否有效？

综合回答上述问题可以确定评价结果。质量管理体系评价在涉及的范围上可以有所不同，并可包括很多活动，如质量管理体系审核和质量管理体系评审以及自我评定。

(2) 质量管理体系审核 审核用于确定符合质量管理体系要求的程度。审核发现用于评价质量管理体系的有效性和识别改进的机会。

第一方审核用于内部目的，由组织自己或以组织的名义进行，可作为组织自我合格声明的基础。

第二方审核由组织的顾客或由其他人以顾客的名义进行。

第三方审核由外部独立的审核服务组织进行。这类组织通常是经认可的，提供符合（如 GB/T 19001）要求的认证或注册。

GB/T 19011 提供了审核指南。

(3) 质量管理体系评审 最高管理者的一项任务是对质量管理体系关于质量方针和质量目标的适宜性、充分性、有效性和效率进行定期的、系统的评价。这种评审可包括考虑修改质量方针和目标的需求以响应相关方需求和期望的变化。评审包括确定采取措施的需求。

审核报告与其他信息源一同用于质量管理体系的评审。

(4) 自我评定 组织的自我评定是一种参照质量管理体系或优秀模式对组织的活动和结果所进行的全面和系统的评审。

自我评定可提供一种对组织业绩和质量管理体系的成熟程度总的看法，它还能有助于识别组织中需要改进的领域并确定优先开展的事项。

9. 持续改进

持续改进质量管理体系的目的在于增加顾客和其他相关方满意的可能性，改进包括下述活动：

① 分析和评价现状，以识别改进范围。

② 设定改进目标。

③ 寻找可能的解决办法以实现这些目标。

④ 评价这些解决办法并作出选择。

⑤ 实施选定的解决办法。

⑥ 测量、验证、分析和评价实施的结果以确定这些目标已经满足。

⑦ 将更改纳入文件。

必要时，对结果进行评审，以确定进一步改进的机会。从这种意义上说，改进是一种持续的活动。顾客和其他相关方的反馈、质量管理体系的审核和评审也能用于识别改进的机会。

10. 统计技术的作用

使用统计技术可帮助组织了解变异，从而有助于组织解决问题并提高有效性和效率。这些技术也有助于更好地利用可获得的数据进行决策。

在许多活动的状态和结果中，甚至是在明显的稳定条件下，均可观察到变异。这种变异可通过产品和过程的可测量特性观察到，并且在产品的整个寿命期（从市场调研到顾客服务和最终处置）的各个阶段，均可看到其存在。

统计技术可帮助测量、表述、分析、说明这类变异并将其建立模型，甚至在数据相对有限的情况下也可实现。这种数据的统计分析能对更好地理解变异的性质、程度和原因提供帮助，从而有助于解决甚至防止由变异引起的问题，并促进持续改进。

GB/Z 19027 给出了统计技术在质量管理体系中的指南。

11. 质量管理体系与其他管理体系的关注点

质量管理体系是组织的管理体系的一部分，它致力于使与质量目标有关的输出（结果）适当地满足相关方的需求、期望和要求。组织的质量目标与其他目标如与增长、资金、利润、环境及职业健康与安全有关的目标相辅相成。一个组织的管理体系的某些部分可以由质量管理体系相应部分的通用要素构成，从而形成单独的管理体系。这将有利于策划和资源配置、确定互补的目标并评价组织的总体有效性。组织的管理体系可以对照其要求进行评价，也可以对照国家标准如 GB/T 19001 和 GB/T 24001 的要求进行审核，其审核可分开进行，也可同时进行。

12. 质量管理体系与优秀模式之间的关系

GB/T 19000 族标准提出的质量管理体系方法和组织优秀模式方法是依据了共同的原则，两者有如下共同点：

① 使组织能够识别它的强项和弱项。

② 包含对照通用模式进行评价的规定。

③ 为持续改进提供基础。

④ 包含外部承认的规定。

GB/T 19000 族质量管理体系与优秀模式之间的不同之处在于它们应用范围的不同。GB/T 19000 族标准为质量管理体系提出了要求，并为业绩改进提供了指南。质量管理体系评价确定这些要求是否满足。优秀模式包含能够对组织业绩比较评价的准则，并适用于组织的全部活动和所有相关方。优秀模式评价准则提供了一个组织与其他组织的业绩相比较的基础。

知识三　ISO 9001 质量管理体系　要求

ISO 9001：2015 标准中的质量管理体系要求如图 8-10 所示。

1. 范围

本标准为下列组织规定了质量管理体系要求：

ⓐ 需要证实其具有稳定地提供满足顾客要求和适用法律法规要求的产品和服务的能力；

ⓑ 通过体系的有效应用，包括体系改进的过程，以及保证符合顾客和适用的法律法规要求，旨在增强顾客满意。

本标准规定的所有要求是通用的，旨在适用于各种类型、不同规模和提供不同产品和服

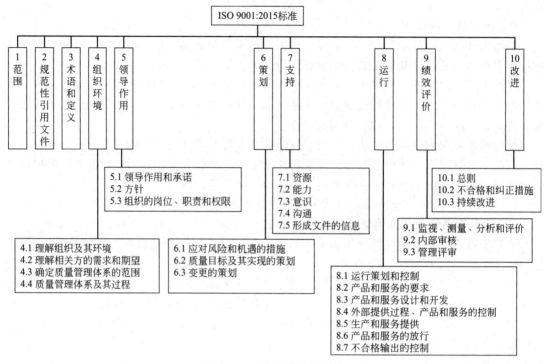

图 8-10 质量管理体系要求

务的组织。

注 1：在本标准中，术语"产品"或"服务"仅适用于预期提供给顾客或顾客所要求的产品和服务；

注 2：法律法规要求可称作为法定要求。

【条款理解】

本标准是为有下列要求的组织制定的。

① 需要向顾客提供质量保证的组织，证明组织具有能力，同时能稳定地提供产品，满足顾客要求，符合法律法规要求。

② 组织能有效运行质量管理体系，持续改进体系和预防不合格过程，提高顾客满意度。

③ 适用于不同类型、不同规模和提供不同产品的组织，如企业、公司、研究所、事业单位、国家机关、社会团体等。

2. 规范性引用文件

下列文件对于本文件的应用是必不可少的。凡是注日期的引用文件，仅注日期的版本适用于本文件。凡是不注日期的引用文件，其最新版本（包括所有的修改单）适用于本文件。

ISO 9000：2015 质量管理体系　基础和术语

【条款理解】

① 本标准中引用下列文件的条款，也称为本标准的条款。

② 凡注明日期的引用文件，对随后所有的更改和修订等，均不适用于本标准；凡是不注明日期的引用文件，其最新版本均适用于本标准。

③ 鼓励组织使用文件的最新版本。

3. 术语和定义

ISO 9000：2015 界定的术语和定义适用于本文件。

4. 组织环境

4.1　理解组织及其环境

组织应确定与其目标和战略方向相关并影响其实现质量管理体系预期结果的各种外部和内部因素。组织应对这些内部和外部因素的相关信息进行监视和评审。

注 1：这些因素可以包括需要考虑的正面和负面要素或条件。

注 2：考虑国际、国内、地区和当地的各种法律法规、技术、竞争、市场、文化、社会和经济因素，有助于理解外部环境。

注 3：考虑组织的价值观、文化、知识和绩效等相关因素，有助于理解内部环境。

【条款理解】

本条款要求组织对内部和外部因素进行监视和评审，从内部和外部的环境方面来保证其实现质量管理体系预期结果的能力。

组织的外部环境包括但不限于以下几方面。

① 国际、国内、区域或地方的文化、社会、政治、法律法规、财政金融、技术、经济、自然和竞争环境。

② 与外部利益相关方的关系和其观点。

③ 顾客不断变化的需求。

组织的内部环境包括组织的价值观、文化、知识和绩效等；组织的内部环境包括但不限于以下几方面。

① 治理、组织架构、角色和责任。

② 方针、目标及实现它们的战略。

③ 资源与知识的理解能力（如资本、时间、人力、流程、系统和技术）。

④ 信息系统、信息流和决策过程（正式和非正式的）。

⑤ 与内部利益相关方的关系，以及他们的感受和价值观。

⑥ 标准、指南和组织采用的模式。

⑦ 合同关系的形式和范围。

4.2　理解相关方的需求和期望

由于相关方对组织持续提供符合顾客要求和适用法律法规要求的产品和服务的能力产生影响或潜在影响，因此组织应确定：

ⓐ 与质量管理体系有关的相关方；

ⓑ 这些相关方的要求。组织应对这些相关方及其要求的相关信息进行监视和评审。

【条款理解】

① 为了确保组织能稳定地提供满足顾客要求和适用法律法规要求的产品和服务，就有必要对组织的相关方进行相应的控制。即从相关方和相关方的层面来进行监视和评审以达到控制其对组织的影响。

② 组织应将那些对质量管理体系有影响的各方判定为相关方，一些潜在的相关方如下：

——顾客。

——最终用户或受益人。

——业主。

——股东。

——银行。

——外部供应商。

——雇员及其他为组织工作的人员。

——法律法规及监管机构。

——地方社区团体。

——非政府组织。

③ 相关方的要求会表现在很多方面。例如可包括：

——顾客对事物的要求（如符合性、价格、安全性）。

——已与顾客或外部供应商达成的合同。

——行业规范及标准。

——许可、执照或其他授权形式。

——条约、公约及草案。

——和公共机构及顾客的协议。

——组织契约合同的承担义务。

④ 为了解相关方的需求及期望，组织可进行下列活动：

a. 通过下列方式收集信息。

——头脑风暴。

——游说和网络。

——水平对比。

——主动调查。

——监视顾客需求、期望及满意。

b. 通过以下方面建立确定相关性的准则。

——对组织绩效或决策的潜在影响或损害。

——利益相关方产生风险及机遇的能力。

——被组织决策或活动影响的能力。

⑤ 组织需建立相关的准则，并利用该准则，判定利益相关方及其相关要求。

⑥ 进行策划时（本标准第 6 章的要求），应考虑以上所述活动中获得的信息。

⑦ 组织应意识到各利益相关方及其要求可能是不断变化的，因此应定期进行监控及评审。

4.3　确定质量管理体系的范围

组织应明确质量管理体系的边界和适用性，以确定其范围。在确定范围时，组织应考虑：

ⓐ 各种内部和外部因素，见 4.1；

ⓑ 相关方的要求，见 4.2；

ⓒ 组织的产品和服务。

对于本标准中适用于组织确定的质量管理体系范围的全部要求，组织应予以实施。

组织的质量管理体系范围应作为形成文件的信息加以保持。该范围应描述所覆盖的产品和服务类型，若组织认为其质量管理体系的应用范围不适用本标准的某些要求，应说明理由。

那些不适用组织的质量管理体系的要求，不能影响组织确保产品和服务合格以及增强顾客满意的能力或责任，否则不能声称符合本标准。

【条款理解】

ISO 9001 标准所规定的质量管理体系要求是通用的，可以适用于不同行业、不同类型、不同规模和提供不同产品的组织。

组织在建立和实施质量管理体系时，如果标准中的任何要求与组织及其产品特点不相适应，组织都可以考虑对这些要求进行删减。

但是，如果组织要声称符合 ISO 9001 标准，如进行质量管理体系认证审核，那么删减就应该符合以下条件。

① 删减后不影响组织确保其产品和服务合格的能力和责任。

② 删减后不影响组织增强顾客满意的能力和责任。

4.4　质量管理体系及其过程

4.4.1　组织应按照本标准的要求，建立、实施、保持和持续改进质量管理体系，包括所需过程及其相互作用。组织应确定质量管理体系所需的过程及其在整个组织内的应用，且应：

ⓐ 确定这些过程所需的输入和期望的输出；

ⓑ 确定这些过程的顺序和相互作用；

ⓒ 确定和应用所需的准则和方法（包括监视、测量和相关绩效指标），以确保这些过程的运行和有效控制；

ⓓ 确定并确保获得这些过程所需的资源；

ⓔ 规定与这些过程相关的责任和权限；

ⓕ 应对按照 6.1 的要求所确定的风险和机遇；

ⓖ 评价这些过程，实施所需的变更，以确保实现这些过程的预期结果；

ⓗ 改进过程和质量管理体系。

4.4.2　在必要的程度上，组织应：

ⓐ 保持形成文件的信息以支持过程运行；

ⓑ 保留确认其过程按策划进行的形成文件的信息。

【条款理解】

本条款提出了组织建立实施质量管理体系的基本要求，是要求组织按照本标准要求建立自身的质量管理体系，并保留形成文件的信息；实施和保持体系并持续改进其有效性。体系总则的思路是过程方法的思路。组织应对质量管理体系相关的过程进行系统的识别和管理。识别这些过程的思路体现了 PDCA 的过程特征。

在进行具体操作时，可以按照"输入→转化→监测→输出"的思路来进行。在识别过程的顺序和相互作用时，可以按照 P（策划）→D（实施）→C（检查）→A（处置）的思路来进行。

如图 8-11 所示为 PDCA 过程图。

组织还需要确保过程所需的资源，才能使过程有效运作，并适时评价这些过程和实施所需的变更，以确保实现这些过程的预期结果；但是对于任何过程，都需要搞清楚过程所需要的输入和预期的输出；是否存在非预期的输出或过程失效，这些非预期输出是否会影响到产品的交付或顾客满意。通过对过程的有效控制达到对质量管理体系的结果控制。

组织还应在策划时，考虑需要应对的风险和机遇，并保持形成文件的信息以支持过程运行。

5. 领导作用

5.1　领导作用和承诺

5.1.1　总则

最高管理者应证实其对质量管理体系的领导作用和承诺，通过：

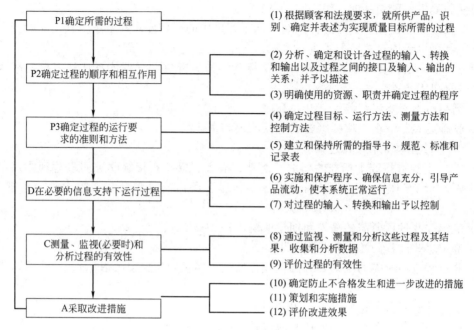

图 8-11 PDCA 过程图

ⓐ 对质量管理体系的有效性承担责任；

ⓑ 确保制定质量管理体系的质量方针和质量目标，并与组织环境和战略方向相一致；

ⓒ 确保质量管理体系要求融入于组织的业务过程；

ⓓ 促进使用过程方法和基于风险的思维；

ⓔ 确保获得质量管理体系所需的资源；

ⓕ 沟通有效的质量管理和符合质量管理体系要求的重要性；

ⓖ 确保实现质量管理体系的预期结果；

ⓗ 促使、指导和支持员工努力提高质量管理体系的有效性；

ⓘ 推动改进；

ⓙ 支持其他管理者履行其相关领域的职责。

注：本标准使用的"业务"一词可大致理解为涉及组织存在目的的核心活动，无论是公营、私营、营利或非营利组织。

5.1.2　以顾客为关注焦点

最高管理者应证实其以顾客为关注焦点的领导作用和承诺，通过：

ⓐ 确定、理解并持续满足顾客要求以及适用的法律法规要求；

ⓑ 确定和应对能够影响产品、服务符合性以及增强顾客满意能力的风险和机遇；

ⓒ 始终致力于增强顾客满意。

【条款理解】

最高管理者应确保在组织内树立顾客意识，以顾客为关注焦点，确保全体员工理解组织与顾客的依存关系。组织的生存和发展依存于顾客，组织应满足顾客要求并不断提高顾客满意度；最高管理者应将顾客要求与不断增强顾客满意作为组织的追求。

组织在建立质量目标时，应考虑到顾客对产品的要求。最高管理者应确保将顾客要求转化为产品要求的目标并使之得到实现，这样才能稳定提供满足顾客和相关法规要求的产品和服务。组织还应针对顾客的不满意信息，通过改进工作，力求使顾客更加满意。

5.2　方针

5.2.1　质量方针的建立

最高管理者应建立、实施和保持质量方针，质量方针应：

ⓐ 适应组织的宗旨和环境并支持其战略方向；

ⓑ 为设定质量目标提供框架；

ⓒ 包括满足适用要求的承诺；

ⓓ 包括持续改进质量管理体系的承诺。

5.2.2　质量方针的沟通

质量方针应：

ⓐ 作为形成文件的信息，可获得并保持；

ⓑ 在组织内得到沟通、理解和应用；

ⓒ 适宜时，可向有关相关方提供。

【条款理解】

质量方针是由组织的最高管理者正式发布的该组织的总的质量宗旨和方针。质量方针通常是组织总方针的一部分或就是组织总方针。质量方针是实施和改进组织质量管理体系的动力。

质量方针由最高管理者制定，最高管理者应对质量方针的实现负责。

组织的内部和外部环境会不断发生变化，这些变化可能会导致组织的质量方针发生变化。因此，组织应对质量方针的持续适宜性进行评审，并在需要时进行适当的修订。质量方针的评审可以在管理评审时进行，也可以根据具体情况不定期进行。应确保质量方针适应组织宗旨、满足顾客要求，并使质量管理体系的有效性得到持续改进。

5.3　组织的岗位、职责和权限

最高管理者应确保整个组织内相关岗位的职责、权限得到分派、沟通和理解。

最高管理者应分派职责和权限，以：

ⓐ 确保质量管理体系符合本标准的要求；

ⓑ 确保各过程获得其预期输出；

ⓒ 报告质量管理体系的绩效以及改进机会（见 10.1），特别是向最高管理者报告；

ⓓ 确保在整个组织推动以顾客为关注焦点；

ⓔ 确保在策划和实施质量管理体系变更时保持其完整性。

【条款理解】

组织内职责权限的规定是组织机构的组成部分，是确保质量管理体系运行有效性和效率的关键。最高管理者应确保组织内的职责权限得到明确规定和有效沟通。组织内部职责权限的规定应遵循现代质量管理的基本原理和原则，应确保各级机构和人员承担的职责、拥有的权限和应有的利益之间的一致性。职责权限的内部沟通只有有效履行这些规定，才能保证职责权限规定的真正有效。

最高管理者通过组织内的相关规定，对过程的相互作用进行控制，并产生期望的结果，达到顾客满意。最高管理者应确保对组织的质量管理体系进行策划，组织的绩效和改进需求需要报告给最高管理者。

6. 策划

6.1　应对风险和机遇的措施

6.1.1　策划质量管理体系时，组织应考虑到 4.1 所描述的因素和 4.2 所提及的要求，确定需要应对的风险和机遇，以便：

ⓐ 确保质量管理体系能够实现其预期结果；

ⓑ 增强有利影响；

ⓒ 避免或减少不利影响；

ⓓ 实现改进。

6.1.2 组织应策划：

ⓐ 应对这些风险和机遇的措施；

ⓑ 如何：

ⅰ. 在质量管理体系过程中整合并实施这些措施（见4.4）；

ⅱ. 评价这些措施的有效性。

应对风险和机遇的措施应与其对于产品和服务符合性的潜在影响相适应。

注1：应对风险可包括规避风险，为寻求机遇承担风险，消除风险源，改变风险的可能性和后果，分担风险，或通过明智决策延缓风险。

注2：机遇可能导致采用新实践，推出新产品，开辟新市场，赢得新客户，建立合作伙伴关系，利用新技术以及能够解决组织或其顾客需求的其他有利可能性。

【条款理解】

ISO 9001中始终贯穿基于风险的方法。标准将基于风险的方法更加明确，并将其融入了质量管理体系的建立、实施、维护和持续改进的要求中。组织可选择制定比标准中要求更加全面的基于风险的方法，ISO 31000《风险管理——原则和指南》提供了适用于特定组织环境的规范的风险管理指南。

质量管理体系的各个过程在组织实现其目标方面的风险水平并非是一致的，过程、产品、服务或体系的不符合因组织而异。对于一些组织而言，交付不合格的产品和服务的后果可能只是造成顾客轻微的不便；而对于其他组织，这样做的影响可能是深远和致命的。因此，"基于风险的方法"意味着在建立质量管理体系及其组成过程和活动时，定性（根据组织环境，定量地）地考虑风险。

在ISO 9001：2015《质量管理体系 基础和术语》中给出了有关风险的定义。风险是针对预期结果的不确定性的影响。对偏离预期的影响，可以是正面或负面的，不确定性是缺乏关于事件、后果或可能性的了解。

风险通常被表述为某个事件（包括环境变化）的后果及其发生"可能性"的组合。术语"风险"有时仅用于负面后果的可能性。因此，通常认为风险是负面的。在基于风险的方法中，也可以发现机会，也就是说正面的风险。

6.2 质量目标及其实现的策划

6.2.1 组织应对质量管理体系所需的相关职能、层次和过程建立质量目标。

质量目标应：

ⓐ 与质量方针保持一致；

ⓑ 可测量；

ⓒ 考虑到适用的要求；

ⓓ 与提供合格产品和服务以及增强顾客满意相关；

ⓔ 予以监视；

ⓕ 予以沟通；

ⓖ 适时更新。

组织应保留有关质量目标的形成文件的信息。

6.2.2 策划如何实现质量目标时，组织应确定：

ⓐ 采取的措施；

ⓑ 需要的资源；

ⓒ 由谁负责；

ⓓ 何时完成；

ⓔ 如何评价结果。

【条款理解】

首先是对质量目标的理解，质量目标应包括满足多方面的要求，如产品的功能特性、材质、工艺、安装、服务、包装、交付等。

目标是具体的、可测量的，意味着目标可以得到有效监控。质量目标应该是可以层层分解下去的，是量化的、可测量的。例如，把期末考试成绩作为短期目标，那么到期末成绩出来的时候就很容易知道这个目标实现了没有。

策划目标的实现，组织可以从 what（做什么）、who（谁来做，还需要什么样的资源配置）、whose（谁的责任）、when（什么时间可以做好）以及 how（如何评价）5 个方面进行，可以总结为 4 个 w、1 个 h。

6.3　变更的策划

当组织确定需要对质量管理体系进行变更时，此种变更应经策划并系统地实施（见 4.4）。

组织应考虑：

ⓐ 变更目的及其潜在后果；

ⓑ 质量管理体系的完整性；

ⓒ 资源的可获得性；

ⓓ 责任和权限的分配或再分配。

【条款理解】

变更的策划是从组织的角度主动寻求改变。这个变更是为了更好地适应外部环境的变化、识别风险和机遇的信号。组织需要对变更后的情况进行必要的评价，并在实施前得到授权人员的批准。

7. 支持

7.1　资源

7.1.1　总则

组织应确定并提供为建立、实施、保持和持续改进质量管理体系所需的资源。

组织应考虑：

ⓐ 现有内部资源的能力和约束；

ⓑ 需要从外部供方获得的资源。

【条款理解】

资源是组织建立、实施、保持和持续改进质量管理体系，实现组织目标的必要条件。这个资源是广义的概念，包括组织自身的内部资源、借用的外部资源。而内部资源又包括人员、基础设施和过程运行环境等。要说明的是，外部资源一旦为组织使用，就应该纳入质量管理体系的控制。

组织确定并提供资源的主要目的如下。

① 实现、保持和持续改进质量管理体系。由于外部环境的不断变化，质量管理体系为适应这种变化，就要不断地对体系过程的有效性予以持续改进；而过程的实施和改进离不开

资源的投入，因此资源的提供是动态的。

② 增强顾客满意。由于顾客的要求在变化，组织为了持续达到并增强顾客满意，需要及时调整自身的资源。

7.1.2　人员

组织应确定并提供所需的人员，以有效实施质量管理体系并运行和控制其过程。

【条款理解】

人员是组织最重要、最根本的资源，应包括人的技术等级和精神状态。

体系对各级各类人员都有一项基本要求，就是人员的能力应该是能胜任本岗位工作的需要。人员的能力来自于人的基本素质及其适当的教育、培训、技能和经验的积累。在这里考虑的是人员的综合素质和综合能力，片面强调某一侧面是不恰当的。

7.1.3　基础设施

组织应确定、提供和维护过程运行所需的基础设施，以获得合格产品和服务。

注：基础设施可包括：

ⓐ 建筑物和相关设施；

ⓑ 设备，包括硬件和软件；

ⓒ 运输资源；

ⓓ 信息和通信技术。

【条款理解】

为确保组织提供的产品能满足产品要求，组织应确定为实现产品的这种符合性所需要的基础设施，并在提供这些基础设施的同时，还要对这些基础设施给予维修和保养。这些基础设施可包括：

① 建筑物、工作场所和相关的设施（如水、电、汽供应的设施）。

② 过程设备（如各类过程运行、控制和测试设备等）。

③ 支持性服务（如交付后的维护网点、配套用的运输或通信服务等）。

④ 信息和通信技术，包括计算机硬件、网络和通信设备、计算机软件、信息资源、信息用户等。

7.1.4　过程运行环境

组织应确定、提供并维护过程运行所需要的环境，以获得合格产品和服务。

注：适当的过程运行环境可能是人为因素与物理因素的结合，例如：

ⓐ 社会因素（如无歧视、和谐稳定、无对抗）。

ⓑ 心理因素（如舒缓心理压力、预防过度疲劳、保护个人情感）。

ⓒ 物理因素（如温度、热量、湿度、照明、空气流通、卫生、噪声等）。

由于所提供的产品和服务不同，这些因素可能存在显著差异。

【条款理解】

在过程运行环境方面，除了物理意义上的温度、湿度、照明、通风等直观环境条件外，还应关注人文环境，如企业文化、职业健康、就业心理等主观环境感受。所有这些，组织都应确定、提供并维护。以下几方面对环境有要求时，必须满足：

——执行的产品规范。

——相关法律法规。

——顾客。

——组织自身。

7.1.5　监视和测量资源

7.1.5.1　总则

当利用监视或测量活动来验证产品和服务符合要求时，组织应确定并提供确保结果有效和可靠所需的资源。

组织应确保所提供的资源：

ⓐ 适合特定类型的监视和测量活动；

ⓑ 得到适当的维护，以确保持续适合其用途。

组织应保留作为监视和测量资源适合其用途的证据的形成文件和信息。

7.1.5.2　测量溯源

当要求测量溯源时，或组织认为测量溯源是信任测量结果有效的前提时，则测量设备应：

ⓐ 对照能溯源到国际或国家标准的测量标准，按照规定的时间间隔或在使用前进行校准和（或）检定（验证），当不存在上述标准时，应保留作为校准或检定（验证）依据的形成文件的信息；

ⓑ 予以标识，以确定其状态；

ⓒ 予以保护，防止可能使校准状态和随后的测量结果失效的调整、损坏或劣化。

当发现测量设备不符合预期用途时，组织应确定以往测量结果的有效性是否受到不利影响，必要时采取适当的措施。

【条款理解】

本条款所提及的资源是7.1ⓐ的部分，是为了对过程进行控制从而确保组织能够提供合格的产品和服务。

组织应根据产品实现的过程，确定在哪些阶段、哪些工序需要进行监视和测量，同时确定所需要的相应的测量设备，以便为产品符合确定的要求提供证据、及时发现不合格项。

监视和测量设备包括监视设备和测量设备。监视设备是用于对过程和产品及服务进行观察、监督的设备，如摄像、录像等。

测量设备是用于探知或确定某物的空间大小或数量，通过使用一些已知尺寸或容器的物体，或者与相当的固定的记录单元进行比较探知或确定（某物的空间大小或数量）的设备。

在监视测量设备管理方面，不仅是强调物理意义上的有形设备检定校准，还包括无形设备，如检测软件、电话询问、问卷调查等方式的有效监控。

条款7.1.5.2明确提出需要对测量设备进行溯源，是为了能使测量结果或测量标准的值能够与规定的参考标准（通常是国家计量基准或国际计量基准）联系起来，从而使测量的数据能够准确反映实际情况，避免因测量问题造成不合格的假象。

7.1.6　组织的知识

组织应确定运行过程所需的知识，以获得合格产品和服务。

这些知识应予以保持，并在需要范围内可得到。

为应对不断变化的需求和发展趋势，组织应考虑现有的知识，确定如何获取更多必要的知识，并进行更新。

注1：组织的知识是从经验中获得的特定知识，是实现组织目标所使用的共享信息。

注2：组织的知识可以基于：

ⓐ 内部来源（例如知识产权、从经历获得的知识、从失败和成功项目得到的经验教训；得到和分享未形成文件的知识和经验，过程、产品和服务的改进结果）。

ⓑ 外部来源（例如标准；学术交流；专业会议；从顾客或外部供方收集的知识）。

【条款理解】

组织应确定以下这些方面所需要的知识得到落实：

① 维护质量管理体系的运行。

② 保证各个过程的实现，以及过程的识别和理清过程之间的关系。

③ 为达到顾客满意所需要的相关知识。

④ 为确保合格产品和服务所需要的全部相关知识得到落实。

这些知识除了日常维护之外，在必要的时候需要得到相应的更新。还有些知识需要得到保护。所有知识必须方便获取，以免造成不必要的麻烦。

7.2　能力

组织应：

ⓐ 确定其控制范围内的人员所需具备的能力，这些人员从事的工作影响质量管理体系绩效和有效性；

ⓑ 基于适当的教育、培训或经历，确保这些人员具备所需能力；

ⓒ 适用时，采取措施获得所需的能力，并评价措施的有效性；

ⓓ 保留适当的形成文件的信息，作为人员能力的证据。

注：采取的适当措施可包括对在职人员进行培训、辅导或重新分配工作，或者招聘具备能力的人员等。

【条款理解】

在组织的质量管理体系的过程中，承担任何工作的员工都可能直接或间接影响质量绩效，这就要求每一个岗位的员工都要胜任其岗位工作。每个岗位都有其资质和能力的要求，组织应根据员工受教育的程度、培训情况、职业技能水平和工作经验等情况和岗位复杂程度合理地安排员工工作，以保证其胜任工作，达到绩效要求。

在人力资源方面更侧重于组织内人员的能力，而不仅仅是培训效果或者培训记录的提供。

7.3　意识

组织应确保其控制范围内的相关工作人员知晓：

ⓐ 质量方针；

ⓑ 相关的质量目标；

ⓒ 他们对质量管理体系有效性的贡献，包括改进质量绩效的益处；

ⓓ 不符合质量管理体系要求的后果。

【条款理解】

组织应通过宣传教育、内部沟通等手段提高员工的质量意识，其中强调工作人员都必须知道组织的质量方针和与其相关的质量目标，以及如何为实现质量目标做贡献。

确保每个员工都认识到所从事活动的相关性和重要性，从而了解不符合质量管理体系要求的后果，以及改进质量绩效的益处。

7.4　沟通

组织应确定与质量管理体系相关的内部和外部沟通，包括：

ⓐ 沟通什么；

ⓑ 何时沟通；

ⓒ 与谁沟通；

ⓓ 如何沟通；

ⓔ 由谁负责。

【条款理解】

沟通是人与人之间传达思想感情和交流情报信息的过程。沟通之于组织，就好比血液循环之于生命有机体，至关重要。

沟通是确保组织内的各部门、每个人获得工作所需的各种信息，并增进相互间的了解与合作。本条款强调质量管理体系相关信息的内部和外部的沟通。要注意沟通的内容，即沟通的双方在内容上能达到相互一致或基本相近的理解。只有沟通的对象对信息达成了正确的理解，这次沟通才是有效的。沟通时机的把握也很重要，如果是滞后了的沟通是达不到应有效果的。总的来说可以概括为：what（沟通什么）、when（何时沟通）、who（与谁沟通）、how（如何沟通）、whose（由谁负责，谁的责任）。

7.5　形成文件的信息

7.5.1　总则

组织的质量管理体系应包括：

ⓐ 本标准要求的形成文件的信息；

ⓑ 组织确定的为确保质量管理体系有效性所需的形成文件的信息。

注：对于不同组织，质量管理体系形成文件的信息的多少与详略程度可以不同，取决于：

——组织的规模，以及活动、过程、产品和服务的类型；

——过程的复杂程度及其相互作用；

——人员的能力。

【条款理解】

在文件和记录控制方面，标准不再强调应建立质量手册、程序、指导书等金字塔形管理文件的要求，也没有强调每个过程一定要提供实施记录，而是更多地强调过程内各作业单元所需的信息传递和效果体现，强调过程绩效和风险管控。

组织文件的多少取决于组织的规模大小、生产经营过程的类型和复杂程度，以及人员的能力。对于生产经营过程简单的组织，文件可以少些，对于经营活动复杂、组织管理规模比较大的，文件就会比较多。哪些文件保留，哪些文件不要，要结合组织实际情况，原则是符合要求的情况下，可以尽量少。

2015版ISO 9001标准更少地规定要求（没有管理者代表、质量手册、记录控制的要求）；看似为企业增加了自由度和自主权，实际是增加了难度：为组织建立更加结合实际、具有可操作性提供了平台。

文件架构如图8-12所示。

图 8-12　文件架构图

作业指导书

7.5.2　创建和更新

在创建和更新形成文件的信息时，组织应确保适当的：

ⓐ 标识和说明（如：标题、日期、作者、索引编号等）；

ⓑ 格式（如：语言、软件版本、图示）和媒介（如：纸质、电子格式）；

ⓒ 评审和批准，以确保适宜性和充分性。

【条款理解】

编制文件时需要给文件标明编号，例如 201812001A，要说明文件的版本时间、适用范围、性质和特点。同类型文件格式一致。文件的发布和更新需要经过评审和相关责任人的批准，确保适宜性和充分性，文件创建和更新如图 8-13 所示。

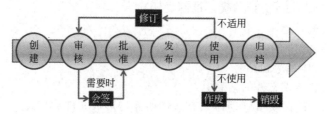

图 8-13　文件创建和更新流程

7.5.3　形成文件的信息的控制

7.5.3.1　应控制质量管理体系和本标准所要求的形成文件的信息，以确保：

ⓐ 无论何时何处需要这些信息，均可获得并适用；

ⓑ 予以妥善保护（如：防止失密、不当使用或不完整）。

7.5.3.2　为控制形成文件的信息，适用时，组织应关注下列活动：

ⓐ 分发、访问、检索和使用；

ⓑ 存储和防护，包括保持可读性；

ⓒ 变更控制（比如版本控制）；

ⓓ 保留和处置。

对确定策划和运行质量管理体系所必需的来自外部的原始的形成文件的信息，组织应进行适当识别和控制。

应对所保存的作为符合性证据的形成文件的信息予以保护，防止非预期的更改。

注：形成文件的信息的"访问"可能意味着仅允许查阅，或者意味着允许查阅并授权修改。

【条款理解】

组织应确保文件的使用部门能获得需要的文件并且应是有效版本。组织应对质量管理体系文件规定审批的职责和权限。

形成文件的信息的控制见表 8-3。

表 8-3　形成文件的信息的控制

控制的目的	控制活动	控制活动说明或举例
a. 在需要的场合和时机，均可获得并适用； b. 予以妥善保护（如防止泄密、不当使用或不完整）；	创建	设置标识与说明、选择形式/载体；不同层级、不同内容文件采用不同的评审方式，由授权人员批准
	分发	分发给需要的部门或人员并记录，以便更新和回收
	访问	规定纸质文件阅读权限，电子文件设置访问、下载、列印、修改等权限控制
	检索	为便于查找，方便使用，可按名称、日期、部门、产品、客户等信息进行编目、做索引
	使用	不同类型文件使用的对象、使用的方法
	存储和防护	纸质：储存环境如温度、湿度、光照、防鼠防虫、防火等 电子：备份、ID/密码保护、权限控制、病毒查杀、防断电断网
	变更控制	更改时机、版本及变更履历、变更审批、发放和回收
	保留和处置	保留期间按要求进行储存和保护，超出保留时限的回收、销毁，有保密要求时应审批并彻底销毁

文件控制部门应控制好文件的分发、访问权限和使用范围。文件发布前要得到批准才有效。强调文件的保密工作是随着社会的发展需要特别提出的内容。科学技术的发展让文件的复制变得非常容易，有些资料信息的泄露会给组织或个人带来很多麻烦，所以标准中特别强调文件的保护工作。例如，现在科技发达，信息透明度高。尤其是伴随着网络技术的普及，个人信息泄露事件层出不穷。个人信息的泄露，不仅侵犯了受害者的隐私，而且还可能带来经济上的损失。

应使文件保持清晰、易于识别，字迹、图像易于辨认。当文件污损不易辨认时，应及时收回并换发新的文件。文件应以编号、版本号、修改码等方式进行标识，并制订文件发放和回收记录表，要有分发登记、收回登记、领用人签字等。

组织应采取措施，制订严格的收发和保管文件的程序，以防止作废文件的非预期使用。常用的方法是，发给文件使用部门的文件封面上加盖"受控"或"有效版本"的字样，并规定，当文件更新后，受控本要收回，并作为作废文件注销处理。若因任何原因需要保留作废文件时，应对这些文件进行适当标识。例如，在作废文件上加盖"作废"字样。

文件控制流程如图 8-14 所示，外来文件控制如图 8-15 所示。

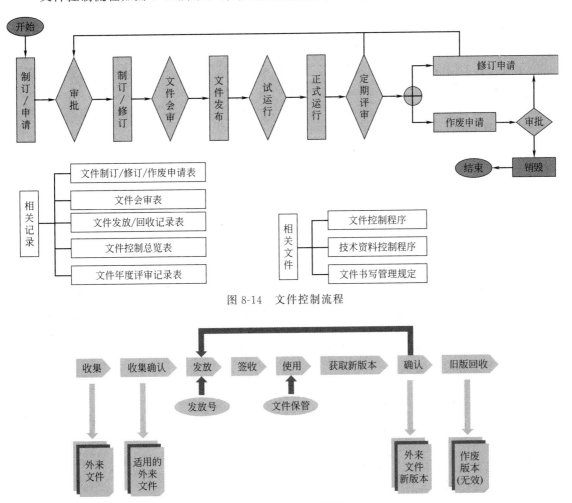

图 8-14　文件控制流程

图 8-15　外来文件控制

8. 运行

8.1　运行策划和控制

组织应通过采取下列措施，策划、实施和控制满足产品和服务要求所需的过程（见4.4），并实施第 6 章所确定的措施：

ⓐ 确定产品和服务的要求；

ⓑ 建立下列内容的准则：

ⅰ. 过程；

ⅱ. 产品和服务的接收。

ⓒ 确定符合产品和服务要求所需的资源；

ⓓ 按照准则实施过程控制；

ⓔ 在需要的范围和程度上，确定并保持、保留形成文件的信息：

ⅰ. 证实过程已经按策划进行；

ⅱ. 证明产品和服务符合要求。

策划的输出应适合组织的运行需要。

组织应控制策划的更改，评审非预期变更的后果，必要时，采取措施消除不利影响。

组织应确保外包过程受控（见 8.4）。

【条款理解】

本条款 8.1 特别提出建立过程标准，这个过程可以是一套生产过程，也可以是一套服务过程，或者是过程网络。建立过程标准需要强调以下方面的重要性。

① 理解并满足要求。

② 需要从增值的角度考虑过程。

③ 获得过程业绩和有效性的结果。

④ 基于客观的测量、改进过程。

策划的内容往往从人、机、料、法、环等方面入手，以能够对控制对象实施有效控制为最终目的。这些策划的内容主要是指针对需要进行改进、完善或需实施持续性管理的有关过程所提出的要求，其特点是覆盖面广、涉及的管理环节多，可以体现对体系整体实施控制的思路。其内容往往包含了管理方案和运行控制的内容，甚至还会包含日常监控、文件编制和人员培训等。

策划控制的主要目的是规定对各级风险控制的宏观思路，以及如何确保管理体系整体一致而必须进行的一个管理过程。明确提出的控制策划，就是 2015 版标准更明确更先进的一个表现。作为任何一个管理体系，无论是质量管理体系、环境管理体系，还是职业安全健康管理体系，都会对它们所控制的对象进行有关如何使其得到有效控制的策划过程。

8.2　产品和服务的要求

8.2.1　顾客沟通

与顾客沟通的内容应包括：

ⓐ 提供有关产品和服务的信息；

ⓑ 处理问询、合同或订单，包括变更；

ⓒ 获取有关产品和服务的顾客反馈，包括顾客抱怨；

ⓓ 处置或控制顾客财产；

ⓔ 关系重大时，制定有关应急措施的特定要求。

【条款理解】

组织需要实施与当前顾客和潜在顾客的沟通，来获取他们对产品和服务要求的内容。当前顾客的沟通涉及有关产品和服务提供的前期、中期和后期，前期的沟通有咨询、合同签订和订单及其变更等；中期适时根据有关产品和服务的信息进行沟通，包括涉及顾客财产的部分；后期沟通包括顾客关于产品和服务的反馈，组织需要给顾客提供反馈通道，让顾客可以将自己的意见表达给组织。这个反馈意见也许是好的方面，此时顾客可以称为忠诚顾客；也可能是不好的反馈，通常称为顾客抱怨。当然，不抱怨的顾客未必就是满意的顾客，有些顾客即使是很不满意，也不愿意向组织反馈。

组织与顾客可以根据产品和服务的信息，以及顾客财产进行常规沟通，当然在有顾客反馈或者抱怨的特殊情况下也需要进行沟通。

顾客没有抱怨并不一定能确保顾客很满意。经常有受审核方以"顾客没有投诉（抱怨）"为据，说明顾客对受审核方表示满意，把顾客没有投诉（抱怨）作为顾客满意的表现或证据之一是不确切的，"抱怨"一词有通过发牢骚的形式来表达自己对某件事物或某个人不满意的意思，而"投诉"可能就不是简单的不满意，而是要表达自己的"愤怒"了。

8.2.2 产品和服务要求的确定

在确定向顾客提供的产品和服务的要求时，组织应确保：

ⓐ 产品和服务的要求得到规定，包括：

ⅰ. 适用的法律法规要求；

ⅱ. 组织认为的必要要求。

ⓑ 对其所提供的产品和服务，能够满足所声明的要求。

【条款理解】

① 顾客明确规定的要求，既包括产品本身的质量要求，还包括交付及交付后得到的要求，如交货期、包装、运输、售后服务等。

② 顾客没有明确规定，但预期或规定用途所必需的要求，通常都是习惯上隐含的潜在要求。

③ 与产品有关的法律、法规的要求，如国家强制性标准等。

④ 一般来说，与产品有关的特殊及附加要求需要在合同中说明。这些要求可以由组织提出，也可以由相关方提出。

8.2.3 产品和服务要求的评审

8.2.3.1 组织应确保有能力满足向顾客提供的产品和服务的要求。在承诺向顾客提供产品和服务之前，组织应对如下各项要求进行评审：

ⓐ 顾客规定的要求，包括对交付及交付后活动的要求；

ⓑ 顾客虽然没有明示，但规定的用途或已知的预期用途所必需的要求；

ⓒ 组织规定的要求；

ⓓ 适用于产品和服务的法律法规要求；

ⓔ 与先前表述存在差异的合同或订单要求。

若与先前合同或订单的要求存在差异，组织应确保有关事项已得到解决。

若顾客没有提供形成文件的要求，组织在接受顾客要求前应对顾客要求进行确认。

注：在某些情况下，如网上销售，对每一个订单进行正式的评审可能是不实际的，作为替代方法，可对有关的产品信息，如产品目录进行评审。

8.2.3.2 适用时，组织应保留下列形成文件的信息：

ⓐ 评审结果；

ⓑ 针对产品和服务的新要求。

【条款理解】

① 顾客明确规定的要求。既包括产品本身的质量、环保、安全要求，也包括交付、交付后活动的要求，如交货期、包装、运输、售后服务等。

② 顾客没有明确规定，但预期或规定用途所必需的要求。

③ 与本产品有关的法律法规的要求等。

本条款强调事前的预防控制，条款ⓔ特别指出与以前表述不一致的合同或订单的要求已予以解决，因为有更改就有风险的存在，为了使可能产生的风险负面影响降到最低，标准要求合同的更改在事先得到妥善解决才能进行下一步工作。

8.2.4　产品和服务要求的更改

若产品和服务要求发生更改，组织应确保相关的形成文件的信息得到修改，并确保相关人员知道已更改的要求。

【条款理解】

在理解本条款时注意区别 7.5.3.2 关于形成文件的信息的控制，注重版本的修改。而本条款明确了需要相应文件信息的人员有必要知道发生的更改，需要即时得到更改的通知，以及更改的内容。

8.3　产品和服务的设计和开发

8.3.1　总则

组织应建立、实施和保持设计和开发过程，以便确保后续的产品和服务的提供。

8.3.2　设计和开发策划

在确定设计和开发的各个阶段及其控制时，组织应考虑：

ⓐ 设计和开发活动的性质、持续时间和复杂程度；

ⓑ 所要求的过程阶段，包括适用的设计和开发评审；

ⓒ 所要求的设计和开发验证和确认活动；

ⓓ 设计和开发过程涉及的职责和权限；

ⓔ 产品和服务的设计和开发所需的内部和外部资源；

ⓕ 设计和开发过程参与人员之间接口的控制需求；

ⓖ 顾客和使用者参与设计和开发过程的需求；

ⓗ 后续产品和服务提供的要求；

ⓘ 顾客和其他相关方期望的设计和开发过程的控制水平；

ⓙ 证实已经满足设计和开发要求所需的形成文件的信息。

【条款理解】

本条款为保证达到产品和服务实现过程的预期目标，从策划时就需要明确产品和服务的一些细节。这些细节包括从产品和服务实施过程的输入开始到实施过程中的资源控制，最后是实施过程的输出控制。

在进行产品和服务的设计和开发策划时，组织应：

① 根据所设计产品和服务的特点和复杂性，确定设计和开发的阶段。不同的产品往往需要不同的设计和开发阶段。例如，硬件产品设计过程一般为方案设计、初步设计、详细设计、设计定型、生产定型等；而软件产品的设计和开发过程则为概要设计、详细设计、编程、测试、验收测试等；培训服务和开发过程为编制教学大纲、编制教材、教材评审、试讲等。

② 应针对各个阶段，确定所需的评审、验证和确认活动及应遵循的原则和方法。

规定各有关部门参与设计和开发活动的人员，在设计和开发活动各阶段中的职责和权限。

③ 确定参与设计与开发活动的不同组织（外部组织、部门、小组、顾客）、人员之间的接口关系，并加以管理（如会审、协调、督促、检查等），确保既各尽其责，又能保持设计工作的有效衔接，信息得到及时、准确的交流。

④ 设计策划的输出可能是形成文件的信息证实已经满足设计和开发要求，也可能是其他形式。随着设计和开发的进行，组织应在考虑顾客和使用者参与设计和开发过程的需求时，考虑后续产品和服务提供的要求。

⑤ 标准特别强调接口管理，本条款涉及的人员要求有开发人员、顾客、使用者和负责人。他们之间的接口管理包括开发过程的人员职责安排和接口管理，以及顾客的需求需要接口管理。

8.3.3　设计和开发输入

组织应针对具体类型的产品和服务，确定设计和开发的基本要求。组织应考虑：

ⓐ 功能和性能要求；

ⓑ 来源于以前类似设计和开发活动的信息；

ⓒ 法律法规要求；

ⓓ 组织承诺实施的标准和行业规范；

ⓔ 由产品和服务性质所决定的、失效的潜在后果。

设计和开发输入应完整、清楚，满足设计和开发的目的。

应解决相互冲突的设计和开发输入。

组织应保留有关设计和开发输入的形成文件的信息。

【条款理解】

产品和服务的设计开发输入是设计和开发的依据。组织应确定与产品和服务要求有关的输入，并形成文件的信息。

设计和开发的输入应包括以下几方面。

① 产品和服务的功能和性能要求。功能和性能要求来自于顾客对产品和服务的需求。

适用时，提供与该产品和服务类似的有关信息。在考虑以往设计的优点时，也要考虑其不足之处，有时可以起到对合同中顾客未明示的要求进行必要补充的作用。

② 适用的法律法规要求和行业规范，如健康、安全和环境方面的要求。例如，生产汽车的组织，必须考虑到汽车所使用国家或地区环境法规和环境质量标准中关于汽车尾气排放的要求。

③ 产品和服务在设计开发之初就应该考虑产品和服务失效后的潜在后果，并在设计中进行针对性的控制。例如，干电池的设计变化。以前的干电池失效后，如果随意丢弃会对环境造成较大污染，所以按照规定必须放置在指定容器中。修改设计后，现在的干电池废弃后已经不会对环境造成很大的污染了。

8.3.4　设计和开发控制

组织应对设计和开发过程进行控制，以确保：

ⓐ 规定拟获得的结果；

ⓑ 实施评审活动，以评价设计和开发的结果满足要求的能力；

ⓒ 实施验证活动，以确保设计和开发输出满足输入的要求；

ⓓ 实施确认活动，以确保产品和服务能够满足规定的使用要求或预期用途要求；

ⓔ 针对评审、验证和确认过程中确定的问题采取必要措施；

ⓕ 保留这些活动的形成文件的信息。

注：设计和开发的评审、验证和确认具有不同目的。根据组织的产品和服务的具体情况，可单独或以任意组合的方式进行。

【条款理解】

评审是指"为确定主题事项达到规定目标的适宜性、充分性和有效性所进行的活动"。对于评价设计和开发的结果满足要求的能力，识别可能存在的任何问题，以达到设计和开发目标，组织应按照策划的安排，在适宜的阶段对设计和开发过程进行控制。

评审的内容可以包括输入是否足以完成设计和开发任务；已策划的设计和开发过程的进展情况；问题的识别和纠正；设计和开发过程的改进机会等。

评审的方式可以采用会议评审、专家评审、逐级评审、同行评审等。在有关设计和开发评审活动的文件中应规定评审之前要做什么，评审之后必须产生什么记录。

验证是指"通过提供客观证据对规定要求已得到满足的认定"。验证的目的是证实设计和开发的输出满足设计和开发输入的要求。验证也是按照策划的安排进行，一般在形成输出时进行。验证的方法可以是变换方法计算、试验、同类比较、型式试验等。

确认是指"通过提供客观证据对特定的预期用途或应用要求已得到满足的认定"。确认的目的是证实设计和开发的产品和服务满足规定的使用要求或预期用途要求。设计和开发的确认只要可行，应该在产品和服务交付或实施前完成。确认的方法可以是专家鉴定、试用、使用前的输出确认等。

设计和开发的评审、验证和确认是保证设计和开发质量的重要手段，三者在目的、对象、实施时机和方式上均有不同。

8.3.5 设计和开发输出

组织应确保设计和开发输出：

ⓐ 满足输入的要求；

ⓑ 对于产品和服务提供的后续过程是充分的；

ⓒ 包括或引用监视和测量的要求，适当时，包括接收准则；

ⓓ 规定对于实现预期目的、保证安全和正确提供（使用）所必需的产品和服务特性。

组织应保留有关设计和开发输出的形成文件的信息。

【条款理解】

设计和开发的输出提供了产品和过程的技术特性或规范，输出必须满足输入的要求。

设计和开发的输出方式可以因产品和服务特点的不同而异，如文件、样机（样图）、规范、配方和服务提供等多种方式；但输出方式应能与输入进行对照验证，且能满足输入的要求。

设计和开发的输出对于产品和服务提供的后续过程是充分的，如提供后续过程中的指导性文件、图纸或规范、适当的信息，以保证能够生产或提供出合格产品和服务。因此输出在发放前应按规定由相关责任人批准，以确保满足输入的要求。

设计和开发的输出应包括判断产品和服务是否合格的接收准则，确定哪些是产品和服务正常运行和安全性方面必不可少的特性，以便后续过程的控制。

8.3.6 设计和开发更改

组织应识别、评审和控制产品和服务设计和开发期间以及后续所做的更改，以便避免不利影响，确保符合要求。

组织应保留下列形成文件的信息：

ⓐ 设计和开发变更；

ⓑ 评审的结果；

ⓒ 变更的授权；

ⓓ 为防止不利影响而采取的措施。

【条款理解】

更改的阶段可以是开发过程中的更改，也可以是开发的结果——产品和服务的更改。导致更改的原因也有很多种，包括顾客要求、产品改进、供方变更、使用条件的改变或新的法律法规要求等。

为了保证所做更改能满足要求，组织首先应识别更改，保持适当的更改控制（包括更改的记录、更改的实施）和资源的配置（包括对更改进行必要的评审、验证和确认），并在实施前得到授权人员的批准。

8.4 外部提供过程、产品和服务的控制

8.4.1 总则

组织应确保外部提供的过程、产品和服务符合要求。

在下列情况下，组织应确定对外部提供的过程、产品和服务实施的控制：

ⓐ 外部供方的过程、产品和服务将构成组织自身的产品和服务的一部分；

ⓑ 外部供方替组织直接将产品和服务提供给顾客；

ⓒ 组织决定由外部供方提供过程或部分过程。

组织应基于外部供方提供要求的过程、产品或服务的能力，确定外部供方的评价、选择、绩效监视以及再评价的准则，并加以实施。对于这些活动和由评价引发的任何必要的措施，组织应保留所需的形成文件的信息。

【条款理解】

对于生产企业来说，外部供应的产品可以包括外购产品，外购外包件的采购，供应商的选择、评价、再选择和控制。外来服务包括进行测量设备的校准、维修和测试等。

要确保这些符合要求，就必须对供方评价选择、绩效监视及再评价等环节进行严格控制。要求采用基于风险的方法来确定控制的类型和程度，以适合于特定的外部供方和外部提供的产品和服务（采购＋外包）。也可以根据供方的能力和外供过程产品和服务的风险程度对外部供方进行分类分级控制。

组织在确定外部供方的评价、选择、绩效监视及再评价的准则时可以参考以下几个方面的内容。

① 外部供方产品和服务质量、价格、交货情况包括后续服务、支持能力及相关经验和历史业绩。

② 外部供方质量管理体系的质量保证能力和遵守法律法规的情况。

③ 外部供方提供该类产品和服务方面的顾客满意程度。

④ 外部供方履约能力及有关的财务状况。

8.4.2 控制类型和程度

组织应确保外部提供的过程、产品和服务不会对组织稳定地向顾客交付合格产品和服务的能力产生不利影响。

组织应：

ⓐ 确保外部提供的过程保持在其质量管理体系的控制之中。

ⓑ 规定对外部供方的控制及其输出结果的控制。

ⓒ 考虑：

ⅰ. 外部提供的过程、产品和服务对组织稳定地满足顾客要求和适用的法律法规要求的能力的潜在影响；

ⅱ. 外部供方自身控制的有效性。

ⓓ 确定必要的验证或其他活动，以确保外部提供的过程、产品和服务满足要求。

【条款理解】

组织通过对外部供方提供的产品和服务实施检验、验证或其他必要的活动，来确保外部提供的过程、产品和服务不会对组织稳定地向顾客交付合格产品和服务的能力产生不利影响。

对外部供方提供的产品和服务的验证可以采用多种方式进行，如在组织内部进行的来料检验、试验、测量、查验外来供方提供的合格文件等。也可以对外来供方货源进行验证。组织应根据供方的质量保证能力、产品和服务的重要性、验证成本等具体情况规定对其实施验证活动的方式和内容。

要求采用基于风险的方法来确定控制的类型和程度，以适合于特定的外部供方和外部提供的产品和服务（采购＋外包）。

组织可以根据供方的能力和外供过程中产品和服务的风险程度对外部供方进行分类分级控制。

8.4.3　外部供方的信息

组织应确保在与外部供方沟通之前所确定的要求是充分的。

组织应与外部供方沟通以下要求：

ⓐ 所提供的过程、产品和服务；

ⓑ 对下列内容的批准：

ⅰ. 产品和服务；

ⅱ. 方法、过程和设备；

ⅲ. 产品和服务的放行。

ⓒ 能力，包括所要求的人员资质；

ⓓ 外部供方与组织的接口；

ⓔ 组织对外部供方绩效的控制和监视；

ⓕ 组织或其顾客拟在外部供方现场实施的验证或确认活动。

【条款理解】

本条款从管理的角度规定组织与外部供方的沟通和接口问题，并且要求对外部供方的业绩进行不间断的监视，其监视结果还需要形成文件，以作为外部供方评价的支撑内容。

由于组织对外部供方的要求可能会发生变化，外部供方按组织的要求提供合格的过程、产品和服务的能力也可能发生变化，因此对已选择和评价合格的外部供方应进行不定期的重新评价。

这个沟通内容包括过程的实施、人员的能力和特殊情况下放行的处理。文件还需要涉及外部供方的管理方面，最后是接口管理。组织与供方的接口问题涉及：①需要组织形成规范性的活动，进行常规的控制和监视。②必要时组织可以到供方现场进行产品或服务的验证；③产品的运输要求，对于特殊产品，其要求的运输条件供方能否达到，或者其运输是由组织还是外部供方承担都需要形成文件。

8.5　生产和服务提供

8.5.1　生产和服务提供的控制

组织应在受控条件下进行生产和服务提供。

适用时，受控条件应包括：

ⓐ 可获得形成文件的信息，以规定以下内容：

ⅰ.所生产的产品、提供的服务或进行的活动的特征；

ⅱ.拟获得的结果。

ⓑ 可获得和使用适宜的监视和测量资源；

ⓒ 在适当阶段实施监视和测量活动，以验证是否符合过程或输出的控制准则以及产品和服务的接收准则；

ⓓ 为过程的运行提供适宜的基础设施和环境；

ⓔ 配备具备能力的人员，包括所要求的资格；

ⓕ 若输出结果不能由后续的监视或测量加以验证，应对生产和服务提供过程实现策划结果的能力进行确认和定期再确认；

ⓖ 采取措施防止人为错误；

ⓗ 实施放行、交付和交付后活动。

【条款理解】

生产和服务提供的控制是产品和服务实现的一个关键控制点，组织就是通过生产和服务提供的控制，对资源、人员和过程进行全方位控制，并形成文件信息，将顾客要求和相关的法律法规等要求准确有效地转换到产品和服务中去。

产品生产和服务提供过程，对有形产品而言，是指其加工直至交付后各项活动的全过程；对服务而言是指服务提供的全过程。

产品生产和服务提供过程直接影响组织向顾客提供的产品或服务的符合性质量。所以本条款是从过程实现的三个大的方面来进行控制的，过程输入的控制ⓐ、ⓑ、ⓒ，从文件和全局入手；过程的资源控制ⓓ、ⓔ、ⓕ从基础设施和环境、人员和监控设备几方面进行控制；最后是防止人为错误以及过程的输出和交付。

8.5.2 标识和可追溯性

需要时，组织应采用适当的方法识别输出，以确保产品和服务合格。

组织应在生产和服务提供的整个过程中按照监视和测量要求识别输出状态。

若要求可追溯，组织应控制输出的唯一性标识，且应保留实现可追溯性所需的形成文件的信息。

【条款理解】

本条款提出需要在产品实现的全过程中对产品的识别，在产品实现过程中对状态的识别，以及可追溯性的要求。

产品标识的目的是为了区分不同性质的产品，以防止混淆或误发误用。所以产品的标识和产品状态的标识并不是一项必需的要求，仅在可能引起混淆时才需要用适当的方法区分产品。

可追溯性是指"追溯所考虑对象的历史、应用情况或所处场所的能力"，对产品而言，可追溯性可涉及原材料和零部件的来源、加工过程的历史、产品交付后的分布和场所等。可追溯性同样不是一项必需的要求，仅在需要时才需确定和使用。

产品标识和可追溯性如图8-16所示。

产品标识、监视和测量状态标识及唯一性标识之间的区别如表8-4所示。

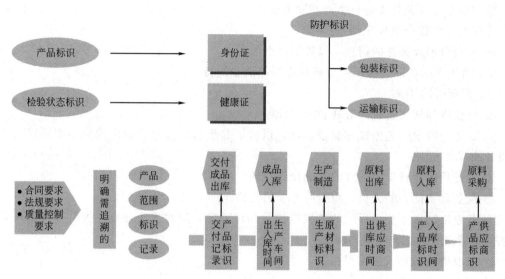

图 8-16　产品标识和可追溯性

表 8-4　产品标识、监视和测量状态标识及唯一性标识之间的区别

项目	产品标识	监视和测量状态标识	唯一性标识
目的	区分不同规格、型号、特点或特性的产品,防止在产品实现过程中的混淆	区分不同监视和测量状态的产品,防止误用不合格产品	需要时实现产品和服务的可追溯性
标识的必要性	产品容易发生混淆时才需要的标识	在产品实现过程中必须有的标识	有追溯性要求时才需要的标识
标识的可变性	在产品实现过程中通常是不变的	在产品实现过程中可随监视和测量状态的变化而发生变化	是唯一性(不可变)的标识

8.5.3　顾客或外部供方的财产

组织在控制或使用顾客或外部供方的财产期间,应对其进行妥善管理。

对组织使用的或构成产品和服务一部分的顾客和外部供方财产,组织应予以识别、验证、保护和维护。

若顾客或外部供方的财产发生丢失、损坏或发现不适用情况,组织应向顾客或外部供方报告,并保留相关形成文件的信息。

注:顾客或外部供方的财产可能包括材料、零部件、工具和设备,顾客的场所,知识产权和个人信息。

【条款理解】

顾客或外部供方的财产是指所有权为顾客、外部供方所有,但由组织控制、使用或者构成产品一部分的财产。顾客、外部供方财产可包括知识产权、秘密的或私人的信息。这里特别要说明的是顾客的私密信息包括电话、住址等。

对于顾客、外部供方财产,组织应予以识别,验证其适用性,并采取适当的方法加以爱护、保护和维护,以避免其损坏、丢失或不适用。当顾客、外部供方财产发生损坏、丢失或不适用时,组织应向顾客或外部供方报告,听取他们的意见,并予以记录。

8.5.4　防护

组织应在生产和服务提供期间对输出进行必要的防护,以确保符合要求。

注:防护可包括标识、处置、污染控制、包装、储存、传送或运输以及保护。

【条款理解】

产品防护的目的是为了保证最终形成的产品和服务质量不下降，防护还包括产品和服务质量的形成环节和保持环节，这些环节如果控制不好就可能使已经形成的质量丧失。

产品和服务质量的形成环节包括产品的组成部分、服务提供所需的任何有形的过程输出；产品和服务质量的保持环节包括搬运、包装、储存和保护。

具体对产品的防护可以包括以下内容。

① 标识 应建立并保护好关于防护的标识，如提示防碰撞、防雨淋等。另外要注意产品防护标识与产品标识的不同。

② 搬运 在产品实现全过程中，应根据产品当时的特点，在搬运过程中选用适当的搬运设备及搬运方法，防止在产品的生产、交付及提供相关服务的过程中因搬运不当而受损。

③ 包装 应根据产品的特点及顾客的要求对产品进行包装，重点是防止产品受损。

④ 储存 各种原材料、在制品、成品均应储存在适宜的场所，储存条件应与成品要求相适应，如必要的通风条件、防潮、控温、洁净、采光、防雷、防火、防水、防虫、防鼠等条件，以防止成品在交付给顾客之前受损。

⑤ 保护 采取各种保护措施，确保交付给顾客的成品符合要求。

产品防护如图 8-17 所示。

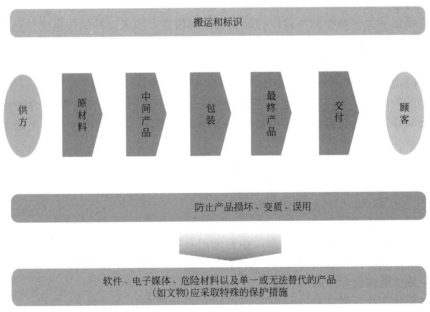

图 8-17 产品防护图

8.5.5 交付后的活动

组织应满足与产品和服务相关的交付后活动的要求。

在确定交付后活动的覆盖范围和程度时，组织应考虑：

ⓐ 法律法规要求；

ⓑ 与产品和服务相关的潜在不期望的后果；

ⓒ 其产品和服务的性质、用途和预期寿命；

ⓓ 顾客要求；

ⓔ 顾客反馈。

注：交付后活动可能包括担保条款所规定的相关活动，诸如合同规定的维护服务，以及

回收或最终报废处置等附加服务等。

【条款理解】

按照产品的特性和与其生命周期相适应的交付后活动，包括有形产品的生命周期结束的处理和一些特殊产品的后期相关风险活动。这些后期处理除了风险担当和顾客反馈情况，还需要考虑法律法规的要求。根据产品不同，可能优先顺序也会不同。例如，现在社会上一些高利息的理财产品，就首先要考虑法律法规要求。

8.5.6　更改控制

组织应对生产或服务提供的更改进行必要的评审和控制，以确保稳定地符合要求。

组织应保留形成文件的信息，包括有关更改评审结果、授权进行更改的人员以及根据评审所采取的必要措施。

【条款理解】

导致需要变更的原因很多，有主动的和被动的。例如，顾客要求，以及产品改进、供方要求、使用条件、外部环境、新的法律法规要求等。所以应对变更的潜在后果进行评价。

8.6　产品和服务的放行

组织应在适当阶段实施策划的安排，以验证产品和服务的要求已被满足。

除非得到有关授权人员的批准，适用时得到顾客的批准，否则在策划的安排已圆满完成之前，不应向顾客放行产品和交付服务。

组织应保留有关产品和服务放行的形成文件的信息。形成文件的信息应包括：

ⓐ 符合接收准则的证据；

ⓑ 授权放行人员的可追溯信息。

【条款理解】

在适当的阶段验证产品和服务是否满足要求，这个适当的阶段在策划的时候就应该明确，一般反映在产品的检验计划、检验程序或检验标准中。在策划时应事先确定以下几个方面。

① 何时何地需要对产品和服务进行验证？

② 每个阶段进行验证的依据是什么？

③ 用什么方法进行验证，如抽样检验方案等？

④ 由哪个部门哪些人实施？

⑤ 验证的结果需要形成什么证据，如验证记录等？

不同的产品和服务所进行的验证活动从形式到内容都会不同。通常，只有策划的符合性验证已经完成才能放行产品和交付服务。

在特殊条件下放行产品和交付服务可以放在符合性验证之前进行。例如，在紧急条件下，可以例外放行产品，但必须得到有关授权人员的批准，适用时得到顾客批准。例外放行并不表示产品可以不进行验证，当验证结果不符合要求时，组织应有办法保证追回例外放行的产品。

8.7　不合格输出的控制

8.7.1　组织应确保对不符合要求的输出进行识别和控制，以防止非预期的使用或交付。

组织应根据不合格的性质及其对产品和服务的影响采取适当措施。这也适用于在产品交付之后发现的不合格产品，以及在服务提供期间或之后发现的不合格服务。

组织应通过下列一种或几种途径处置不合格输出：

ⓐ 纠正。

ⓑ 对提供的产品和服务进行隔离、限制、退货或暂停。

ⓒ 告知顾客。

ⓓ 获得让步接收的授权。

对不合格输出进行纠正之后应验证其是否符合要求。

8.7.2　组织应保留下列形成文件的信息：

ⓐ 有关不合格的描述。

ⓑ 所采取措施的描述。

ⓒ 让步获得的描述。

ⓓ 处置不合格的授权标识。

【条款理解】

组织应确保对不符合要求的产品和服务得到识别和控制，主要目的是防止其非预期的使用和交付对顾客造成不良影响。产品的不合格可能是半成品或成品不合格，服务的不合格可能是服务程序或服务人员的问题。

对不合格的处置可分为以下几种情况。

① 采取纠正措施，如返工、返修、降级或报废。

② 对不合格产品采取措施，让步使用。

③ 采取措施，防止不合格的非预期使用或应用。例如，对不合格产品进行标识和隔离、降级使用、拒收、报废等。

④ 当在交付后或开始使用后发现产品不合格时，组织应采取适当的纠正措施。可以采取的措施有对不合格成品进行返修，以使不合格产品满足预期用途。

⑤ 对不合格产品或服务纠正之后还必须对其进行再次验证，只有证实其符合要求方能放行和交付。

对不合格产品和服务的性质，以及采取的任何措施等信息都应形成文件，包括经批准的让步措施。

不合格品控制流程如图 8-18 所示。

9. 绩效评价

9.1　监视、测量、分析和评价

9.1.1　总则

组织应确定：

ⓐ 需要监视和测量的对象；

ⓑ 确保有效结果所需要的监视、测量、分析和评价方法；

ⓒ 实施监视和测量的时机；

ⓓ 分析和评价监视和测量结果的时机。

组织应评价质量管理体系的绩效和有效性。

组织应保留适当的形成文件的信息，以作为结果的证据。

【条款理解】

标准需要组织从绩效的角度对整个体系进行评估分析。从质量管理体系的符合性和有效性方面进行评价，评价的时机、方法和指标应该在评价之前就已确定，并可以提供相应的证据确定评价的结果。

组织评价质量管理体系的有效性，在策划时就应该确定各个过程的监视和测量时机，还需要明确对监测和测量结果进行分析和评价的时间节点。组织的这些工作均可保留适当的形成文件的信息，以作为结果的证据。

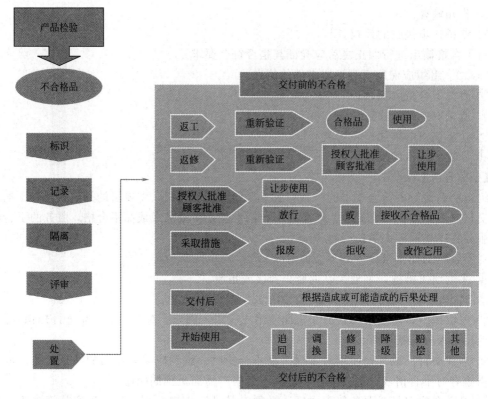

图 8-18 不合格品控制流程

9.1.2 顾客满意

组织应监视顾客对其需求和期望获得满足的程度的感受。组织应确定这些信息的获取、监视和评审方法。

注：监视顾客感受的例子可包括顾客调查、顾客对交付产品或服务的反馈、顾客会晤、市场占有率分析、赞扬、担保索赔和经销商报告。

【条款理解】

顾客满意是指顾客对其要求已被满足的程度的感受。即使顾客的要求符合顾客的期望并得到满足，也不一定确保顾客很满意。

组织必须关注其外部顾客的满意程度，对顾客是否满意的情况进行调查。获取数据后，利用统计技术，评价获取的数据，以确定增强顾客满意的机会。

获取顾客满意信息的方法有如下几种。

① 有计划地向顾客发送《顾客满意度调查表》《顾客满意度问卷》等表格，由顾客自愿填写之后收回。

② 让顾客在接受产品或服务之后即时填写《顾客意见书》后返回。

③ 组织人员有计划地访问顾客代表，记录并填写《顾客满意度调查表》等。这个访问可以是电话，也可以是邮件、微信或面谈等。

④ 每年定期、有计划地要求顾客代表参加组织召开的专题座谈会，并做好座谈会记录。

顾客满意监视系统图如图 8-19 所示。

9.1.3 分析与评价

组织应分析和评价通过监视和测量获得的适宜数据和信息。

应利用分析结果评价：

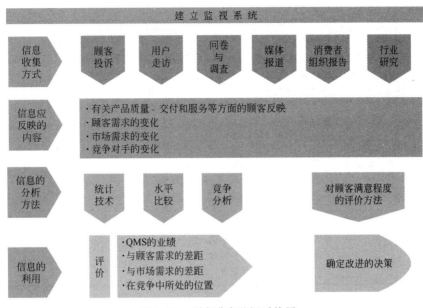

图 8-19　顾客满意监视系统图

ⓐ 产品和服务的符合性；

ⓑ 顾客满意程度；

ⓒ 质量管理体系的绩效和有效性；

ⓓ 策划是否得到有效实施；

ⓔ 针对风险和机遇所采取措施的有效性；

ⓕ 外部供方的绩效；

ⓖ 质量管理体系改进的需求。

注：数据分析方法可包括统计技术。

【条款理解】

数据分析的内容可以包括以下方面。

① 与顾客满意有关的信息。例如，顾客满意度、顾客抱怨、交货及时性、市场占有率、顾客流失率等；根据这些信息，可以证实质量管理体系的绩效。

② 与产品要求符合性有关的信息。例如，产品合格率、不合格情况和严重程度、与产品要求的差异及差异程度、顾客反馈有关产品质量方面的信息等；根据这些信息，可以证实质量管理体系的有效性。

③ 与过程和产品特性及趋势有关的信息。例如，过程业绩及变化趋势、过程能力及变化趋势、产品特性及变化趋势等；根据这些信息，可以评价在何处可以改进质量管理体系的有效性。

数据分析的目的是为了质量管理体系的改进及为使产品和服务能持续满足顾客要求。

数据分析具体内容见表 8-5。

表 8-5　数据分析

责任部门	信息名称	信息来源	数据收集、分析			传递
			主要项目	分析方法	频次	
营销部	顾客满意度 顾客反馈意见	调查表,走访记录,服务记录,电话记录,退货记录	满意度 意见汇总分析 结果验证	综合分析 反馈问题可用 排列图	每半年	其他各部门

责任部门	信息名称	信息来源	数据收集、分析			传递
			主要项目	分析方法	频次	
技术部	进货检验质量 工艺控制情况	检验报告 工艺纪律检查记录 车间生产记录	供方进货批次合格率,工艺参数,工艺纪律执行情况,过程趋势	百分数,平均值,标准偏差,变异系数,控制图,因果图	每季	同上
质管部	过程检验质量 最终产品检验质量 不合格品处理	检验记录 不合格品处理记录	工序质量统计分析,成品主要性能分析,成品合格率,不合格品分析	同上	每月	领导层 生产部 车间 技术部
生产部 车间	生产情况 过程控制运行问题	生产报表 车间生产记录	任务完成情况,原材料消耗情况,主要质量问题,工艺参数控制情况	控制图 因果图 排列图	每月	领导层 质管部 技术部

9.2 内部审核

9.2.1 组织应按照策划的时间间隔进行内部审核,以提供有关质量管理体系的下列信息:

ⓐ 是否符合:

ⅰ. 组织自身的质量管理体系要求;

ⅱ. 本标准的要求。

ⓑ 是否得到有效的实施和保持。

9.2.2 组织应:

ⓐ 依据有关过程的重要性、对组织产生影响的变化和以往的审核结果,策划、制定、实施和保持审核方案,审核方案包括频次、方法、职责、策划要求和报告;

ⓑ 规定每次审核的审核准则和范围;

ⓒ 选择可确保审核过程客观公正的审核员实施审核;

ⓓ 确保相关管理部门获得审核结果报告;

ⓔ 及时采取适当的纠正和纠正措施;

ⓕ 保留作为实施审核方案以及审核结果的证据的形成文件的信息。

注:相关指南参见 ISO 19011。

【条款理解】

内部审核包括内部质量管理体系审核、内部过程审核以及内部产品和服务质量审核。本条款主要是指内部质量管理体系审核,它是评价组织质量管理体系的一种方法。

组织应该按照策划的时间间隔进行内部审核,发现质量管理是否符合组织和标准的要求,以及质量管理是否得到有效实施和保持。

审核方案是针对特定时间段所策划,并具有特定目的的一组(一次或多次)审核。审核方案的策划应考虑拟审核的过程和区域的状况及重要性,以及以往审核的结果。

组织应制定内部审核程序形成文件的信息,并规定以下内容。

① 对审核方案进行策划时应依据拟审核的过程和区域的状况和重要性及以往的审核结果,规定审核的准则、范围、频次、目的和方法等。

② 审核的职责，包括审核人员的职责和资格，审核人员应经过培训和资格认可，并与受审核对象无直接责任和管理关系，从而确保审核过程的公正性和客观性。

③ 审核过程实施、纠正措施的实施和验证过程需要明确相关责任人。

9.3　管理评审

9.3.1　总则

最高管理者应按照策划的时间间隔对组织的质量管理体系进行评审，以确保其持续的适宜性、充分性和有效性，并与组织的战略方向一致。

9.3.2　管理评审输入

策划和实施管理评审时应考虑下列内容：

ⓐ 以往管理评审所采取措施的实施情况；

ⓑ 与质量管理体系相关的内外部因素的变化；

ⓒ 有关质量管理体系绩效和有效性的信息，包括下列趋势性信息：

- 顾客满意和相关方的反馈；
- 质量目标的实现程度；
- 过程绩效以及产品和服务的符合性；
- 不合格以及纠正措施；
- 监视和测量结果；
- 审核结果；
- 外部供方的绩效。

ⓓ 资源的充分性；

ⓔ 应对风险和机遇所采取措施的有效性（见 6.1）；

ⓕ 改进的机会。

9.3.3　管理评审输出

管理评审的输出应包括与下列事项相关的决定和措施：

ⓐ 改进的机会；

ⓑ 质量管理体系所需的变更；

ⓒ 资源需求。

组织应保留作为管理评审结果证据的形成文件的信息。

【条款理解】

管理评审是指最高管理者为确定质量管理体系达到规定目标的适宜性、充分性和有效性而进行的系统评价活动。管理评审是最高管理者的职责之一，由最高管理者主持，按照策划的时间间隔进行。

质量管理体系的持续适宜性是指组织内外部各种环境的不断变化，客观上要求组织的体系也要不断进行相应的调整和变化，持续改进以适应变化的需要。

质量管理体系的持续充分性是指体系的过程识别和分析是否充分，并对现有体系中存在的不充分进行改进和改善。

质量管理体系的持续有效性是指完成所策划的活动并达到所策划结果的程度度量。应将来自组织内部和外部、产品和服务，以及体系的各种信息进行分析，并判断是否与组织的战略方向保持一致。

本条款的ⓐ、ⓑ、ⓒ、ⓓ、ⓔ和ⓕ可以综合考虑作为管理评审输入的参考。包括组织质量管理体系内部和外部、产品和体系、过去和限制的各方面的信息。同时要注意 9.3.2ⓒ中的⑥审核结果应包括第一方内部审核、第二方审核和第三方审核的结果。

管理评审输出是对组织的质量管理体系做出战略决策的重要依据。管理评审输出应包括对组织质量管理体系的适宜性、充分性和有效性进行的总体评价结论；对产品、过程和体系有效性进行改进的决定和措施；有关资源需求的决定和措施等。

10. 改进

10.1　总则

组织应确定并选择改进机会，采取必要措施，以满足顾客要求和增强顾客满意。

这应包括：

ⓐ 改进产品和服务以满足要求并关注未来的需求和期望；

ⓑ 纠正、预防或减少不利影响；

ⓒ 改进质量管理体系的绩效和有效性。

注：改进的例子可包括纠正、纠正措施、持续改进、突然性变革、创新和重组。

10.2　不合格和纠正措施

10.2.1　若出现不合格，包括投诉所引起的不合格，组织应：

ⓐ 对不合格做出应对，适用时：

ⅰ. 采取措施予以控制和纠正；

ⅱ. 处置产生的后果。

ⓑ 通过下列活动，评价是否需要采取措施，以消除产生不合格的原因，避免其再次发生或者在其他场合发生：

ⅰ. 评审和分析不合格；

ⅱ. 确定不合格的原因；

ⅲ. 确定是否存在或可能发生类似的不合格。

ⓒ 实施所需的措施。

ⓓ 评审所采取的纠正措施的有效性。

ⓔ 需要时，更新策划期间确定的风险和机遇。

ⓕ 需要时，变更质量管理体系。

纠正措施应与所产生的不合格的影响相适应。

10.2.2　组织应保留形成文件的信息，作为下列事项的证据：

ⓐ 不合格的性质以及随后所采取的措施。

ⓑ 纠正措施的结果。

【条款理解】

组织在发现不符合时，都应当采取适当的措施进行处置或纠正，但并不需要对所有不合格都采取纠正措施。要区分纠正和纠正措施，如斩草除根，"斩草"是纠正，"除根"是纠正措施。纠正措施一般是针对那些带有普遍性、规律性、重复性或重大的不合格采取的措施；而对于个别的、偶然的、轻微的或需要投入很大成本才能消除原因的不合格，组织应通过综合评价这些不合格对组织的影响程度后，再做出是否采取纠正措施的决定。

以下 6 个步骤，体现了 PDCA 的过程方法在纠正措施方面的应用。

① 评审不合格，包括体系和产品质量方面的不合格，特别应注意由于不合格所引起的顾客抱怨。

② 调查分析不合格的原因。

③ 评价确定不合格不再发生的措施的有效性。

④ 确定实施所需要的纠正措施。

⑤ 保留纠正措施的结果，形成文件的信息。

⑥ 评审所采取措施的有效性。

组织应保留所批准的纠正措施的形成文件的信息，并评价纠正措施的有效性。

纠正措施的制订要根据不合格的综合影响程度而定，包括组织宗旨、市场形象、信誉、成本、经济效益等因素，采取纠正措施的程度应该与所承担的风险相当。

当在交付或开始使用后发现产品不符合时，组织应采取与不符合的潜在影响相适应的措施，以防止类似不符合的再次发生。组织应保留形成文件的信息，以作为证据，参考不合格的性质及其采取相应措施，并保留纠正措施的结果。

10.3　持续改进

组织应持续改进质量管理体系的适宜性、充分性和有效性。

组织应考虑管理评审的分析、评价结果，以及管理评审的输出，以确定是否存在持续改进的需求或机遇，这些需求或机遇应作为持续改进的一部分加以应对。

【条款理解】

持续改进是指增强满足要求的能力的循环活动。持续改进质量管理体系的适宜性、充分性和有效性，就是要求组织不断寻求对质量管理体系过程进行改进的机会。在质量管理体系中，组织可以通过数据分析、组织变更、风险识别和抓住机遇来对质量管理体系、过程、产品和服务进行改进。改进措施可以是日常渐进的改进活动，也可以是重大的改进活动。

持续改进是一个螺旋式上升的过程，在质量管理体系中明确了持续改进的基本活动，步骤和方法如下。

① 分析和评价现状，以识别改进区域。

② 确定改进目标。

③ 寻找可能的解决办法，以实现这些目标。

④ 评价这些解决办法并做出选择。

⑤ 实施选定的解决办法。

⑥ 测量、验证、分析和评价实施的结果，以确定这些目标已经实现。

⑦ 正式采纳更改。

持续改进是组织永恒的主题，由于组织应以顾客为关注焦点，而顾客的要求是不断变化的，因此一个组织想要提高顾客满意程度，就必须开展持续改进活动。

持续改进是 PDCA 循环不断进行的过程，如图 8-20 所示。

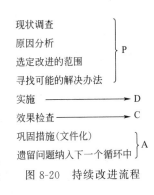

图 8-20　持续改进流程

知识四　质量体系的审核

一、概述

（一）质量体系审核的定义与内容

1. 质量审核定义

质量审核是确定质量活动和有关结果是否符合计划的安排，以及这些安排是否有效地实施并适合于达到预定目标的、有系统的、独立的检查。

2. 质量审核活动的特点

① 系统性：正式的、有序的活动。

② 独立性：审核的独立性和公正性。

3. 质量审核的内容

质量活动和有关结果是否符合计划的安排；这些安排是否能有效贯彻；贯彻的结果是否适合于达到目标。

（二）质量体系审核的目的和分类

1. 评价质量体系的目的

① 过程是否被确定并形成符合约定标准或合同的文件；

② 过程是否被充分展开并按文件要求贯彻实施；

③ 过程实施的客观证据是否证明能达到质量方针和预期的质量目标。

2. 质量体系审核的分类

① 第一方审核：由企业内部人员进行的质量体系审核，审核的对象为企业自身的质量体系。

② 第二方审核：由用户或其代表对其供应商进行的质量体系审核，审核的对象为供应商的质量保证体系（某种质量保证模式）。

③ 第三方审核（认证）：由独立于供需双方之外的认证机构对企业进行的质量体系审核。

（三）质量体系审核特点

1. 被审核的质量体系必须是正规的——文件化质量体系

正规的质量体系必须满足下列要求：

① 必须具有完整的质量体系文件；

② 文件控制、文件更改应符合标准的要求；

③ 实际行动与书面文件或非书面承诺应一致；

④ 必要的运作情况有可追溯的记录。

2. 质量体系审核必须是一种正式的活动

（1）质量体系审核必须依照正式、特定要求进行　特定的要求有：合同要求；质量手册、程序、作业指导书及其他管理性文件、技术文件；ISO 9000 族国际标准；有关的法律法规要求。以上特定要求需在确定审核任务时明确。

（2）质量体系审核依据正式程序和书面文件进行　要求：审核目的、范围明确；制订正式审核计划；制订实施审核计划的检查表；依据计划和检查表进行职业化审核。

（3）质量体系审核结果形成正式文件　审核结果以正式的审核报告（包括不合格报告）形式提交委托方或受审核方；审核报告和记录作为正式文件留存到规定期限。

（4）质量体系审核只能依据客观证据（即与质量体系和质量有关的事实）　客观证据包括：客观存在的证据；不受情绪或偏见左右的事实；可陈述、可验证的事实；可定性或定量的事实；可形成文件的陈述。

（5）从事质量体系审核的人员具备一定的资格　第一、二方审核人员受过一定培训、能胜任工作且与被审核的工作无直接责任；第三方认证的审核人员必须为国家注册审核员。

3. 质量体系审核是一种抽样审核

（1）质量体系审核的局限性

① 只能在某一时刻进行，不能跟踪全过程；

② 只能涉及体系的主要部门，不可能遍及整个体系；

③ 只能调查到具有代表性的人和事，不可能审查全部体系。

（2）质量体系审核是抽样进行的

① 抽样具有随机性，具有一定的风险；

② 应着重于发现有关系统失效的凭据；

③ 不应抱着"非查到问题"的目的去工作；

④ 任何审核都不能证明质量体系完美无缺。

（四）质量体系审核的步骤

1. 质量体系审核的两个阶段

（1）质量体系文件审查 审查受审核方是否建立了正规的、文件化的体系；审查文件的内容是否能正确、充分满足标准要求；了解受审核方的基本情况。

（2）现场审核 检查受审核方的现场运作是否符合特定要求（合同、质量手册、质量保证标准等）。

2. 外部审核的步骤

（1）提出审核 确定审核范围；审核组任务分配；准备工作文件（检查表、记录表等）。

（2）实施审核 首次会议；现场审核（收集客观证据、记录审核观察结果等）；末次会议。

（3）审核报告 编制审核报告；报告的分发、存档。

（4）纠正措施的跟踪 向受审核方提出采取纠正措施的要求；受审核方制订计划并实施纠正措施；纠正措施有效性的验证；记录并提出结论。

（5）监督 2～3年内对受审核方的整个质量体系进行监督检查；复审。

（五）内部质量体系审核与外部质量体系审核的比较

1. 内部质量体系审核与外部质量体系审核的相同点

内部质量体系审核和外部质量体系审核都属于质量体系审核的范畴，都要遵循《质量体系审核指南》标准中规定的基本原则，都是对质量体系进行审核，都要以 ISO 9000 族的有关标准作为审核的依据。第一、二、三方审核虽然各有多种目的，但有一个目的是大家都有的，即检查评价质量体系与有关质量标准的符合程度。两者都由独立于受审部门之外的审核员来进行；都按正规程序和做法进行，如成立审核组、编制检查表、实行现场审核、写不合格报告和审核报告等；审核顺序和阶段大致相同；审核员应具备的素质基本相同。

2. 内部质量体系审核与外部质量体系审核的区别

内部质量体系审核与外部质量体系审核的比较见表8-6。

表 8-6 内部质量体系审核与外部质量体系审核的比较

序号	项 目	内部质量体系审核	外部质量体系审核
1	委托方、审核方和受审方	无委托方,审核方和受审方均属同一个组织	第二方审核时委托方为需方,审核方为需方自己或需方委托的一个审核机构,受审方为供方。第三方审核时,审核方为体系认证机构,受审方是某个组织,委托方可以是受审方,也可以是其他组织
2	审核的主要目的和重点	主要目的在于改进自身的质量体系,故重点是发现问题,纠正和预防不合格	主要目的在于决定是否批准认证或签订购货合同,故重点是评价受审方的质量体系
3	前期准备工作	由组织的最高领导层组建审核机构或指定某职能机构主管审核工作,培训干部、制定程序、任命管理者代表	了解受审方情况,预审文件,决定是否受理申请(第三方审核),必要时预访或预审
4	审核计划	例行审核编制年度滚动计划,每月审核一个或几个部门或要素,半年或一年覆盖全部要素及部门(也可采用集中审核方式)	短期内集中审核所有有关部门和要素的现场审核计划
5	样本量及审核深度	时间比较充裕,样本量可取得较多,审核可以较深	时间较短,样本量及深度相对较小
6	首末次会议	虽也有较正规的首次会议,但由于都是同一组织内的人,不用互相介绍,其他内容也可简化,故首次会议较简短	正规的首末次会议,审核组长应作全面说明,包括人员介绍、审核程序、方法以及保密原则的声明等

序号	项　目	内部质量体系审核	外部质量体系审核
7	争执处理	如发生审核组与受审部门的争执时可提请管理者代表仲裁或最高领导决定	如发生争执，审核组应耐心地根据客观证据说服受审核方；如争执不能解决，最后只能请认可委员会仲裁
8	不合格问题的分类	按性质分类，目的在于抓住重点问题纠正，以及评价体系改进情况	按严重程度分类，目的在于决定是否予以通过认证（第三方审核或第二方认定）
9	纠正措施	重视纠正措施，对纠正措施计划不能做具体咨询，但可提方向性意见供参考，对纠正措施完成情况不仅要跟踪验证，还要分析研究其有效性	对纠正措施不能做咨询，对纠正措施计划的实施要跟踪验证
10	监督检验	无此内容	认证或认可后，每年至少要进行 1 次监督检查
11	审核员的注册	目前我国没有内部审核员注册制度；英国的内审员注册资格不是必不可少的	认证机构的审核员必须取得注册审核员资格

二、内部质量审核准备

（一）有关工作
① 建立审核工作系统。
② 资料收集及文件审核。
③ 制订审核计划。
④ 编制检查表。

（二）建立内部质量审核工作系统

1. 组织和人员的落实

（1）组织落实
① 指定内部质量审核责任人（如管理者代表）；
② 明确日常工作责任部门；
③ 明确各部门有关内部质量审核的职责；
④ 指派内部质量审核员和审核组。

（2）人员落实
① 选择内部审核员；
② 培训内部审核员；
③ 指派审核组长和审核员。

2. 工作程序和文件

（1）内部质量体系审核程序
① 如何制订年度工作计划和审核计划；
② 如何执行计划；
③ 由谁负责制订计划，谁监督检查计划的执行；
④ 审核实施过程及各阶段的要求；
⑤ 各阶段的责任部门及责任人。

（2）内部审核工作文件
① 年度工作计划；
② 审核计划；

③ 检查表。

（3）内部审核工作报告

① 不合格报告；

② 纠正措施报告；

③ 审核报告。

3. 审核组的审核准备工作

（1）审核组分配任务

① 审核组长分配任务（注意"审核员应与被审核区域无直接责任"原则）；

② 审核员按分配任务做好审核准备工作。

（2）审核员应做的预备工作

① 熟悉必要的文件和程序，并确保这些文件是完整的和可以接受的；

② 根据需要编制检查表或在已有检查表中增加补充问题；

③ 落实由于前一次的审核结果而制订的纠正措施的执行情况。

（三）资料收集和文件审核

1. 收集资料的目的

（1）有助于了解被审核区域的情况 有助于了解审核的范围；有助于了解受审核区域的人员构成；有助于熟悉受审核区域的技术结构；便于掌握审核的侧重点。

（2）有助于审核员工作量的分配 便于合理安排时间；便于合理制定抽样方案。

2. 收集资料的范围

① 质量体系文件：质量手册；程序文件；作业程序；以上文件的主要修改记录等。

② 其他有关文件：有关法律、法规；销售合同；材料、产品标准；组织机构图；工艺流程图；管理制度、标准、规范；质量记录等。

3. 质量体系文件审核

质量体系文件审查的目的：借助文件了解质量体系情况，以便制订审核计划；评价现有的文件化的质量体系的符合性；评价现有文件的有效性及控制情况。

内部质量审核对文件审查的要求：一般的内部审核可不对文件内容进行全面审查；需要时可对某些文件作专项的审查；重点是审查修改情况和文件控制。

4. 质量体系文件审查要点

形式审查和内容审查。

（1）形式审查 包括以下几个方面：

① 文件的发布、生效日期；

② 审核与批准是否按规定权限进行；

③ 是否按规定进行文件编号，在确定的范围发放；

④ 是否有页码、章节标记、文件名称等；

⑤ 是否最新版本，所有修改处是否有明确的修改状态标识。

（2）内容审核 包括以下几个方面：

① 文件规定与采用的标准的符合性；

② 文件的协调性；

③ 质量手册的内容。

（四）审核计划

1. 审核计划的概念

年度审核工作计划：在一年内审核的合理安排，可以集中安排若干次，也可在一年内多频次安排各类局部性审核。

审核计划：每一次审核的具体安排，可安排某些时间对某区域的审核，也可安排某时间进行某个要素的审核。

2. 年度审核工作计划

（1）制订年度审核工作计划的目的　保证内部审核的实施能有计划地进行；便于管理、监督和控制内部审核工作。

（2）年度审核工作计划的类型

① 集中式年度审核工作计划：在某计划时间内安排的集中式审核；审核可针对全部适用要素及相关部门，也可针对某些要素或部门；审核后的纠正行动及跟踪在限定时间内完成；适用于中小型企业、无专职机构及人员的情况。

此类审核具有很强的针对性，如新建质量体系试运行后；质量体系有重大变化时；发生重大质量事故时；外部质量审核前；领导认为需要时。

② 滚动式年度审核工作计划：审核持续时间较长；审核和审核后的纠正行动及其跟踪陆续展开；在一个审核周期内应保证所有适用要素及相关部门得到审核；重要的要素和部门可安排多频次审核；适用于大中型企业、设有专门内部审核机构或专职人员的情况。

3. 审核实施计划内容

① 制订审核计划目的；

② 明确审核的目的和范围；

③ 保证审核按规定的时间进行，便于控制审核过程；

④ 使受审核方做好准备；

⑤ 确定审核的策略。

（五）检查表

1. 检查表的作用

作现场审核的指引；保持审核目的，防止偏差；保证审核内容周密及完整；保证审核进度及连续性；确保合理的审核线路，防止浪费时间；减少随意性，保持客观、公正、规范。

2. 检查表的制定与内容

（1）检查表的制定

① 审查员根据任务分配准备检查表；

② 检查表需经审核组长批准；

③ 根据审核对象的规模及复杂程度决定检查表的多少；

④ 应覆盖质量体系各主要部分。

（2）检查表的内容

① 查什么：审核项目及要点；

② 如何查：审核方法、抽样量及步骤；

③ 哪里查。

3. 检查表的设计要点

① 对照标准和手册的要求；

② 选择典型的质量问题；

③ 结合受审部门特点；

④ 抽样有代表性；

⑤ 时间有余地；

⑥ 检查表有可操作性。

4. 检查表的编写方法

（1）按部门编写检查表要求 要覆盖该部门负责的主要要素，切不可沾边就要检查。

（2）按要素编写检查表

① 要抓住主要部门。

② 考虑正向还是逆向。

正向审核：先集中管理部门抽取一定样本，再到执行部门去审核。逆向审核：先在各具体部门检查样本再到集中管理部门审核。

（3）检查表的格式 审核涉及的部门；审核涉及的要素；审核员；陪同人员；编写日期；检查表审查人员签名及日期；检查表的编写。

（4）使用检查表时注意事项 使审核工作有序、按计划进行；灵活以达到最终目的；调整不偏离；不生搬硬套。

三、内部质量审核的实施

（一）首次会议

1. 首次会议的目的

确认审核的范围和目的；澄清审核计划中不明确的内容；简要介绍审查采用的方法和程序；建立审核组与受审核方的正式联系；落实审核组需要的资源和设施；确认审核组和受审核方领导都参加的末次会议的时间以及审核过程中各次会议的时间。

2. 首次会议的要求

建立审核活动的风格；准时、简短、明了，会议以不超过半小时为宜；获得受审核方的理解并给予支持；由审核组长主持会议。

3. 参加首次会议的人员

审核组全体成员；高层的管理者（必要时）；受审核部门代表及主要工作人员；管理者代表；来自其他部门的观察员（应征得受审核方同意）；陪同人员。

4. 首次会议程序

（1）会议开始 参加会议人员签到；审核组长宣布会议开始。

（2）人员介绍 审核组长介绍审核组成员及分工；各受审核部门介绍陪同人员。

（3）声明审核目的和范围 明确审核的目的；审核依据的标准；审核将涉及的部门。

（4）现场审核计划的确认 现场审核计划一般不宜做大的改动；征得各受审核部门对计划的最后确认。

（5）强调审核的原则 强调客观、公正原则；说明审核是抽样的过程；说明相互配合的重要性；提出不合格的报告形式。

（6）阐明一些重要问题 明确限制的区域及交谈人员（内部审核较少遇到）；需保密的情况；对有疑问的问题进行澄清；受审核方需说明的其他问题；确定末次会议的时间及地点、出席人员等。

（7）后勤安排的落实 受审核方指定陪同人员（内部审核有时可不要）；办公、交通、就餐等安排。

（8）会议结束 审核组长致谢。

（二）现场审核

1. 现场审核的流程图（图 8-21）

见面会(首次会议)

↓

现场审核

↓

总结会(末次会议)

图 8-21　现场审核流程图

2. 审核员的要求

干练的外表；礼貌的举止；文雅的性格；熟练的审核技巧和基本的专业知识；较强的逻辑判断能力和较高的归纳总结水准；严明的工作纪律作风；融洽的合作关系。

3. 审核用资料

ISO 9000 系列标准或其他专用标准（如 QS 9000 标准）；行业标准或法规；专业审核指导书；检查表；各种审核用表格（如签到表、不合格报告等）；企业文件（手册、程序文件、合同、图纸、生产流程图、作业规程等）。

审核用表格如表 8-7～表 8-11 所示。

表 8-7　审核计划

受审核方名称：							
受审核方	地址：				邮编		
	联系人		电话		传真		
审核类型:□初次审核							
审核目的:确定受审核方的质量管理体系是否符合 GB/T 19001—2016 idt ISO 9001:2015 标准要求,评价对法律、法规的符合性,验证其是否有效性运行,以决定是否能推荐认证注册。							
审核范围：						审核语言	
						中　文	
审核准则:□ISO 9001:2015			□受审核方质量管理体系文件			□适用的法律法规	
审核日期	年　月　日至　　年　月　日共　天。 年　月　日进驻现场进行审核前准备。						
审核组 组　员	姓　名 组长： 组员：	性　别		资　格		编组(组别)	
保密承诺：	参加审核的全体人员应对审核组在审核中可能涉及的受审核方产品、技术及审核等非公开信息,在未经受审核方的书面同意不向第三方泄露。						
审核报告的分发范围:□认证中心				□受审核方			

首次会议和末次会议请受审核方领导及有关部门负责人参加。

编制人员：　　　　　年　月　日　审核项目管理人员：　　　年　月　日

审核组长：　　　　　年　月　日　受审核方确认人员：　　　年　月　日

表 8-8　审 核 活 动 安 排

日期	时　间	受审核部门	主要活动及涉及的标准条款	审核员组别

表 8-9　检查表

序号	部门	检查内容	标准条款号	检查方法

表 8-10　不符合项报告

受审核方名称：

受审核部门		部门负责人		陪同人员	
审　核　员			审核日期		

不符合事实描述

不符合条款和内容：

□受审核方文件：

□标准：GB/T 19001：2016 idt ISO 9001：2015 中　　　　条款的要求

不符合项性质：　　□严重　　　　　　　□一般

审核组长：　　　　年　月　日　　　　　　　　　　受审核方代表：　　　　年　月　日

1. 原因分析

2. 纠正措施（包括纠正和措施，附书面证据；举一反三情况）

纠正措施完成日期：　　年　月　日　　　　　　　　受审核方代表：　　　　年　月　日

纠正措施完成情况

受审核方代表：　　　　年　月　日

纠正措施的验证

审核员：　　　　年　月　日　　　　　　　　　　审核组长：　　　　年　月　日

表 8-11　审核报告　　　　　　　　　　　　　　　　　　　　　　　　　　　　　　　　　　编号：

审核单位名称： 地址：　　　　　　　　　　　　　　　　　　　　　　　　　　　邮编： 电话：　　　　　　　　　传真：　　　　　　　　　　　　　　联系人：
受审核方名称： 地址： 　　　　　　　　　　　　　　　　　　　　　　　　　　　　　　邮编： 电话：　　　　　　　　　传真：　　　　　　　　　　　　　　联系人：
审核目的：确认受审核方的质量管理体系是否符合 GB/T 19001:2016 标准的要求,验证其是否运行有效,以确定是否能推荐认证注册。
审核范围：
审核准则：□GB/T 19001:2016 idt ISO 9001:2015 　　　　□法律、法规、产品标准 　　　　□受审核方编制的质量管理体系文件 　　　　□其他要求
审核类型：□初次审核
审核组成员： 　　姓名　　　　　　　　性别　　　　　　　　资格　　　　　　　　职责
审核日期：
审核报告发放范围：　□受审核方　　　　　　　　　　　　　　　　　□认证公司
审核情况综述： (1)文件审核 (2)现场审核实施 (3)不符合项综述 本次现场审核中发现严重不符合(　)项,一般不符合(　)项,观察项(　)项。其分布见附表。
其他说明(如与末次会议信息的差异、审核计划的变更以及产品覆盖范围的缩小、扩大变更的理由等)
质量管理体系有效性评价：
审核结论：　□推荐认证注册　　　□有条件推荐认证注册　　　□不推荐认证 　　　　　　　　　　　　　　　　　　　　　审核组长：　　　　　　年　月　日
纠正措施要求及验证方式 　　纠正措施完成时限： 　　验证方式：　□书面验证　　　　　　　□现场验证
监督审核的说明：如贵公司经批准获得认证注册,　　　　　　　质量管理体系认证中心(公司)将在证书有效期内对贵公司质量管理体系保持的情况进行监督审核(包括证书及认证标志的使用情况)。具体事项将另文说明。
特别说明： (1) 本次审核基于抽样调查,不能包含受审核方全部的活动,因此未发现的不符合项可能仍存在于目前的管理体系中。 (2) 如对审核结论有不同意见,可向　　　　　　　质量管理体系认证中心(公司)反映。
审核组长(签字)：　　　　　　　　　　｜受审核方确认意见： 　　　　　　　　　　　　　　　　　　｜□同意审核组的审核结论 　　　　　　　　　　　　　　　　　　｜□对审核组的审核结论有不同意见 　　　　　　　　年　月　日　　　　　｜受审核方代表(签字)　　　　　年　月　日
认证中心(公司)意见： □认证中心(公司)同意审核组的审核结论； □认证中心(公司)对审核组的审核结果有不同意见。不同意见可附页说明 　　　　　　　　　　　　　　签字人(盖章) 　　　　　　　　　　　　　　　　　　　　　　　　　　　年　月　日

（三）审核技巧之面谈

1. 面谈的目的

① 有关的控制是否符合相关标准的要求；

② 有无符合标准的客观证据；

③ 当有问题发生时，有关活动能否保持处于受控状态。

2. 面谈的对象选择注意事项

① 选择合适的人——节省时间；

② 明确面谈的目的——找对象；

③ 找相对较为新的员工面谈——培训程度；

④ 找老员工面谈——适应程度；

⑤ 避免受部门的引导来确定面谈对象。

3. 面谈时的要点

① 解释面谈的目的；

② 用开放式提问获取询问主题的基本情况；

③ 对回答用探索式提问作出进一步的反应；

④ 寻找事实的客观证据；

⑤ 用标准及程序检查审核的结果；

⑥ 用封闭式提问确认事实；

⑦ 记录审核发现；

⑧ 感谢对方的帮助与合作。

（四）审核技巧之提问

1. 提问的类型及目的

（1）提问类型　开放型提问；封闭型提问。

（2）提问的目的　解释你的需求，引导受审核方。例如，可以说："可以给我提供几份最近完成的设计评审记录吗？"不可以说："把设计评审的记录给我看。"

2. 提问注意事项

目的要明确，表达要准确；应考虑被问者的背景；注意被问者的神态表情，适时地表达好意，减轻对方的思想压力；努力理解被问者的回答，不能讲有情绪的话。

3. 开放型提问

开放型提问可以概括为"5W1H"（who-what-where-why-when-how），以可以得到广泛的回答为目的。例如："为什么你仅做一次设计评审""谁参加设计评审"。

4. 封闭型提问

封闭型提问以得到肯定或否定的回答为目的。例如："这个程序包括软件吗？""不包括。""那个唯一被记录的顾客投诉是顾客写信寄来的，对吗？""是。"

（五）审核技巧之记笔记

1. 要求

准确、清楚、全面、易懂、便于查询。

2. 内容

表明符合的事实或可能是不符合的事实；有效运作或无效运作的观察；印象深刻的现象、产品、文件、运作、条件、态度等案例。

3. 细节的记录

产品标识；文件设备；区域及位置。例如：物料 Q89756 的供应商因价格因素被采购经理选中。

(六) 审核技巧之观察

① 观察文件的状态。如：现行的还是过期的；整洁的还是肮脏的；合法更改的还是非法更改的。

② 观察产品状况（清洁的还是肮脏的，有无损坏、泄漏等）。如：产品是否生锈等。

③ 工具和设备的用途、状态（校准状态、验收状态和修理状态等）等。

④ 数据资料的保管情况。

⑤ 材料的保护状态。

知识五　质量管理体系的认证

一、认证程序

企业在质量管理体系运行 3 个月，并进行了一次系统、全面、有效的内部审核后可以申请外部认证。认证程序如图 8-22 所示。

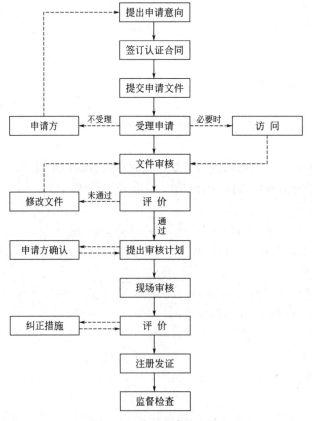

图 8-22　认证程序流程图

ISO 9000 体系认证

认证申请程序说明如下。

① 企业向认证机构提出申请文件和企业质量体系文件，表明申请认证意向。

② 认证机构接受企业的受理则签订认证合同，进入审核准备，如不受理，企业可以向其他认证机构提出申请。

③ 认证机构对企业的体系文件进行文件评审。在文件评审前，认证机构在必要时可以安排一次初访，以便了解企业的情况。

④ 认证机构对企业文件评审结论为"通过"时，认证机构进行认证审核的准备工作，包括成立审核组、编制审核计划等，审核计划要得到企业的确认。若文件评审未通过，可以要求企业限期整改，修改后重新进行文件评审。

⑤ 认证机构进入企业的现场审核，以对企业的质量管理体系进行评价，寻找企业体系运行的优点和不符合，对于不符合，要求企业知道纠正措施、进行限期整改，并对企业的纠正措施进行验证。若企业的纠正措施有效，认证机构便对企业进行认证注册。

⑥ 以后每年要对企业的质量体系的运行情况进行一次监督检查。

二、 企业在认证审核中应该注意的问题

1. 准备要尽可能充分

企业进行认证注册是企业发展中的一件大事，企业上下一定要给予高度重视，认真准备。

2. 积极配合认证机构的现场审核工作

认证机构进入企业进行现场审核，虽然审核结果对于企业能否通过认证注册至关重要，但是审核组在现场审核时发现的问题对于企业质量管理体系更有效地发挥作用具有更加深远的意义。所以企业应积极配合审核组的现场审核工作，为其创造很好的审核氛围。

 【目标检测】

1. ISO 9000 的含义是什么？

2. 简述质量管理体系的概念。

3. ISO 9000 质量管理体系的七项基本原则是什么？

4. ISO 9000 质量管理体系十二条基础是什么？

5. ISO 9001 质量管理体系的组成是什么？

6. 质量系统审核的步骤是什么？

7. 内部质量审核包括哪些内容？

PPT　　　　　　　习题　　　　　　思维导图

项目九
食品安全质量管理

【学习目标】

1. 了解食品污染的途径。
2. 掌握控制食品污染的途径。
3. 了解食品安全性评价的程序。

【思政小课堂】

1. 苏丹红一号是一种红色染料，一般用于溶剂、油、蜡、汽油增色以及鞋、地板等的增光。研究表明，苏丹红一号具有致癌性。中国和欧盟都禁止将其用于食品添加剂。

2005 年 2 月 18 日，英国食品标准局就发出警告，并公布了 30 家企业生产的可能含有苏丹红一号的产品清单。就在英国食品标准局把这份通告发出的十多天之后，北京市政府食品安全办公室向社会通报，经检测认定，广东某辣椒油中含有苏丹红一号。在短短不到一个月的时间里，新奥尔良烤翅、辣椒萝卜、辣椒粉等食品里也都相继发现了苏丹红一号。

2. 剧毒农药"3911"也就是甲拌磷，属于国家明令禁止在蔬菜上使用的剧毒农药，其残留可以导致头痛、头晕、呕吐、腹泻等症状，重者还可出现呼吸困难、昏迷等，长期食用会影响人的中枢神经，甚至导致畸胎和癌变。2004 年 4 月媒体报道河北某县出现喷洒了剧毒农药"3911"的韭菜。

据统计数据表明，食物中毒事件中，由农药残留引起的食物中毒问题占有相当大的比例，且死亡率极高。

3. 亚硝酸盐具有很强的毒性，摄入 0.2～0.5g 就可引起中毒，3g 可致死，该物质进入血液后与血红蛋白结合，使之变为高铁血红蛋白，失去携氧能力，导致组织缺氧。另外，亚硝酸盐对周围血管有麻痹作用，中毒的症状体征有头痛、头晕、乏力、胸闷、气短、心悸、恶心、呕吐、腹痛、腹泻，口唇、指甲及全身皮肤、黏膜发绀等，严重者意识蒙眬、烦躁不安、昏迷、呼吸衰竭甚至死亡。

2004 年媒体报道全国发生多起亚硝酸盐食物中毒事件，其中山西省某酒店非法使用亚硝酸盐造成 168 人中毒；陕西省某餐馆非法使用亚硝酸盐造成 115 人中毒；吉林省长春市因不法分子用亚硝酸盐投毒造成 117 人中毒。

4. 2001 年在江苏、安徽等地暴发的大肠杆菌 O157：H7 食物中毒，造成 177 人死亡，中毒人数超过 2 万人。

5. 2002 年 11 月 7 日，广东河源市、信宜市发生群体性严重食物中毒事件，发病人数河源市 480 人、信宜市 530 人，原因是吃了含"瘦肉精"的猪肉引起中毒。

以上案例告诉人们，食品一旦受到污染，就会造成严重的生命财产安全事故，因此，在日常生活中要加强食品质量管理，防止各种污染事件发生。

知识一　概　　述

食品安全质量是指食品质量状况对食用者健康、安全的保证程度。用于消费者最终消费的食品不得出现因食品原料、包装问题或生产加工、运输、储存过程中的存在的质量问题而对人体健康、人身安全造成或者可能造成不利影响。食品的质量必须符合国家的法律、行政法规和强制性标准的要求，不得存在危及人体健康和人身财产安全的不合理危险。

食品安全质量实际包括以下三个内容。

1. 食品的污染对人类的健康、安全带来的威胁

按食品污染的性质来分，有生物性污染、化学性污染、物理性污染；按食品污染的来源划分，有原料污染、加工过程污染、包装污染、运输和储存污染、销售污染；按食品污染发生情况来分，有一般性污染和意外性污染。目前，畜禽肉品激素和兽药的残留问题日益突出，可能成为 21 世纪的食品污染重点问题之一。

2. 食品工业技术发展所带来的质量安全问题

如食品添加剂、食品生产配剂、辐照食品、转基因食品等，这些食品工业的新技术多数采用化工、生物以及其他的生产技术。采用这些技术生产加工出来的食品对人体有什么影响，需要一个认识过程，不断发展的新技术不断带来新的食品质量安全问题。

3. 滥用食品标识

食品标识是现代食品质量不可分割的重要组成部分。各种不同食品的特征及功能主要是通过标识来展示的。因此，食品标识对消费者选择食品的心理影响很大。一些不法的食品生产经营者时常利用食品标识这一特性欺骗消费者，使消费者受骗，甚至身心受到伤害。当前食品标识的滥用比较严重，主要有以下问题。

① 伪造食品标识。如伪造生产日期、冒用厂名厂址、冒用质量标志。

② 缺少警示说明。

③ 虚假标注食品功能或成分，用虚夸的方法展示该食品本不具有的功能或成分。

④ 缺少中文食品标识。进口食品，甚至有些国产食品，利用外文标识，让消费者无法辨认。

知识二　食品污染及其控制

一、食品污染途径

食品在生产、加工、储藏、运输、销售及消费过程中都可受到各种污染，可能受污染的途径有以下几种。

（一）原材料受污染

食品通常在待加工时，原料就已经被污染。食品原料品种多、来源广，其污染的程度因品种和来源不同而异。食品原料在采集、加工前期表面往往带有众多微生物，尤其原料表面

破损之处常有大量微生物聚集。即使在运输储藏过程中注意到卫生措施，但由于在产地早已污染了大量微生物，如果不加处理，这些微生物是不会消失的。所以，加工前的原料食品中所含的微生物无论在种类上还是数量上，总是比加工后要多得多。

（二）加工过程的污染

这是微生物污染机会最多的环节。由于不卫生的操作和管理而使食品被环境、设备、器具中的一些微生物所污染；食品在生产加工过程中，原料对成品所造成的交叉污染；车间卫生、加工设施、从业人员个人卫生等不良状况都能造成食品的污染。主要有以下几种方式：

1. 交叉污染

这是食品安全中非常重要的问题。所谓交叉污染，就是微生物从一种污染源转移到另一种未经污染的食物上（通常指加工过可直接食用的食物）。如果这种可直接食用的食物适合微生物生长，并在温暖的室内放一段时间，那么转移到可直接食用食物上的少数微生物将会大量地繁殖起来。

2. 微生物在食品、设备及加工用具容器之间相互传播造成食品污染

直接接触食品的加工机械、管道、容器和工具等未经彻底清洗和消毒往往会直接污染加工中的食品。

3. 烹调加工过程中的污染

在食品加工过程中，未能严格做到烧熟煮透，再加之管理方法不卫生，使食品中已存在的或污染的微生物大量生长繁殖。

4. 食品从业人员对食品的污染

食品从业人员不认真执行卫生操作规程，不讲究个人卫生，通过手、上呼吸道、服装等造成食品的微生物污染。不按规定进行健康体检，如有健康带菌的从业人员，可通过不卫生的习惯和操作使食品受到微生物污染，这种健康带菌的传染源可引起食物中毒或其他食源性疾病的发生和流行。来自从业人员的病原菌通常是在制作和供应食品时通过从业人员的手扩散到食品上的。

（三）储藏过程的污染

食品储藏的环境条件是食品储藏过程中造成微生物污染的主要因素。不良的储藏环境会使微生物通过空气、鼠或昆虫污染食品；不利的储藏条件会使食品中的微生物大量生长繁殖。

（四）运输与销售过程的污染

食品运输的交通工具和容器具不符合卫生条件，可使食品在运输过程中再次受到污染；食品在销售过程中的污染往往被忽视，散装食品的销售用量具、包装材料都可能成为污染源；销售人员不合理的操作也可能造成食品的污染。

（五）食品消费的污染

食品在消费过程中也可能被污染且更易被忽视，食品在购买后到消费这一段时间内的存放不合理（如生熟不分、过分相信冰箱而使食品在冰箱中的存放时间过长、烹调用具的不卫生等）均可造成食品的污染。

二、各种污染物对食品的污染

食品污染是指食品受到有害物质的侵袭，致使食品的质量安全性、营养性和/或感官性状发生改变的过程。随着科学技术的不断发展，各种化学物质的不断产生和应用，有害物质的种类和来源也进一步繁杂，食品污染大致可分为：食品中存在的天然有害物；环境污染

物；滥用食品添加剂；食品加工、储存、运输及烹调过程中产生物质或工具、用具中的污染物。根据污染物的性质，食品污染可分为生物性污染、化学性污染、物理性污染。食品污染造成的危害，可以归结为：

① 影响食品的感官性状；

② 造成急性食品中毒；

③ 引起机体的慢性危害。

随着新的食品资源的不断开发，食品品种的不断增加，生产规模的扩大，加工、储藏、运输等环节的增多，消费方式的多样化，人类食物链变得更为复杂。食品中诸多不安全因素可能存在于食物链的各个环节，主要表现在以下几个方面：

① 微生物、寄生虫等生物污染；

② 环境污染；

③ 农用、兽用化学物质的残留，如化肥、农药、兽药等；

④ 自然界存在的天然毒素；

⑤ 营养素不平衡；

⑥ 食品加工和储藏过程中产生的毒素；

⑦ 食品添加剂的使用；

⑧ 食品掺伪；

⑨ 新开发的食品资源及新工艺产品；

⑩ 包装材料；

⑪ 过量饮酒；

⑫ 其他。

（一）微生物、寄生虫、生物毒素等生物污染

在整个生产、流通和消费过程中，都可能因管理不善而使病原菌、寄生虫滋生及生物毒素进入人类食物链中。微生物及其毒素导致的传染病流行，是多年来危害人类健康的顽症。据世界卫生组织公布的资料，在过去的 20 多年间，在世界范围内新出现的传染病已得到确认的有 30 余种。此外，我国海域辽阔，海洋中寄生吸虫及其他寄生虫种类繁多，这些自然疫源性寄生虫一旦侵入人体，不仅能造成危害，甚至可导致死亡。人类历史上一些猖獗一时的传染性疾病如结核病、脑膜炎等，在医药卫生及生活条件改善的情况下，已得到一定程度的控制。但现实证明，人类在与病原微生物较量中的每一次胜利都远非一劳永逸，一些曾已得到有效控制的传染性疾病如结核病如今在一定范围内又有蔓延的趋势。由霍乱导致的饮水和环境卫生恶化又开始出现。登革热、鼠疫、脑膜炎等也在世界一些国家或地区接连发生。一种能引起肠道出血的大肠杆菌在欧美、日本、中国香港等国家和地区先后多次危害人类，在世界上引起了很大的震动。微生物、寄生虫污染是造成食品不安全的主要因素，也始终是各国行政部门和社会各界努力控制的重中之重。

因微生物及其毒素、病毒、寄生虫及其虫卵等对食品的污染造成的食品质量安全问题为食品的生物性污染。这里所说的微生物及其毒素，主要指细菌及细菌毒素、真菌及真菌毒素等。微生物主要通过空气、土壤、水、食具、患者手或排泄物等途径污染食品，它们都含有多种有机物的酶类而作用于食品。

细菌对食品的污染通过以下几种途径发生：一是对食品原料的污染。食品原料品种多、来源广，细菌污染的程度因不同的品种和来源而异。二是对食品加工过程中的污染。三是在食品储存、运输、销售中对食品造成的污染。食品的细菌污染指标主要有菌落总数、大肠菌群、致病菌等几种。常见的易污染食品的细菌有假单胞菌、微球菌和葡萄球菌、芽孢杆菌与

芽孢梭菌、肠杆菌、弧菌和黄杆菌、嗜盐杆菌、乳杆菌等。

真菌及其产生的毒素对食品的污染多见于南方多雨地区，目前已知的真菌毒素有200余种，不同的真菌其产毒能力不同，毒素的毒性也不同。与食品关系较为密切的真菌毒素有黄曲霉毒素、赭曲霉毒素、杂色曲霉毒素、岛青霉毒素、黄天精、橘霉素、单端孢霉素类、丁烯酸内酯等。真菌和真菌毒素污染食品后，引起的危害主要有两个方面：真菌引起的食品变质和真菌产生的毒素引起人类中毒。真菌污染食品可使食品的食用价值降低，甚至完全不能食用，造成巨大的经济损失。据统计，全世界每年平均有2%的谷物由于霉变不能食用。真菌毒素引起的中毒大多通过被真菌污染的粮食、油料作物以及发酵食品等引起，而且真菌中毒往往表现为明显的地方性和季节性。

影响真菌生长繁殖及产毒的因素是很多的，与食品关系密切的有水分、温度、基质、通风等条件，为此，控制这些条件，可以减少真菌及其毒素对食品造成的危害。

寄生虫及虫卵污染主要通过病人、病畜及水生物等污染途径。其方式是由于病人、病畜的粪便或粪便污染水源、土壤，从而使家畜、鱼类、蔬菜受到污染。昆虫污染是由于盛装食物地点清扫、消毒杀虫等卫生措施不严，储存的卫生条件不良，缺少防蝇防尘设备，导致昆虫产卵繁殖。

（二）环境污染

环境污染物在食品中的存在有其自然背景和人类活动影响两方面的原因。其中，无机污染物如汞、镉、铅等重金属及一些放射性物质，在一定程度上受食品产地的地质地理条件影响，但是更为普遍的污染源则主要是工业、采矿、能源、交通、城市排污及农业生产等带来的，通过环境及食物链而危及人类健康。有机污染物中的二噁英、多环芳烃、多氯联苯等工业化合物及副产物，都具有可在环境和食物链中富集、毒性强等特点，对食品安全性威胁极大。在人类环境持续恶化的情况下，食品中的环境污染物可能有增无减，必须采取更有效的对策加强治理。核试验、核爆炸、核泄漏及辐射等能使食品受到放射性核素污染，对食品安全性造成威胁。前苏联发生的切尔诺贝利核泄漏事故，使几乎整个欧洲都受到核沉降的危害。首当其冲的是牛羊等草食动物，欧洲许多国家当时生产的牛乳、肉、动物肝脏，都因为发现有超量的^{131}I、^{137}Cs、^{110}Ag等放射性核素而被废弃。日本牛乳中所含的^{131}I也超出正常值的4～5倍。

1. 食品的重金属污染

20世纪50年代中期，在日本曾经因为人吃了受重金属汞（Hg）污染的鱼而出现了震惊世界的水俣病。1956～1960年间，日本水俣湾地区妇女生下的婴儿多数患先天性麻痹痴呆症。我国东北松花江流域部分地区也因鱼体重金属汞（Hg）含量高，当地居民体内含汞量高，也出现幼儿痴呆症。在日本因食用遭受重金属镉（Cd）污染的大米，受害者首先是肾脏受损脱钙，继而出现骨软化、骨萎缩，甚至出现骨弯曲变形、骨折，重病者的身长比健康时缩短10～30cm，病人全身骨痛难忍。这些受害者几乎全部是妇女，又以47～54岁绝经期前后和妊娠期妇女为多。在瑞典曾发现在排放镉、铅、砷的冶炼厂工作的女工，其自然流产率和胎儿畸形比率均明显增高。

2. 食品的物理性污染

通常指食品生产加工过程中的杂质超过规定的含量，或食品吸附、吸收外来的放射性核素所引起的食品质量安全问题。如小麦粉生产过程中，混入磁性金属物，就属于物理性污染。其另一类表现形式为放射性污染，如天然放射性物质在自然界中分布很广，它们存在于矿石、土壤、天然水、大气及动植物的所有组织中，特别是鱼类、贝类等水产品对某些放射性核素有很强的富集作用，使食品中放射核素的含量可能显著地超过周围环境中存在的该核素比放射性。放射性物质的污染主要是通过水及土壤污染农作物、水产品、饲料等，经过生物圈进入食品，并且可通过食物链转移。

放射性核素对食品的污染有三种途径：一是核试验的降沉物的污染；二是核电站和核工业废物的排放的污染；三是意外事故泄漏造成局部性污染。食品中放射性物质来源主要有两个方面：一是来自宇宙和地壳中的放射物质，即天然本底（天然污染）。二是来自核试验、原子能和平利用所产生的放射物质，即人为放射性污染。

（三）营养素不平衡

营养素不平衡就其涉及人群之多和范围之广而言，在当代食品安全性问题中已居于发达国家的首位。因过多摄入能量、脂肪、蛋白质、糖、盐和低摄入膳食纤维、某些矿物质和维生素等，使近年来患高血压、冠心病、肥胖症、糖尿病、癌症等慢性病的病人显著增多。这说明食品供应充足，不注意饮食平衡，同样会给人类健康带来损害。我国学者萧家捷曾提出，即使就缺钙这一世界性问题而言，补钙也并非越多越好。人类要保持健康，所需的任何营养素都有适当的限量，而且还要求各种营养素之间保持平衡。

（四）农药与兽药残留

自从 1837 年李比希构建了农业化学时代后，100 多年过去了，这个时代依旧在延续着，它在填饱人们肚子的同时，也给人类带来无尽的痛苦。从 20 世纪 60 年代开始广泛应用于工业、农业中的各种化学制剂、化肥、高效杀虫剂对环境及食品的污染，导致了人类生殖力下降，这些化学物质能够干扰人类雌激素、雄激素分泌。据统计，到 20 世纪末的 50 年间，男性生育能力下降十分明显，甚至有人认为人类如果不加以控制，最后会被自己创造的化学物质所消灭。尽管这有点危言耸听，但环境和食品中化学物质的危害应该引起高度重视。一项人类流行病学调查显示，人类的生殖内分泌障碍包括激素水平改变、生殖器畸形、精子活力降低或数量减少、发育异常及某些癌症如乳腺癌、睾丸癌、卵巢癌等均与环境污染有关。由于这些物质多具有亲脂性，可以通过食物链发生生物富集和生物放大，进入人体后也难以消除而发生聚集效应。

1. 农药、兽药、饲料添加剂对食品安全性产生的影响

农药、兽药、饲料添加剂对食品安全性产生的影响，已成为近年来人们关注的焦点。在美国，由于消费者的强烈反应，35 种有潜在致癌性的农药已列入禁用的行列。我国有机氯农药虽于 1983 年已停止生产和使用，但由于有机氯农药化学性质稳定，不易降解，在食物链、环境和人体中可长期残留，目前在许多食品中仍有较高的检出量。随之代替的有机磷类、氨基甲酸酯类、拟除虫菊酯类等农药，虽然残留期短、用量少、易于降解，但农业生产中滥用农药，导致害虫耐药性的增强，这又使人们加大了农药的用量，并采用多种农药交替使用的方式进行农业生产。这样的恶性循环，对食品安全性以及人类健康构成了很大的威胁。

为预防和治疗家畜、家禽、鱼类等的疾病，促进生长，大量投入抗生素、磺胺类和激素等药物，造成了动物性食品中的药物残留，尤其在饲养后期、宰杀前施用，药物残留更为严重。一些研究者认为，动物性食品中的某些致病菌如大肠杆菌等，可能因滥用抗生素造成该菌耐药性提高而形成新的耐药菌株。将抗生素作为饲料添加剂，虽有显著的增产防病作用，但却导致了这些抗生素对人类的医疗效果越来越差。尽管世界卫生组织呼吁减少用于农业的抗生素种类和数量，但由于兽药产品给畜牧业和医药工业可带来的丰厚经济效益，要把兽药纳入合理使用轨道远非易事，因此，兽药的残留是目前及未来影响食品安全性的重要因素。

2. 食品的有机物质的污染

有机污染物以化学农药污染为代表。已有报道表明，癌症发病率的逐年提高与农药使用

量成正比，农村儿童白血病 $40\%\sim50\%$ 的诱因之一是农药。另外，妇女的自然流产率与畸形胎儿出生率的增高都与农药使用有关，某些除草剂可致胎儿畸形，如小头畸形、多趾等。目前全国农药使用量为 200000t 左右，真正利用率仅 $10\%\sim20\%$，其余进入环境。许多农民由于缺少环保知识，施用农药的技术不过关，因此农药事故屡有发生。农药事故危及人数在美国每年高达 3 万～4 万人，我国每年也有上万人甚至 10 万人以上受到农药的危害。

3. 食品的非金属物质的污染

非金属物质以硝酸盐污染与人体关系最为密切。蔬菜富含维生素、矿质营养元素、碳水化合物、蛋白质、脂肪、纤维素和糖酸物质，是人类不可缺少的食物，但在生产中常因施肥不当而引起硝酸盐在菜体中的积累。人体摄入硝酸盐总量的 80% 以上来自蔬菜。硝酸盐本身毒性不大，但它在人体胃肠中可转化为危害很大的致病、致癌物质——亚硝酸盐，可造成人体尤其是婴幼儿的血液失去携氧功能，出现中毒症状，它还可与胃肠中的胺类物质合成极强的致癌物质——亚硝胺，可导致胃癌和食管癌。日本人每天摄入的硝酸盐相当于美国人摄入的 3～4 倍，故日本的胃癌死亡率比美国高 6～8 倍。所以，在食品店挑选蔬菜和食品时，必须注意其硝酸盐含量的高低。

4. 食品的化学性污染

目前食品的化学性污染危害最严重的是化学农药、有害金属、多环芳烃类如苯并 $[a]$ 芘、N-亚硝基化合物等化学污染物，滥用食品加工工具、食品容器、食品添加剂、植物生长促进剂等也是引起食品化学污染的重要因素。

(1) 食品的化学性污染的分类　常见的食品的化学性污染有农药的污染和工业有害物质的污染。目前世界各国的化学农药品种有 1400 多个，作为基本品种使用的有 40 种左右。

① 按其用途分：杀虫剂、杀菌剂、除草剂、植物生长调节剂、粮食熏蒸剂等。

② 按其化学成分分：有机氯、有机磷、有机氟、有机氮、有机硫、有机砷、有机汞、氨基甲酸酯类等。另外还有氯化苦、磷化锌等粮食熏蒸剂。

农药除了可造成人体的急性中毒外，绝大多数会对人体产生慢性危害，并且都是通过污染食品的形式造成。

(2) 农药污染食品的主要途径　农药污染食品的主要途径有以下几种：

① 为防治农作物病虫害使用农药，喷洒作物而直接污染食用作物；

② 植物根部吸收；

③ 空中随雨水降落；

④ 食物链富集，土地中的有害物质通过一级级食物链积聚；

⑤ 运输、储存中混放。

几种常用的、容易对食品造成污染的农药品种有：有机氯农药、有机磷农药、有机汞农药、氨基甲酸酯类农药等。随着现代工业技术的发展，工业有害物质及其他化学物质对食品的污染也越来越引起人们的重视。工业有害物质及其他化学物质主要指金属毒物等。工业有害物质污染食品的途径主要有环境污染，食品容器、包装材料和生产设备、工具的污染，食品运输过程的污染等。

(3) 化学污染的途径

① 农业中化学物质的广泛应用，由于喷洒、熏蒸、拌种、施肥、除草等使用不当而使食品受到间接或直接的污染或造成一定的残留。

② 不合卫生要求的容器、器械、运输工具及包装材料等，由于其中有不稳定的金属或类金属有害物质，接触食品时在一定条件下可被溶解而污染食品。用盛装过有害物质的容器存放食品时，也可造成污染。

③ 不合卫生要求的食品添加剂的使用，使添加剂本身或含有的有害物质进入食品中。

④ 工业三废不合理的排放。尤其是工业废水中的某些有毒有害物质通过食品表面吸收。

（五）食品添加剂

为了有助于加工、包装、运输、储藏过程中保持食品的营养成分，增强食品的感官性状，适当使用一些食品添加剂是必要的。但要求使用量控制在最低有效量的水平，否则会给食品带来毒性，影响食品的安全性，危害人体健康。

食品添加剂对人体的毒性概括起来有致癌性、致畸性和致突发性。这些毒性的共同特点是要经历较长时间才能显露出来，即可对人体产生潜在的危害。如动物试验表明，甜精（对乙氧基苯脲）能引起肝癌、肝肿瘤、尿路结石等。大量摄入苯甲酸能导致肝、胃严重病变，甚至死亡。

目前在食品加工中还存在着滥用食品添加剂的现象，如使用量过多、使用不当或使用禁用添加剂等。另外，食品添加剂还具有积蓄和叠加毒性，其本身含有的杂质和在体内进行代谢转化后形成的产物等也给食品添加剂带来了很大的安全性问题。

人工合成色素是以煤焦油为原料制成的，常被人们称为煤焦油色素或苯胺色素。人工合成色素不仅种类多、着色力强，而且成本低，深受生产者的欢迎。人工合成色素并不像天然色素那样是一种安全系数很高的物质，它们本身的化学性质决定其有剧毒性。煤焦油和苯胺不仅可引起神经性的中毒，而且具有明显的致癌性，尤其易引发膀胱癌。另外，合成色素在加工、生产过程中，往往还会引入重金属铅、砷、汞等。如果不能合理使用这些合成色素，人体摄入过量，必然给人体健康带来危害。尤其是婴幼儿和儿童，身体正处于生长发育阶段，各种器官十分娇嫩，肝脏的解毒功能和肾脏的排泄功能都比较脆弱。经常食用艳色食品，色素在体内蓄积过多，会消耗体内的解毒物质和干扰正常的代谢功能，甚至导致腹泻、腹胀和营养不良等病症。近年来又有专家发现，食用人工合成色素还会严重影响人的神经传导功能，使儿童发生多动症，注意力无法集中。至于超标准使用或使用已被淘汰的合成色素，则可能致癌、致畸，其后果不堪设想，人们不可掉以轻心。

（六）食品加工、储藏和包装过程

食品烹饪过程中因高温而产生的多环芳烃、杂环胺都是毒性极强的致癌物质。食品加工过程中使用的机械管道、锅、白铁管、塑料管、橡胶管、铝制容器及各种包装材料等，也有可能将有毒物质带入食品，如单体苯乙烯可从聚苯乙烯塑料包装进入食品；当采用陶瓷器皿盛放酸性食品时，其表面釉层中所含的铅、镉和锑等物质能溶解出来；用荧光增白剂处理的纸作包装材料，纸上残留有毒的胺类化合物易污染食品；不锈钢器皿存放酸性食品时间较长溶出的镍、铬等也可污染食物。即便使用无污染的食品原料，加工的食品并不一定都是安全的。因为很多动物、植物和微生物体内存在着天然毒素，如蛋白抑制剂、生物碱、氰苷、有毒蛋白和肽等，其中有一些是致癌物或可转变为致癌物。另外，食品储藏过程中产生的过氧化物、龙葵素和醛、酮类化合物等，也给食品带来了很大的安全性问题。

（七）新型食品和其他

随着生物技术的发展，转基因食品陆续出现，如转基因大豆、番茄、玉米、马铃薯等。它们具有产量高、富有营养、抗病虫害，在不利气候条件下可获得好收成等优点，具有良好的发展前景。但转基因食品携带的抗生素基因有可能使动物与人的肠道病原微生物产生耐药性；抗昆虫农作物体内的蛋白酶活性抑制剂和残留的抗昆虫内毒素可能对人体健康有害；随着基因改造的抗除草剂农作物的推广，可能会造成除草剂用量增加，导致食品中除草剂残留量加大，危害食用者的健康。欧洲一些国家规定，基因工程食品应在食品标签上注明。这一点也反映了人类对基因工程食品的安全性问题至今还了解不够，其安全性问题还需要进一步研究确证。

辐照食品在杀灭食品中的有害微生物和寄生虫、延长食品的保藏时间以及提供不经高温处理可保持食品新鲜状态等方面发挥了很大的作用。目前对辐照食品的安全性研究结果认为，在规定剂量的条件下，基本上不存在安全性问题。但剂量过大的放射线照射食品可造成致癌物、诱变物及其他有害物质的生成，并使食品营养成分被破坏、伤残微生物产生耐放射性等，可对人类健康产生新的危害，这方面的安全性应引起关注。

保健食品是具有某些特定功能的食品，它们既不是药品也不是一般的食品，对其食用有特定的针对性，只适宜于某些人群。随意或盲目食用对自身无益的药膳或保健食品，可能会带来不良后果。

此外，假冒伪劣食品、过量饮酒、不良的饮食习惯等对人体健康的危害是有目共睹的。

综上所述，食品不安全因素可能产生于人类食物链的不同环节。其中的某些有害物质或成分，特别是人工合成的化学品，可因生物富集作用而使处在食物链顶端的人类受到高浓度毒物危害。研究和认识处在人类食物链不同环节的不安全因素及其可能引发的饮食风险，掌握其发生发展的规律，是有效控制食品风险、提高食品安全性的前提和基础。

三、控制食品污染的措施

根据以上食品污染来源，现在防止污染主要有以下措施。

① 进行防止食品污染的宣传教育，使广大人民群众特别是与食品工作有关的人员懂得食品污染的危害，自觉地做好防止污染工作。

② 制定、颁发和执行国家食品安全标准，国家制定有关食品容器和包装材料的要求和标准。

③ 有关部门要坚决贯彻执行食品卫生法律和国家食品安全标准，加强本部门的食品卫生管理，防止食品在加工、运输、栽培、储存等方面受潮霉变以及受有毒有害物质的污染和有毒成分的残留。

④ 加强食品检验和食品卫生监督，把好食品生产、出厂、出售、出口、进口等的卫生质量关。

⑤ 食品企业要严格执行卫生法律和食品安全标准。从厂房布局、车间布置、生产设备、生产流程、包装容器、操作规程到工人个人卫生都要符合有关规定。

⑥ 工矿企业要治理三废，不能随便排放污水、倾倒废渣、排放有毒气体。

从技术上来看，控制食品腐败变质的措施主要是从减弱或消除引起食品腐败的各种因素作用来考虑，首先应减少微生物污染和抑制微生物的生长繁殖，要求食品企业注意生产环节的卫生问题，采取抑菌或灭菌的措施；抑制酶活力；防止各种环境因素对食品的不利作用，以达到防止或延缓食品质量的变化。

目前常用的食品防腐保藏方法有：

① 低温防腐；

② 高温灭菌防腐；

③ 脱水防腐；

④ 提高渗透压防腐；

⑤ 提高氢离子浓度防腐；

⑥ 化学添加剂防腐。

除上述防腐方法外，现在国内外食品工业部门对部分食品开始应用电离辐射或抗生素、微波等方法进行食品防腐。

从毒韭菜到炸鸡翅，从速溶茶到儿童奶粉，关于食品质量的报道中不断有"致癌农药""苏丹红""氟化物""碘元素""亚硝酸盐"等化学名词出现。各类污染正成为危及食品安全的"杀手"，诸多食品安全事件均与化学污染有关。业内人士认为，要抓好食品质量安全，根本在于管好食品加工企业，消除直接威胁食品安全的隐患。

目前食品加工企业存在的威胁、食品安全的隐患主要有以下几点。

① 相当一部分食品企业规模过小，基本上属于家庭作坊式的，根本不具备生产的工艺、设备和条件。

② 相当数量的食品企业不具备检验能力。

③ 企业管理混乱，甚至一些作坊式企业根本没有什么管理，而且生产人员素质低，难以保证产品质量。

④ 少数企业非法过量使用增白剂、防腐剂、色素，甚至直接用工业原料生产和勾兑。

解决企业问题，专家认为要利用立法的手段才能够改变现状。所以，从源头直接清除和改变化学污染，成为保障食品安全的重中之重。据专家介绍，常见的食品化学性污染有农药污染和工业有害物质污染。农药除了可造成人体的急性中毒外，绝大多数会通过污染食品对人体产生慢性损害。

世界农业发展的趋势是任何人也改变不了的。为解决食品安全问题，必须坚持可持续发展的道路。

一是生态化。生态化不仅仅解决农民增收问题，还对化学农业带来的环境和食品危害都能进行有效的化解；不仅能解决种植环境污染问题，还能够确保食品能够达到和超过世界安全食品标准。

二是市场化。市场化农业可以选择的一条出路，它采用企业加农户加政府共同组成利益共同体。在这个共同体中，企业提供技术、技术产品和市场渠道，农户提供土地（或养殖场）和劳动力，并日益深入地融入世界大市场中。因此，在投入较低的前提下，广泛应用适合国情的生物技术，对发展中国家生产出高产量、高质量的农产品，实现农业产品的商品化，增强农产品的国际竞争力，是具有重要意义的。

三是科技化。科技化能够解决现阶段社会主义新农村建设中从环境到食品安全生产的各个环节的问题，提高农业生产的科技含量。只有不断地吸收、消化世界先进农业技术，才能促进农业的发展。

知识三　食品安全性评价

一、食品安全性评价的意义和作用

对食品中任何组分可能引起的危害进行科学测试，得出结论，以确定该组分究竟能否为消费者所接受，据此制定相应的标准，这一过程称为食品安全性评价。它是食品安全质量管理的重要内容，其目的是保证食品的安全可靠性。安全性评价的组分包括正常食品成分、食品添加剂、环境污染物、农药、转移到食品中的包装成分、天然毒素、真菌毒素以及其他任何可能在食品中发现的可疑物质。

当前国际上普遍关注的是食品中化学物质对人类的慢性或潜在危害。人们之所以对这类问题给予莫大的关注，是因为越来越多的流行病学材料说明人类肿瘤以及某些重要疾病的发生发展与食品有关。实际上，人们只能尽力减少有害物质危害或消除某些可能消除的有害因素，而企图达到"绝对安全"是不可能的。这里所谓的"安全"是相对的，即指在一定条件下，经权衡某物质的利弊后，其摄入量水平对某一社会群体是可以接受的。换言之，对任何个人来说，摄入这一剂量，也只意味着相对安全。

食品安全性评价的适用范围包括：

① 用于食品生产、加工和保藏的化学和生物物质、食品添加剂、食品加工用微生物等；

② 食品生产、加工、运输、销售和保藏等过程中产生和污染的有害物质和污染物，如农药、重金属和生物毒素以及包装材料的溶出物、放射性物质和食品器具的洗涤消毒剂等；

③ 新食品资源及其成分；

④ 食品中其他有害物质。

二、食品安全性评价程序

根据目前进展，食品安全性评价需要进行以下几种试验，如图 9-1 所示。

图 9-1　食品安全性评价程序

1. 初步工作

试验前的初步工作包括两方面的内容。首先需了解受试物生产使用的意义、理化性质、纯度及所获样品的代表性。对受试物的基本要求是能代表人体进食的样品。其次需要估计人体的可能摄入量，如每人每日的平均摄入受试物数量或可能摄入情况和数量、某次人群最高摄入量等，就可以根据动物试验的结果评价受试物对人体的可能危害程度如何。如果动物试验的无作用水平比较大，而最高摄入量很小，亦即摄入量远远小于无作用水平，这些受试物就可能被允许使用。反之，如果最高摄入量甚至平均摄入量接近无作用水平，则这类受试物就很难被接受。

2. 急性动物毒性试验

急性动物毒性试验是指将某种受试物一次或在 24h 内分几次给予试验动物，观察引起动物毒性反应的试验方法。进行急性毒性试验的目的是测定受试物经口对动物的 50% 致死剂量（LD_{50}）；观察给予受试物后的中毒反应，并与类似化合物相比较，以估计其可能的靶器官等。

3. 代谢及药物动力学研究

经代谢及药物动力学研究发现种间的代谢差异以及各种化合物的生物半衰期有无差别，定性、定量地了解受试物对机体的作用及种间的差异；了解不同因素（如剂量、时间、性别、种属等）对吸收、分布、排泄的影响，并以数学公式说明观察到的结果；为进一步试验提供资料。

4. 遗传毒理学试验

遗传毒理学试验主要是指对致突变作用进行测试的试验。近年来，愈来愈多的结果说明，致癌剂往往就是致突变物质，而致突变物质也往往具有致癌作用；为了与已知的动物终生试验取得更大的符合率，最近发展的不少致突变试验的测试系统都包括多种致癌试验，但到目前为止，还没有完全能代替长期致癌试验的方法。

5. 亚慢性毒性及繁殖致畸试验

亚慢性毒性及繁殖致畸试验的目的是确定受试物在不同的剂量水平较长期喂养对动物的

影响；了解受试物对动物繁殖及子代的致畸作用；评价受试物是否能应用于人类食物中。

6. 慢性毒性试验

慢性毒性试验实际上是包括致癌试验的终生试验。试验目的是发现并鉴定只有长期接触后才出现的毒作用，特别是进行性或不可逆的毒作用以及致癌作用；获得必要的资料并综合前面的研究结果，对受试物进行评价。慢性毒性试验是到目前为止评价受试物是否存在进行性或不可逆反应以及致癌性的唯一的适当的方法。

三、食品中有害物质容许量标准的制定方法

1. 目的和意义

食品安全标准是国家提出的各种食品都必须达到的统一安全质量要求，我国的食品安全标准是国家授权卫生部（现卫生和计划生育委员会）统一制定的。食品中有害物质的容许量标准是按食品毒理学的原则和方法制定的。

2. 食品中有害物质容许量标准的制定程序

食品中有害物质容许量标准的制定程序如图 9-2 所示。

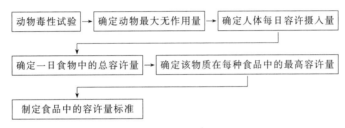

图 9-2　食品中有害物质容许量标准的制定程序

（1）动物毒性试验　进行动物毒性试验，一般首先测定出该毒物的 LD_{50}，然后进行亚急性及慢性毒性试验。亚急性毒性试验是在相当于动物生命的 1/10 左右的时间内（例如 3～6 个月），使动物每日或反复多次接触被检化学物质，其剂量则根据 LD_{50} 等来确定，一般为 LD_{50} 的 1/10 以下。慢性毒性试验是使试验动物的生命大部分的时间或终生接触被检化学物质（一般为 6 个月以上到 2 年）。亚急性和慢性试验最常用的动物是大白鼠。进行这一系列试验的目的是确定动物的最大无作用量。

（2）确定动物最大无作用量　化学物质对机体的毒性作用或损害作用表现在引起机体发生生物变化。一般情况下，这种变化可随着剂量的逐渐下降而减少，当减到一定数量而尚未到零时，生物学变化的程序已达到零，这一剂量为最大无作用量（maximal no-effect level，简称 MNL）。

（3）确定人体每日容许摄入量　人体每日容许摄入量（acceptable daily intake，简称 ADI），系指人终生每日摄入该化学物质，对人体的健康没有任何已知的不良效应的剂量，以相当于人体每千克体重的质量（mg）来表示。这一剂量不可能在人体实际测量，主要根据 MNL，按千克体重换算而来。在换算中，必须考虑人和动物的种间差异和个体差异。为安全起见，常考虑一定的安全系数，一般定为 100，可以理解为种间差异和个体差异各为 10，$10 \times 10 = 100$。所以，

$$\mathrm{ADI} = \mathrm{MNL} \times \frac{1}{100}(\mathrm{mg/kg})$$

（4）确定一日食物中总容许含量　这一数值是根据 ADI 推算而来。由于一般化学物质进入人体的途径并不仅限于食物，还可能有饮水和空气等。如果某物质除食品外，并无其他

进入人体的来源，则 ADI 即相当于每日摄取的各种食品中该物质容许摄入量的总和。

（5）确定该物质在每种食品中的最高容许量　首先要通过膳食调查，了解含有该种物质的食品种类，以及各种食品的每日摄取量。假定人体每日摄取粮食和蔬菜的量分别是 500g 和 250g，含有该种物质的其他食品的每日摄入量为 50g，食物中某种物质总容许含量（如果除食品外无其他进入人体的来源，则为 ADI）2.4mg，则 3 种食品该物质的平均容许量应为 $2.4/(500+250+50)=3(mg/kg)$。不论含有这种物质的食品有多少种，均可如此推算。

（6）制定食品安全标准　按照上述方法计算出的各种食品中该有毒物质的最高容许量固然可以制定为标准，公布执行。但事实上，这一数值只是该物质在各种食品中允许含有的最高限度，是计算出的理论值。因此，还应根据实际情况做适当调整。调整的原则是在确保人体健康的前提下，兼顾需要与可能两个方面。

容许量标准还要根据以下情况来制定，即该物质在人体内是易于排泄、解毒，还是蓄积性极强；是仅仅具有一般易于控制的毒性，还是能损害重要的器官功能或有"三致"作用；是季节性食品，还是长年大量食用食品；是供一般成人普遍食用食品，还是专供儿童、病人食用的食品；该物质在食品烹调加工中是易于挥发破坏，还是性质极为稳定等。凡属前者的，可能略予放宽；属于后者的，应从严掌握。

 【目标检测】

1. 食品污染的途径有哪些？
2. 食品污染的控制措施有哪些？
3. 简述食品安全性评价的程序。

PPT　　　　　　习题　　　　　　思维导图

项目十
食品质量管理的发展趋势

【学习目标】

1. 了解食品质量的动态发展情况。
2. 了解食品质量的主要发展趋势。

【思政小课堂】

随着我国经济水平的发展和人民生活水平的提高，人均食品购买能力及支出逐年提高，食品市场的需求量实现了快速增长，食品制造工业生产水平得到快速提高，产业结构不断优化，品种档次也更加丰富。

高新技术在食品研发和食品生产中的应用，将引起食品生产方式、工艺流程的变革以及质量的升级。比如无菌包装技术、膜分离技术、冷冻干燥技术、超高温瞬时灭菌技术和信息技术应用等。食品新技术的科技含量越来越高，这将进一步加快食品工业的发展进程。

基于食品工业的自动化和信息化的发展，一些传统的工艺、技术、流程等都发生了质的变化。比如配料由计算机控制就可以精确完成，有的质量检验环节使用扫描和光谱分析就可以好、劣分明。人们原来的手工操作方式已被现代工业自动化技术所代替。

在家禽食品安全管理体系方面，美国、澳大利亚等国家从养殖到销售环节均有法律支撑，家禽行业也自觉制定了相关规定。

在家禽食品安全检测技术方面，美国禽食品安全检测技术主要运用于减少禽类病原菌。美国建立了病原菌数据库，主要包括沙门菌、弯曲杆菌、李斯特单核细胞增生菌、大肠杆菌的数据，并根据 HACCP 法规的要求降低家禽食品病原菌的比例。

此外，美国破除传统微生物检测的弊端，严格采用全新技术——全基因组测序，从食品样品中测出基因组，再与病人粪便中的病原菌基因组做对比分析，以此判断是哪种致病菌。另外，全基因组测序的优点在于当发生食品安全事件时，能迅速追查出暴发区域的病原菌，并且与其他地区同类病原菌做比对，根据生物进化原则，该测序能以最快的速度推测出病原菌的起源。同时，美国采用"先进分析方法"，运用比"商务智慧"更为复杂的技术和工具分析现有病原菌数据，做出判断并给出结论和建议。美国通过综合全基因组测序和"先进分析方法"，凭借强大数据库作支撑，做到了食品、微生物、过敏原物种较全面的检测。

随着新技术、新工艺、新方法的不断改进和提高，新的检测技术的应用和质量管理体系的不断完善，食品质量管理发展将迎来新的发展时机。

【必备知识】

由于消费者需求的不断变化，加上激烈的行业竞争、环境问题以及政府的关注，目前的食品市场和农产品/食品生产链异常活跃。本章将阐明当前食品质量的发展动态，并根据这种情况，用技术-管理的方法简单描绘食品质量管理未来的主要发展趋势。

知识一　食品质量的动态发展

食品质量并非是一个静态的概念，事实上，农业经济和食品工业正处在一个由关注生产力/成本比值到以客户为中心的转型期。其结果是，农产品、食品链处于不断的运动变化中。

从链的角度出发，可画出三个主要的变化圈（图 10-1）。第一个圈指市场和消费者。产品的生命周期缩短，消费者的喜好变幻无常，这一切导致消费者产生更冲动的消费行为，消费者已成为产品研发人员的活动靶。第二个圈指加工技术，与加工和生产体系相关，通常科技的创新慢于市场形势的变化。第三个圈代表初级生产。即使运用现代的生物技术，这个圈实际上也是最慢的，不可能跟得上市场短期的变化。从链的角度来看，对于那些从事初级生产或加工的企业来说，最为重要的是对市场的发展要有战略的眼光，能够抓住市场机遇把自己做强，并领先于竞争对手。另一方面，只有从加工和初级生产的角度清楚地认识各种技术的可能性和局限性，才能实施最有效的质量设计战略，这一点也至关重要。

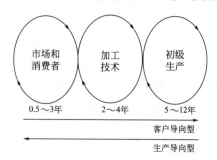

图 10-1　农产品/食品链的动态循环图

另一个相关的背景是食品生产体系全球化的发展。原料来自世界各地，食品成品的分布与之类似。在西方国家，消费者已经习惯于这样一个事实：全年都能买到各种食品。贸易壁垒的逐渐消失更加强化了这种全球化的发展趋势。从这个角度来讲，显而易见，供应链内的战略合作至关重要。

对上述循环做更进一步的思考可知，链上的每一个环节要应对不同的需求和环境影响。站在消费者的立场上，新产品市场中的许多变化要求对现在的食品生产体系重新定位，并提出这样的问题：目前通行的一些观念能否应对将来的挑战？抛开市场饱和，许多其他的发展变化对市场形势也有巨大影响。总体来讲，消费者正变得越来越知识化，要求越来越高。他们的购买行为变得不那么好预测，他们在外就餐的次数增多，并对与健康相关的问题更加敏感。结果，对新产品的需求持续存在，食品产品的种类更加多样化。典型的例子是当前功能性食品领域的发展。与这些发展变化相关，产品的生命周期缩短，食品生产体系的效率和灵活性变得越来越重要。

除了消费者不断变化的需求以外，零售商们也变得更加强势，他们对食品企业提出了很高的要求（涉及安全、质量、效益以及成本回收率）。零售商实际上是消费者和食品生产企业之间的主要链节，由于信息技术的使用，零售商们更加了解消费者的购买行为，这使得他们处于一个非常有优势的地位。

通过集中力量于产品研发，增加知识储备，以及地理上的扩张和加强品牌战略，食品企业试图对这些动态的发展进行预测。

初级产品生产部门同样要面对不断变化的需求。有一些严重的食品安全事件就由初级产品生产部门引起，由于这个原因，人们不得不更加关注质量体系的改进。除此之外，由于环境法规、劳动力和土地价格的原因，初级产品生产部门的生产成本增加了。同时，市场的自由化也造成对价格的压力。

每个循环圈的不同节奏以及环上企业的特殊特性最终造成了这种动态的局面。

知识二 食品质量管理的主要发展趋势

纵观食品质量管理工作的进度，特别是我国的近况，可清楚地看到有如下的发展趋势。

1. 食品质量管理将越来越受到重视

美国质量管理学家朱兰在 1994 年美国质量管理学会年会上指出，20 世纪以生产力的世纪载入史册，未来的 21 世纪将是质量的世纪。我国要实现国民经济持续快速健康发展，必须切实提高国民经济的整体素质，优化产业结构，全面提高农业、工业、服务业的质量、水平和效益。农业和农村经济结构调整，要求农民按市场需求生产优质安全的产品或食品加工原料。

随着我国经济的增长以及我国食品质量管理的整体水平逐年提高，我国对高质量食品质量管理方面的人才需求将随之增长。随着我国人民生活水平的提高，对食品的要求将不再停留在吃饱吃好，而是进一步向安全、卫生、营养、快捷等方面发展。国内外食品贸易的增长也要求加强对食品的质量和安全的监督、管理的力度。

2. 食品质量管理将加快法制化进程

随着我国法制化建设进程的加快，我国将逐步完善食品质量与安全的法律法规，建立健全管理监督机构，完善审核、管理、监督制度，制定农产品及其加工品的质量安全控制体系和标准系统，对破坏食品质量安全的违法经营行为将增大打击力度。我国的法规标准将与国际先进水平进一步接轨，有逐步趋同的走势。

3. 食品质量管理学科建设走向成熟

食品质量管理将随着食品工业和国际食品贸易的发展而逐步成熟完善。食品质量管理专业教育和科研队伍不断壮大，学术水平将不断提高，特别是中青年学术骨干将担负起发展食品质量管理学科的重任。

超严质量管理、零缺陷质量控制、稳健设计等理论及其在食品中的应用将会有突破性的进展。无损伤检验、传感器技术、生物芯片、微生物快速检测等技术及其应用将加快发展步伐。我国食品质量与安全专业的本科教育已经有了好的开端。食品管理的国际学术交流活动和研讨活动呈现增长趋势。

面对食品质量管理快速发展，应对目前农业和食品工业面临的挑战，必须从如下几方面入手。

① 建立职责部门。职责部门在食品工业中很常见，它为各部门各自的利益和责任，为知识集中和形成一种自上而下的企业文化奠定了基础。

② 虽然质量管理流程非常清晰，但是由于食品企业和农业企业仍然缺少反应能力和市场意识，对于既要求灵活性又要求保证质量的矛盾，只能从质量保证方面寻找答案，这似乎也更符合正规质量保证体系的要求。

③ 食品工业对待知识不够关注。基本原料和设备的提供者掌握了许多知识，而使用者却得不到。内部的知识也没有被很好地保存和组织，并反馈给生产部门或组织中其他可进行

质量改进的机构。当意识到知识在发展组织核心竞争力方面扮演了重要角色时，这就是一个问题。

④ 链合作仍很困难，因为缺乏相互的信任，并且对合作的益处没有信心。此外，链上不同的环节对质量有不同的看法，这一事实导致对产品质量的概念不会有很好的理解。

前面的一些章节表明，每个问题都会导致不同的质量管理职能被错误地实施。并且，当这些问题同时出现时，其负面效应被加强了。考虑到前面提到的食品行业的动态发展，可得出以下结论：形势正变得越来越严峻。现代的一些发展动向，如以客户为中心、市场竞争、链合作以及先进技术的使用，通常要求组织具有一定的灵活性并充分利用知识。

图 10-2 描述了在不远的将来食品质量管理的主要发展趋势。

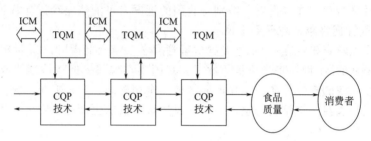

图 10-2　食品质量管理的主要发展趋势

ICM—链管理；TQM—全面质量管理；CQP—关键质量点

(1) 关注关键质量点　一方面是成本和可靠性，另一方面是敏感性。为了顺应这两种冲突的需求，应该对流程中那些对最终的产品质量有决定性影响的点进行评估。这些点常常与公司的技术核心竞争力相关。对这些关键的质量点来说，既要就必需的投资做广泛深入的分析，又要在充分考虑到成本、环境影响和满足消费者需求的基础上进行研究和控制活动。风险分析的方法和原则有望发挥主要作用。另外，使用预测模型可加速并优化设计过程，这将有利于公司核心竞争力的发展。信息和通信技术的发展将有助于上述的发展。

(2) 实施全面质量管理　全面质量管理的原则应该被农业和食品工业兼收并蓄。

为了避免功能性组织的缺陷，授权的原则以及客户至上的导向将导致组织结构由垂直变为水平。这种转变的一个潜在风险是：知识的发展和管理得不到足够的重视，并可能会在整个组织中过于分散。结果，高级管理人员不得不创建一种组织结构。在这个结构当中，知识密集型部门（如质量部门、工程部门和维护部门）将具有一个强势的地位。当然，这些部门必须和生产部门有良好的合作。高级知识管理系统是一个有用的体系，有助于达到此目的。

团队合作对提高企业的敏感度非常重要，对产品设计中知识的整合以及业务的开展也同样重要。因此，团队合作将成为管理决策制定中的重要手段。在这样的背景条件下，目前一些质量体系的实施，如 ISO 认证体系，不再是一个自上而下的程序性任务，而是成为了支持和引导每一位质量管理参与者的工具。其结果将使该体系变得简练，并避免出现过度的官僚主义。

高层管理者的参与非常关键，只有他们才能够启动技术和管理两方面的整合。他们必须能够提高企业的质量意识，并在组织中创建重视质量持续改进的良好氛围。另外，学科整合的方法和概念如 ISO 22000 和 HACCP 等，对这种合作和知识的发展非常重要，它们能起到催化剂的作用。

(3) 整合的链管理　食品的质量越来越依赖于生产和供应链，只有将两者整合，才能创造出优质的产品。只有如此，链上的每个环节在改进核心竞争区域时才会得到支持，并因此引发技术的进步，与此同时实现优质的目标。另外，针对整个食品链中所有的技术问题同消费者进行沟通，对获得和改进相互的信任非常重要，从链的角度来看，透明度在不远的将来会成为一个重要的问题。食品质量概念的复杂性要求建立一种以客户为导向的方法，以及随之而来的、贯穿整个链条的统一的质量定义。合作是至关重要的，并且它将延伸至创新和设计过程。从效率的角度来看，质量体系必须重新设计成链质量体系，这也是将来消费者对于质量保证的要求。

这些核心元素的联合使用为食品质量方针的制订提供了机遇。食品质量方针的制定非常复杂，并要接受严格的评判；方针的制订同时对基础性研究和政策性研究提出要求，两种研究都需要进行深入的分析。

【目标检测】

1. 试述食品质量管理的最新发展情况。
2. 试述食品质量管理发展趋势。

PPT　　　　　思维导图

参 考 文 献

[1] 余奇飞. 食品质量与安全管理. 北京：化学工业出版社，2016.
[2] 胡凡启.5S管理与现场改善. 北京：中国水利水电出版社，2011.
[3] 姜明袁.6S管理现场实战全解. 北京：机械工业出版社，2015.
[4] 曹斌. 食品质量管理. 北京：中国环境科学出版社，2012.
[5] 何永政. 食品质量安全预警与管理机制研究. 北京：中国质检出版社，2014.
[6] 梁工谦. 质量管理学. 北京：中国人民大学出版社，2014.
[7] 温德成. 质量管理基础. 北京：机械工业出版社，2014.
[8] 苏秦. 现代质量管理学. 北京：清华大学出版社，2013.
[9] 崔利荣，赵先，刘芳宇. 质量管理学. 北京：中国人民大学出版社，2012.
[10] 游浚. 质量管理学. 成都：西南财经大学出版社，2015.
[11] 韩福荣. 现代质量管理学. 北京：机械工业出版社，2012.
[12] 尤建新，周文泳，武小军等. 质量管理学. 北京：科学出版社，2015.
[13] 张欣. 食品生产加工过程危害因素分析综合教程. 北京：科学出版社，2015.
[14] 徐国平，张莉，张艳芬.ISO 9000族标准质量管理体系内审员实用教程. 北京：北京大学出版社，2013.
[15] 邹华芝，信海红. 质量管理体系与认证. 北京：中国质检出版社，2013.
[16] 北京质量协会.2015版质量管理体系审核员实用教程. 北京：中国铁道出版社，2015.
[17] 赵光远，张培旗，邓建华. 食品质量管理. 北京：中国纺织出版社，2013.
[18] 马长路，孙剑锋，柳青. 食品安全与质量管理. 重庆：重庆大学出版社，2015.
[19] 刘先德. 食品安全与质量管理. 北京：中国林业出版社，2010.
[20] 应俊辉. 食品质量管理. 北京：科学出版社，2013.
[21] 苑函. 王贞强. 食品质量管理. 北京：中国轻工业出版社，2011.
[22] 易艳梅. 食品质量管理与安全控制. 北京：中国劳动社会保障出版社，2014.
[23] 翁鸿珍，周春田. 食品质量管理. 北京：高等教育出版社，2015.
[24] 艾启俊. 食品质量与安全管理. 北京：中国农业出版社，2015.
[25] 陈宗道，刘金福，陈绍军. 食品质量管理. 北京：中国农业大学出版社，2011.
[26] 李威娜. 食品安全与质量管理. 上海：华东理工大学出版社，2013.
[27] 张晓燕. 食品安全与质量管理. 北京：化学工业出版社，2010.
[28] 杨艳涛. 食品质量安全预警与管理机制研究. 北京：中国农业科学技术出版社，2013.
[29] 宫智勇，刘建学，黄和. 食品安全与质量管理. 郑州：郑州大学出版社，2011.
[30] 李杨. 食品安全与质量管理. 北京：中国轻工业出版社，2014.
[31] 马长路，付丽，童斌. 食品质量安全管理. 北京：中国农业科学技术出版社，2014.